工匠精神与职业教育

胡 林 著

辽海出版社

图书在版编目（CIP）数据

工匠精神与职业教育 / 胡林著 . -- 沈阳：辽海出版社，2018.12
　ISBN 978-7-5451-5093-3

Ⅰ.①工… Ⅱ.①胡… Ⅲ.①职业道德—教学研究—职业教育 Ⅳ.① B822.9

中国版本图书馆 CIP 数据核字 (2018) 第 283965 号

责任编辑：丁　凡　高东妮
责任校对：丁　雁

北方联合出版传媒（集团）股份有限公司
辽海出版社出版发行
（辽宁省沈阳市和平区十一纬路 25 号 辽海出版社　邮政编码：110003）
北京市天河印刷厂印刷　　全国新华书店经销
开本：710mm×1000mm　　1/16　　印张：15.5　　字数：200 千字
2020 年 1 月第 1 版　　2022 年 8 月第 2 次印刷
定价：60.00 元

作者简介

胡林，女，1979年12月出生，汉族，湖南长沙人，中共党员，文学硕士，讲师，湖南省普通话测试员。

公开发表论文19篇，多篇论文获奖。近年来关注工匠精神的研究，发表论文《基于工匠精神培养的应用写作课程教学思考》、《关于高职安全专业人才工匠精神培养的一点思考》、《工匠精神里的敬天惜物观》、《关于中国古代工匠精神的一点思考》、《高职院校人文课体验式教育培养学生"工匠精神"的一点思考》等，主持一项湖南省"十三五"教育规划课题：《"湖南智造"背景下高职烟花爆竹专业人才工匠精神培养研究（XJK18CZY004）》。

前　　言

习近平总书记在党的十九大报告中提出，要弘扬劳模精神和工匠精神，营造劳动光荣的社会风尚和精益求精的敬业风气。总书记的高度重视、总理的大力倡导，为发扬工匠精神指明了方向。然而，如何让工匠精神在中国落地生根，还需要全国上下付出艰辛的努力。付守永先生的著作恰逢其时，为工匠精神的发扬提供了很好的解决方案。他总结了发扬工匠精神的五大行动路线图：寻根问祖，厚植工匠文化；顶层设计，增强战略定力；质量为魂，存于匠心管理；产品为王，培育中国工匠；品牌建设，打造中国精品。

鉴于此，作者撰写《工匠精神与职业教育》一书。全书共六章。第一章对工匠精神的内涵、工匠精神的起源、职业教育的概念界定和职业教育的基本理念进行概述；第二章分析中西方的工匠精神和工匠精神与国际命运的必然联系；第三章分别从工匠和具有工匠系企业的特征、工匠精神重塑的可能性和工匠精神的途径三个方面阐述了中国工匠精神的重塑；第四章探索工匠精神的回归、工匠精神与创新创业和文化厚植；第五章论述了工匠精神融入职业教育的理论分析、工匠精神和职业学校德育的相互关系和工匠精神融入职业学校德育的对策；第六章职业教育技能型人才"工匠精神"培养研究，分别概述了技能型人才"工匠精神"的理论基础、技能型人才"工匠精神"培养的价值厚度和院校加强技能型人才"工匠精神"的有效果培养。

本书有两大特点值得一提：

一、注重构建较为科学、完善的知识结构。工匠精神是一种职业态度和精神理念，是工匠以追求完美的精神，对产品精雕细琢、精益求精，并不断创新的精神品质。

二、理论联系实践。培养具有工匠精神的需要型人才，职业教育需要的技能型人才，工匠精神是职业教育改革发展的基本价值向度，认识工匠精神的价值意蕴，确立工匠精神是职业教育的基本价值向度，让职业教育培养与塑造工匠精神，既遵循了职业教育发展的基本规律，又满足了经济社会对职业教育的新要求。

  本书在撰写的过程中，参考和借鉴了一些专家、学者的研究成果，在此对他们表示衷心的感谢。由于知识结构和时间所限，书中难免存在不足之处，因此，恳请前辈、同行以及广大读者进行批评，以便改进和提高。

作者
2018 年 7 月

目 录

第一章 绪 论 ... 1

第一节 工匠精神的内涵 ... 1

第二节 工匠精神的起源 ... 8

第三节 职业教育的概念界定 ... 22

第四节 职业教育的基本理念 ... 28

第二章 中西方的工匠精神 ... 48

第一节 工匠精神与国家命运 ... 48

第二节 西方强国的工匠精神 ... 69

第三节 中国制造的工匠精神 ... 85

第三章 中国工匠精神的重塑 ... 108

第一节 工匠和具有工匠系企业的特征 ... 108

第二节 工匠精神重塑的可能性 ... 119

第三节 工匠精神重塑的途径 ... 122

第四章 工匠精神创新与文化厚植 ... 131

第一节 工匠精神的回归 ... 131

第二节 工匠精神与创新创业 ... 147

第三节 工匠精神的文化厚植 ... 168

第五章　工匠精神融入职业教育的研究 192

第一节　工匠精神融入职业教育的理论分析 192
第二节　工匠精神和职业学校德育的相互关系 204
第三节　工匠精神融入职业学校德育的对策 209

第六章　职业教育技能型人才"工匠精神"培养研究 218

第一节　技能型人才"工匠精神"的理论基础 218
第二节　技能型人才"工匠精神"培养的价值向度 228
第三节　院校加强技能型人才"工匠精神"的有效果培养 230

参考文献 238

第一章 绪 论

在我们的传统印象中，耗费体力劳动的工匠是无法和舞文弄墨的读书人相提并论的，尽管工匠们创造出了辉煌的物质文明，但和读书人相比，工匠不仅工作繁重，而且地位低下。这种现象不只广泛存在于中国，在西方也是一样的。工业革命结束后，大机器时代来临，机器生产全面取代手工劳作，因此，人们常常认为工匠是被时代所淘汰的群体，但现实情况并非如此。

现代科学技术发展迅速，机器虽然能代替大部分工匠的工作，但工匠身上那种精益求精、专心敬业的精神，以及他们吃苦耐劳的品质是永远无法被取代的。

第一节 工匠精神的内涵

一、科学认识工匠精神

匠人也是工匠，我们一般把具有高超手艺的人称为匠人，并将这些人身上所具有的严谨态度和专业精神称为工匠精神。从历史的发展角度来看，工匠主要依靠手工劳动完成工作。随着科技的发展和社会的进步，工匠逐渐被冷落，这主要是因为工业革命之后，机器化生产逐渐取代了手工劳作。但随着人们在追求速度的同时，也越发重视产品的质量，工匠精神的重要性也便得到凸显。当然，手工作坊的生产方式已经成为过去式，提倡工匠精神，不是鼓励人们回到过去，从事手工劳作，而是希望我们秉承工匠精神，并把它运用到学习、工作和生活中。我们可以不做工匠，也不需要每个人都成为匠人，但工匠精神在任何一个时代都不过时，它应该成为我们灵魂的一部分，尤其是在高新技术成为主导发展方式的现代生活中，工匠精神弥足珍贵[①]。

在现实生活中，很多国人都戴着"有色眼镜"来看工匠这个群体，甚至对他们的职业持有很明显的偏见。在日本却恰恰相反，他们极其重视工匠，给予他们极大的尊重。在他们看来，工匠是指在一个行业内将自己的本职工作做得十分出色，对待工作具有十分专注精神的人。职业没有高低贵贱之分，你的工作做得出类拔萃，你才能被尊为工匠。如果你能将面食做得出神入化，能结合不同的温度、气候和现实情况，做出独一无二的面食，那么你就可以被人们称为工匠。在日本，有一个家喻户晓的"经营之圣"——稻盛和夫，他创建了两家世界500强公司，是当之无愧的具有工匠精神的企业家。稻盛和夫曾坦言："企业家一定要学习匠人那样的精神，拿放大镜来仔细观察作品，用耳朵来聆听每件产品的'哭泣声'。"除此之外，日本具有工匠精神的企业还有很多，如日立、三菱、新日铁等企业，这些企业都是带着工匠精神来经营的，并用自己的经营理念完美地诠释了工匠精神。

有些人认为工匠就是重复从事同一件工作，完全没有创造性。这其实是对工匠的误解，事实上，工匠在现代企业的生产流程中扮演着十分重要的角色。在生产活动中，设计图纸、设计标准都是要依赖工匠和经验丰富的熟练工人来完成的。因此，从某种程度上来说，企业要想实现自己的发展目标，必然离不开技艺精湛的工匠。工匠从事的工作大都是重复的，但这并不意味着他们所做的工作都是无意义的，好的工匠往往能从重复性的工作中发现问题，从而想出办法解决问题，不断改进生产技术，为企业创造更大的效益。很多事实表明：企业技术的创新不仅是专家和工程师的功劳，也源于工匠的努力，他们在企业中发挥着极其重要的作用。

在中国历史上，出现了很多具有工匠精神的典范。比如春秋战国时期的鲁班，凭借自己的智慧和精湛技艺，不仅发明了木工工具、农业工具，还发明了仿生机械、攻城器械等，被视为工匠的典范；东汉时期，张衡发明了地动仪；三国时期，诸葛亮发明了木牛流马；北宋时期，沈括撰写出

---

① 付守永.工匠精神[M].北京：北京大学出版社，2018.

了百科全书式的《梦溪笔谈》；明朝时期，宋应星编著了世界上第一部关于农业和手工业生产的综合性著作《天工开物》……由此可见，"技进乎道"，中国自古并不缺乏工匠精神。《增广贤文》中说道："良田百顷，不如薄艺在身。"这句话恰恰真实地反映了中国人的传统观念。大部分人认为即便是有成千上万的财富，也终归会有失去的时候，始终比不上依靠手艺养活自己来得踏实。这是一种朴素而简单的人生哲学，人们对这种哲学深信不疑。因此，为了能更好地养活自己，人们会自觉修炼自己的手艺，熟能生巧，巧而生精，工匠精神便在不经意间形成了。

只是受"万般皆下品，唯有读书高"的儒家思想的影响，一部分人认为只有读圣贤书才能出人头地，而做工匠是不会有前途的。这种思想愈演愈烈，成为阻碍中国古代科学技术发展的一块绊脚石。而且它还不只存在于古代，在现代生活中也存在着。因此，无论是普通民众还是知识分子，都对工匠及工匠精神存在一定程度上的误解，缺乏客观公正的认识[①]。

除了人们在观念上对工匠与工匠精神认识不足而产生偏见外，中国的国情也对工匠精神的传承有着深刻影响。从近代史的发展历程来看，外族入侵、内战纷争等历史现实导致传统企业遭到严重摧毁，所剩无几，更不用说继承工匠精神来经营企业。改革开放以来，一些地方、一些企业盲目片面地追求经济效益，忽视产品质量的现象也十分普遍。这在不知不觉中让整个社会风气变得浮躁。

我国正由"制造业大国"迈向"制造业强国"，这对我国企业的发展提出了更高层次的要求。值得注意的是，在现实社会中，很多企业常常抱着投资少、周期短、见效快的侥幸心理，为了获得短期效益，而忽略了产品的质量。就这种现实状况而言，目前培育工匠精神才是每一个企业最先应思考的问题。之所以强调工匠精神，是因为工匠精神是和企业的诚信形象、创新意识等相互联系的。我国企业要想实现真正意义上的可持续性发展，依靠工匠精神创造出高质量产品是必不可少的步骤。

李克强总理在2016年3月作的政府工作报告中提出："鼓励企业开展个性化定制、柔性化生产，培育精益求精的工匠精神，增品种、提品质、创

---

① 付守永. 工匠精神[M]. 北京：北京大学出版社，2018.

品牌。""工匠精神"进入政府工作报告,由此成为一个热词,这也说明时代在呼唤"工匠精神"。

首先,工匠精神的首要标准是,对所有产品都精益求精。在匠人眼中,所有的产品都具有生命力,因此,他们对自己要求非常严格,能做到99.99%,绝对不会允许自己只做到99.9%,每一个匠人都想延长自己产品的使用寿命,想让自己的产品流芳百世。所谓的工匠精神,正是指不计较个人利益的得失,始终本着严谨专业的工作态度来对待工作。

其次,真正的工匠精神,不仅需要制作过程中具有精益求精的敬业精神,还需要具备一种无比坚定的信仰。匠人们相信自己制作出来的产品是独一无二的,是别人所做不到的,他们依靠自己的信念数十年如一日地做同一件事,并享受每一个制作过程,这就是对精工细作的信仰,也是对工作的信仰。信仰也是工匠精神的重要内涵之一①。

最后,创新是"工匠精神"的重要组成部分。中国还有一词——"匠心",可以与"工匠精神"媲美。匠心,即精巧的心思,要求有技艺上的创造性。唐人王士源的《孟浩然集序》说:"文不按古,匠心独妙。""工匠"有了初心,不断提升技艺,就有了"匠心"。这就是创新,就是总理说的"增品种、提品质、创品牌"。能够"独创性地运用精巧的心思",几十年如一日,下苦功追求卓越,工匠就逐渐成长为"巨匠"。"工匠"成为"巨匠"的那一刻,也就是吉姆·柯林斯所说的,完成从优秀到卓越的跨越的一步。

有人用四个字来解释——"庖丁解牛",可谓切中肯綮。庖丁的一把刀用了19年还跟新的一样,这的确是不可思议,其技艺已经到了出神入化的境界,所以梁惠王感慨地说:"善哉!吾闻庖丁之言,得养生焉。"

"庖丁解牛"展现出来的精益与创新,很好地诠释了工匠精神的深刻内涵。"精益"是通过反复训练,精心打磨,达到神乎其技;"创新"却需要找到事物发展的规律,寻求新的发现,冲破新的模式,达到技艺的新境界。

工匠精神的本质就是利用可行的技术解决问题或找到解决问题的办法,从而创造财富。有人认为它不仅是工匠文化的一部分,还是一个国家得以生生不息的源泉。

---

① 付守永. 工匠精神 [M]. 北京:北京大学出版社, 2018.

回顾历史，我们会发现，从富兰克林到爱迪生，这些早期的美国公民，他们称得上是真正的"工匠"。当然他们被人们所铭记，不是因为他们数十年如一日地去打磨某个产品，而是他们在不断创新，为产品更新带来了源源不竭的动力。创新让他们变成了真正的企业家，也为社会创造了不少财富。从这个角度来说，企业家身上所具有的魄力和创新精神，也是工匠精神的一部分。

在我们的印象里，爱迪生是一个了不起的发明家，其实他还是一个出色的企业家，在他辉煌的一生中，他成为1000多项专利发明的源泉，被称为"十几种主要工业部门之父"。他敢于打破常规，并富有独创精神。这样的人在美国还有很多，比如金·吉列、阿道夫·朱科尔、弗雷德·史密斯、约翰.D.洛克菲勒……也许有些人的名字不为大家所熟知，但我们一定听说过摩托罗拉手机、福特汽车……生活中的很多事物，都与他们息息相关。

中国古代的商人，也不乏"工匠精神"，但没有形成自己的组织，建立起真正的企业，大多还是被传统思想所束缚，困守在自己的狭小空间内，无法有效地进行组织和资源创新，只能通过简单的商业流通，来改变世界。

纯手工打磨，复古气质，不叫"工匠精神"，叫DIY。融入思想、创意的工匠精神才是最具现实意义的。在这个时代，无论是对于一个人还是一个国家，都需要工匠精神，都需要创新思维。只有当工匠精神渗透到全面创新的每一个行业和领域，才可以说，我们的国家走上了大国崛起的梦想之路[①]。

二、工匠精神的核心是什么

精神是一个民族的文化气质、文化品格，它深刻地影响着一个民族的生存和发展。而文化的核心是精神。这正击中了"中国制造"的要害。因为改革开放几十年来，"中国制造"过于在意"量的扩张"，而忽略"质的保证"。对于每位劳动者来说，我们只有立足自己的岗位不断培养自身素养，主动钻研专业技能，提升职业素养，为集体、为社会持续贡献自己的独特价值，我们的个人梦、集体梦和中国梦才能得以实现。

---

① 付守永.工匠精神[M].北京：北京大学出版社，2018.

李克强总理曾提出要"培育精益求精的工匠精神"。不管是从国家社会宏观发展还是企业组织微观成长，乃至劳动者追寻个人职业生涯成功方面讲，工匠精神无疑都是值得提倡和大力弘扬的一种职业素养。而要弘扬工匠精神，就必须始终牢牢抓住工匠精神的核心：精进。

有人总结出工匠精神的6大内涵：精确主义、专注主义、完美主义、标准主义、秩序主义与厚实主义。这基本上是德国文化的体现：刻苦、服从、责任感、可靠和诚实。工匠精神的核心是精进。精进，即通过兴趣热爱、自律自省、强大心里韧性和抗挫力，不断推进自身在本职岗位和本专业领域内锐意进取、贡献价值，持续助力人企和谐共赢、国家社会繁荣发展。

以前，一提到美国的产品，人们很快就会想到极具个性的可口可乐及具有"现代"气息的麦当劳，时下特别流行的富有创意的苹果手机等。对于德国的产品，我们的印象还一如既往地停留在"严谨""可靠""精准"上。对于日本的产品，我们常常在使用它们的过程中，被日本人追求细节、精益求精的精神所打动。相比之下，有的国内产品就不尽如人意，它们带给人们浮躁的感受，也正因为如此，我们才要谈工匠精神。

秋山利辉是日本最后一批学徒的代表，他深感学徒的重要性，并认为学徒制是培养一流人才的摇篮。他创立了"秋山木工"，并制定了一套长达8年的人才培养制度，其中包括成为一名优秀的工匠所需要的基本训练、工作技能和知识，以及心理健康、生活态度、心性锤炼等一系列内容。他将这些人才培养的知识凝练成"匠人须知30条"，他认为这就是培养"一流人才的基本要素"。秋山利辉特别注重"匠人"的人品，他认为一个匠人只有心性良好才能创造高超的技术。他坚信"一流的匠人，人品比技术更重要""有一流的心性，必有一流的技术"。所以，在他的教育过程中，他用了95%的时间在培养人品，而只花费5%的时间在木工技能的培养上。正是基于这种理念，他才敢于向客户承诺"提供可使用100年、200年的家具，全部由拥有可靠技术的一流家具工匠亲手打造"。

秋山利辉制定出的"30条家规"，阐述的都是一些基本的做人准则，旨在帮助学徒在做人的基础上实现技术的进步，因此也不难看出，良好的做人品质是成为一名杰出匠人的必要条件。他在"30条家规"中对收到冷落的传统文化进行重新审视，要求人开朗积极、注重时间、有责任心、懂得感恩等，这些都是做人的基本准则，也是磨炼匠人心性的重要方面。

这样一来，我们便不难理解他为什么将"术之道"和"为人之道"等同起来，用他自己的话说："培养一个技术优秀且会做事的工匠并不是一件难事，难的是培养出具有一流技术，还能好好做事的匠人。"

对于企业来说，我们不但要培养懂技术、能做事的工匠，更要培养懂技术、会好好做事的一流工匠。而不忘初心，始终怀着最大的热忱，坚守第一次把事情做好、做对的信念与精进精神，正是打开一流工匠之门的钥匙。

日本经营之圣稻盛和夫也指出，想要把工作做好只有两条途径：要么找一份你热爱的工作，能让自己心甘情愿为之付出；要么热爱你从事的工作，把你的热情100%投入当下的工作中去。

如果我们对自己从事的工作足够热爱，便能够催促自己不断开拓创新、刻苦钻研，除此之外，自省自律的品质也是必不可少的，它能保证我们热爱工作的心始终如一。

在很多时候，我们对自己所从事的工作付出很大耐心和专注力之后，却很难在短时间内收到立竿见影的效果，甚至还要忍受失败与枯燥乏味，这的确是一个漫长的、煎熬的过程，需要我们有足够的勇气，有足够强大的内心，做好自我监督，让自己沿着职业的正确道路前进。但往往很少人能坚持下来，大多数人让自己整天为各种琐事忙碌奔波，甚至屈服在功名利禄的诱惑和生活的压力之下，这其实是一种十分消极的生活态度。就工作而言，这种态度不仅会让你浪费宝贵的时间，也会辜负为你提供良好成长机会的平台，因此，这种逃避自我的生活态度是不可取的。

我们在从事自己本职工作的过程中，难免会遇到各种各样的困难，甚至遭遇失败，这是在所难免的，此时我们要收起萎靡不振的消极态度，更不能轻易选择放弃。每个人的职业生涯都可能遇上问题，很少有一帆风顺的，但我们始终应该怀着对未来美好的憧憬，怀着必胜的信念，相信眼前的困难都是暂时的，以自己强大的内心力量从困境中寻求突破，从而为工作开辟新的契机，迎接新的挑战，这样我们才会看到新的曙光。

无数事实表明，敢于接受失败的人也是距离成功最近的人，这些人在面临失败时，会在失败中磨炼自己的心性，增强自己的抗压能力，从而为未来的发展打下基础。而惧怕失败的人则恰恰相反，他们对未来充满了恐惧，用僵化的思维方式来看待眼前的问题，对不确定的未来充满担忧，甚至将问题无限放大，所以他们的职业前景只能越走越窄。

当然，也存在相当多的员工在自己的本职工作上兢兢业业，不断花费时间和心血来磨炼自己的技能和提高自身的素养。员工锐意进取的最终目的在于，通过自身实力获得企业、客户和社会的认可，从而实现自己的职业价值和人生价值。管理学大师彼得·德鲁克坦言："别人能看到的是我们的成果，看不到的是我们的付出。""技进乎道"，工匠精神的核心要义在于追求精益求精和锐意进取。作为职工，首先，要对自己从事的职业充满热爱和好奇；其次，要具备自省自律的品质和强大的心理素质；最后，要以贡献作为实现自身价值的落脚点。只有同时具备以上几点，才能制造出精良的产品，也只有具备进取的精神和专业的素养，才能帮助我们在获得工作效益的同时推动社会进步，进而实现自己的人生理想。

第二节　工匠精神的起源

一、工匠文化之源

李克强总理提出"培育精益求精的工匠精神"，其实倡导的是一种理念、一种态度、一种行为方式甚至社会价值观。

工匠精神体现在制造业的诠释，是指对某个领域的精专深化，当工人们注之以精湛的专业技能、敬业的态度、追求完美的执着精神，既尊重生产规律又敢于创新……如此生产的产品之可贵处就不仅仅在于物品的使用价值，更在于工人融入其中的精神价值。

近年来，中国制造业一直在"跑步前进"，这种"追赶者"的心态导致许多企业也好，工人也好，对工匠精神认识或有缺失，急功近利、急于求成，过于看重数量、速度和效率，忽视了对质量和细节的追求和把控，同时创新能力不强，没有形成完善的创新体系，许多产品体系只是解决了生产能力有无的问题，产品在功能、技术、品牌等各方面与发达国家差距明显。在这种背景下，我们必须认识到只有具备优良品质、丰富品种和优质品牌的企业，才能经历时间的洗礼而屹立不倒。因此，今天我们有必要对工匠精神的重要价值进行再审视。

经济学原理告诉我们，无论技术发展到什么水平，都离不开人这一最核心的生产要素。机器归根到底是延伸人类能力的工具，只能按照程序运作，只有人才能够不断追求精进和创新，这点是机器永远无法替代的。在中华民族发展的历史长河中，对品质的坚持一直是我国各行各业工匠们的第一追求。比如，同仁堂就有条恪守300多年的古训，"炮制虽繁必不敢省人工，品味虽贵必不敢减物力"，一代代同仁堂人就是在对这一古训的接力中成就了中医药界的一块金字招牌。

可见，工匠最为可贵之处首先在于其对质量和技艺的永不妥协，这是他们对自己所从事职业的基本要求，是无论何时都需要坚守的基本底线，正是由遍布各个领域的工匠们历经数千年岁月的传承与创造，才造就了我国古代的工匠文化和工匠精神。

(一) 工匠寻踪

工匠精神在中国自古有之。我国工匠群体从历史时间轴的起点伊始，不断积聚着力量和惯性，凝集着中华民族的工匠精神，一步一步跨过时间的长河，留下了令世界惊叹的造物技艺。

今天我们从各类史料记载之中可以窥见古代工匠们一道道坚韧的剪影。早在4300年之前，便出现了有史可载的工匠精神的萌芽。相传舜"陶河滨，河滨器皆不苦窳"，记录了舜早年在河滨制陶时，追求精工细作，并由此带动周围人们制作陶器也杜绝粗制滥造的事迹。自舜帝时期开始，再到夏朝的"奚仲"，商朝的"傅说"，春秋战国的"庆"，工匠开始大量出现在史书之中，其演变历史也随着我国古代政治、文化、商业、科技等领域的发展而不断推进，由此形成了我国具有独特悠久历史的工匠文化和工匠精神。

工匠一词最早指的就是手工业者，他们在古代被称为"百工"，是社会成员之一。成书于春秋末期战国初期的《周礼·考工记》是我国已知年代最久远的手工业技术文献，这本书在中国工艺美术史、科技史、文化史上有着举足轻重的地位，在当时的世界上也是独一无二的。全书共7100余字，记述了春秋战国时期官营手工业中的木工、金工、皮革、染色、刮磨、陶瓷等6大类30个工种的内容，反映了当时我国所达到的科技及工艺水平。

《考工记》把当时的社会成员划分为"王公、大夫、百工、农夫、妇功、商旅"6大类，对百工的职责做了明确界定："审曲面势，以饬五材，以辨民器，谓之百工"，也就是说工匠的职责是需要充分了解自然物材的形状和性能，对原材料进行辨别挑选，加工成各种器具供人使用，这种职业特性从本质上把工匠和那些"坐而论道"的王公区别开来，工匠成为当时除巫职之外的一个重要的专业阶层。同时，《考工记》记载："知者创物，巧者述之，守之，世谓之工。百工之事，皆圣人之作也"，这里将"创物"的"百工"称之为"圣人"，充分体现了早期的器具设计需要非凡的智慧。此外，历代中央政府机构不一定设有农部，但一定会设有工部，这些都反映我国古代对工匠的专业性、重要性和创造性的认知和重视。

（二）技艺精湛是生存之本

工匠的首要职责就是造物，技艺是造物的前提，也是工匠存在的第一要素。如何使技艺达到熟练精巧，古代工匠们有着超乎寻常的，甚至可以说是近乎偏执的追求，他们对自己的每一件作品都力求尽善尽美，并为自己的优秀作品而深感骄傲和自豪。如果工匠任凭质量不好的作品流传到市面上，往往会被认为是他们职业生涯最大的耻辱。[①]

果园厂是专门为明代宫廷制造漆器的工场，其兴盛主要归功于张德刚和包亮两人，他们出身于浙江嘉兴西塘地区颇负盛名的漆艺世家，由于技艺高超，在永乐年间被朝廷征用到果园厂，传授他们的技艺，管理漆艺事务。因此，永乐、宣德时期的"剔红"被后世公认为漆器工艺中登峰造极的精品。

"剔红"实际上是雕漆的一种，工艺流程极其繁复，惯常以木灰、金属为胎，而后在胎骨上层层髹红漆，少则几十层，多达一二百层，至相当的厚度，待半干时描上画稿，再雕刻以精美的花纹，而后烘干、打磨、做里

---

① 付守永. 工匠精神[M]. 北京：北京大学出版社，2018.

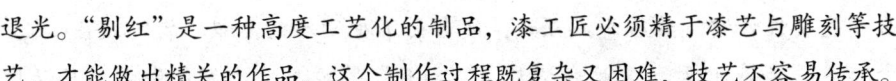

退光。"剔红"是一种高度工艺化的制品,漆工匠必须精于漆艺与雕刻等技艺,才能做出精关的作品,这个制作过程既复杂又困难,技艺不容易传承。

永乐时期果园厂出品的剔红漆器《剔红牡丹圆盒》,色泽枣红饱满,雕琢圆润,在器底边缘,还刻有"大明永乐年制"的款识,细小针刻的文字要对着光才能隐约看到,这种工艺为乾隆皇帝所惊叹,于是赋诗一首,由工匠刀刻添金于盒盖之内,"漆已十人谏,加雕应若何。增华惊后世,信鲜挽回波。花映祥曦暖,叶承瑞露多。细针镌永乐,谁与护而呵"。见多识广的盛世皇帝也感叹剔红雕刻工艺精湛,花叶鲜美华丽,欣赏之余不免让人产生想要珍惜呵护的念头。

(三) 心无旁骛才能臻于化境

古代工匠除了对自己的技艺要求严苛外,还对之怀有一种绝对的专注和执着,达到忘我的境界,这也一直是我国古代工匠穷其一生努力追求的最高境界。①

梓庆是春秋时期一位有名的木匠,他技艺高超,尤其擅长制作一种乐器,那时人们称这种乐器为鐻(ju)。有一天,他精雕细琢了一把鐻,造型美观,花纹精细,以前从来没有人做出过这么完美的鐻,每一个见过的人无不叹为观止,大家都不相信是梓庆做的,认为只有鬼神才能做出这种极品。

这把鐻的名气越来越大,鲁国国君听说后也慕名前来欣赏,看到之后连声叫绝,同样不相信这是人力而为,特地招来梓庆询问,"你是不是会法术?这是用什么法术制作的?"

梓庆回答:"我不过是一个普普通通的人,怎么可能懂什么法术呢?"鲁国国君听他这样说,不太相信,紧接着问道:"既然这样的话,那就请告诉我到底你是如何制作它的。"

梓庆回答说,我其实并没有什么秘诀,做这把鐻之前,为获得内心的平静,我斋戒了三天。在这三天时间里,我聚精会神,摒弃心中的杂念,忘掉功名利禄,不去想能借此以获得什么赏赐或封官,只集中心思考虑怎

---

① 付守永. 工匠精神 [M]. 北京:北京大学出版社,2018.

么才能制作好它。然后斋戒五天,使自己不把别人的非议、褒贬放在心里;紧接着再斋戒七天,这时我达到了"忘我"的境界,已经能做到"不以物喜",我感觉外界已经没有任何东西能够影响到我的技艺了。斋戒过后,我深入山林之中去寻找原材料,仔细观察各种树木的形状及质地,精心选取最适合做鐻的木材,直至一个完整的鐻已经成竹在胸之后,我才真正开始动手加工制作。

其实做任何的木器,我都要经过同样的步骤和程序,以一颗无杂念之心,辅以木料自然之性。我想,这大概就是我制作出来的木器被誉为神工鬼斧之作的原因。国君听完,恍然大悟,这才明白何为"鬼斧神工"。

梓庆为鐻的故事给人们传递了这样一个理念,想把事情做到完美,必须摒除杂念,淡忘富贵、名利和自我,集中精神专注于自己的事业。

(四) 物勒工名是管理之智

今天,我们开始在制造业中推进建立重要产品的追溯体系,其实我们的先辈早就采取了类似的管理制度。物勒工名,意思是把自己的名字刻在制作的器物上,是我国最早的对于工匠质量管理的规定,也可以视作是我国古代的一种产品追溯办法。这种制度始于春秋时期,到秦朝时已经趋于完善,《礼记》中《月令篇》曾记载:"物勒工名,以考其诚,工有不当,必行其罪,以究其情。"到《吕氏春秋》之时,对这种产品追溯办法又有了更具体和明确的记载。

从陕西兵马俑坑出土的上万件青铜兵器之中,我们可以看到每一件兵器上都刻有从相邦、工师、丞再到工匠的各级管理者和制作者的姓名,一旦发现任何一个产品有质量问题,都可以通过兵器上铭刻的"名"追查到相关的责任人并施以惩戒。

在以严刑峻法而著称的明代,"物勒工名"的制度几乎被发展到极致。明初祝允明的《野记》中记述了这样一个残酷的故事,"太祖筑京城,用石灰秫粥锢其外,时出阅视。监掌者以丈尺分治,上任意指一处击视,皆纯白色,或稍杂泥壤,即筑筑者于垣中,斯金汤之固也。"当时,明朝刚刚建立,举力修建南京城,为了使城墙更加坚固,用石灰、桐油、糯米汁制成的夹浆来浇灌墙体,同时墙体所有城砖上均铭记了出产该砖的府、州、县、总甲、甲首、小甲、制砖人夫、窑匠等五到六级责任人的名字,朱元璋本人也时常巡视,随时随地叫人砸开夹浆检查,如果发现存在质量问题,立即就将各级负责人捆绑塞进墙垣的空隙处死,官吏与工匠们哪里敢造次,这则故事恐怕也道出了这座历经几百年的风霜仍旧固若金汤的城池的奥秘。

此外,物勒工名考核的规范性还体现在,这个"工"也指功劳,功和过、奖和罚,既是考核制度规范,同时也体现了一种荣誉。物勒工名既是一种质量负责制的产品质量检测管理制度,更是对于工匠担当和荣誉的体现。

当代社会,随着工业化进程和由此引发的城镇化进程,不仅创造出企业和城市这样大规模的社会组织形式,也创新了社会合作的方式,形成了分工协作、各负其责的生产体系和责任体系。在这个体系之中,我们提出物勒工名的主要目的不在于问责,而是希望借鉴古人的智慧进行科学管理,同时也是在提倡一种担当精神,我们每个人既要对自己负责,也要对所在的生产组织和社会组织负责,如果没有敢于负责、敢于担当的精神,根本无法保障组织的整体运转和生产的效率提升。

(五) 技之骨与匠之心

距今 2000 多年的诸子百家争鸣的战国时代,"墨家"的创始人墨子是一位不折不扣的能工巧匠,甚至可与公输班(也就是人们常说的鲁班)相媲美。从记载墨子学问思想的《墨子》一书中,我们也可以看到墨子几乎谙熟了当时各种兵器、机械和工程建筑的制造技术。据说,墨子曾花费了 3 年的时间,潜心研制出一种能够飞行的木鸟(风筝、纸鸢),成为我国古代风筝的创始人。同时,他也是一位制造车辆的能手,在当时的技术条件下就可以造出能够载重 600 斤的车辆。

在《墨子·公输》篇里,记载了墨子"止楚攻宋"的事迹,详细描述了作为世界级工匠的墨子和公输班"斗智斗艺"的故事,至今仍被人们津津乐道。当时,楚国正准备攻打宋国,请公输班制造了攻城的云梯等军事器械,墨子劝说楚王放弃进攻计划失败之后,又以匠人的身份,以腰带模拟城墙,以木片模拟器械,与公输班演练攻守战阵,公输班组织了九次进攻,均被墨子击破,彻底使楚王打消了攻宋的念头,最终决定了两个国家的命运。

这个故事说明了古代工匠之间分歧的焦点往往不在于技艺本身,而在于对技艺应用的方式和对待技艺的态度之上。墨子主张"兼爱"和"非攻"的思想更闪烁着人性的光辉。

在先秦诸子中,庄子赋予"技"更深层次的意义,把人性的意识渗透进其技术思想中,认为天道美的展现是技术的本质,人之技的最高境界是以技入道。在《庄子》中,树立起许多工匠的形象,"庖丁解牛""运斤成风"妇孺皆知,在强调技艺精湛的同时,又从不同侧面把处世之道和人生哲学传达给读者,当工匠的技艺达到炉火纯青之时,是可以进入随心自由的境界的。

古代工匠最典型的气质就是对自己的技艺要求严苛,并为此不厌其烦、不惜代价地做到极致,精益求精,锱铢必较,同时也对自己的手艺和作品怀有一种绝对的自信。

工匠文化和工匠精神不仅是我国古代社会走向繁荣的重要支撑,也是一份厚重的历史沉淀。工匠的本质是精业与敬业,这种精神融入工匠们的血液之中,技艺为骨,匠心为魂,共同铸就了我国丰富的物质文化,推动了我国古代技术的创新发展,怎么能不令人心生钦佩与敬畏。

二、工匠文化之行

经过多年的发展,如今中国制造早已遍及全球,但与美国制造、德国制造、日本制造相比,中国制造在知名度、美誉度、信誉度上仍有差距,其中的关键因素就是质量和品牌,这是制造业强大的重要标志之一,它从市场竞争角度反映出国家整体实力。

其实,中国古代制造的物质与文化根脉,遒劲有力,根深叶茂。纵观我国古代造物史,一代又一代的工匠不断精进技艺,追求极致,他们的伟大创造和智慧结晶凝结成了独一无二的中式物语,使中华民族的物质文化历史放射出夺目的光彩。

(一)有形之行

"有形之行"可以看作是古代工匠不可思议的创造之旅。技艺、时间、思想、个性等因素都存在于这些"有形"的载体之中,又反作用于工匠之

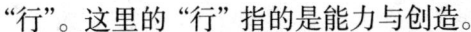

"行"。这里的"行"指的是能力与创造。

如今,我们可以在一个个展现中华奇迹的"有形"器皿和工程面前,感叹工匠的精湛技艺,感悟古人的造物观,从而触碰到中华民族工匠精神的源头。从这种角度回溯我国的古代工艺史,这种"有形之行"实际上形成了一部沉甸甸的中国古代科技文明史,庄严浑厚的青铜,轻柔质朴的纸张,光彩四射的瓷器,华美婉约的丝绸……这些青铜铸造术、造纸印刷术、瓷器发明术、丝织染织术在向人们展示浩瀚繁荣的中国古代科技文明的同时,也蕴藏了工匠精神的精髓①。

(二) 惠世天工

古代工匠共同造就了物化的历史,锦绣的华服,雄奇的宝器,泱泱之瓷国,造物之丰富,不胜枚举。古代造物遵循美学与生活相结合的原则,是艺术与科学的统一体,与人们的生活紧密相连,通过衣食住行等生活的各个方面服务于人。②

在生活实用方面,汉代的长信宫灯可被视作典范之作。它具有优美的造型,灯身通体鎏金,有铭文"长信"二字。宫女作跪坐状,体中是空的,上身平直,左手托着灯,右手提着灯罩,右臂与灯的烟道相通,以手袖作为排烟灰的管道。宽大的袖管自然垂落,巧妙地形成了灯的顶部。灯盘呈"豆"形,灯座可以盛水,灯盘可以转动,灯罩可以开合,调节亮度和照射方向,也有挡风的功能。燃灯之时,烟会顺着宫女的袖管进入灯座并使之溶于水中,不会大量飘散到周围环境中,可以保持室内清洁。

长信宫灯一直被认为是中国工艺美术品中的巅峰之作和民族工艺的重要代表而广受赞誉。这不仅在于其独一无二、稀有珍贵,更在于它精美绝伦的制作工艺和巧妙独特的艺术构思,充分体现出古代工匠对科学的精确要求和考虑,而且将功能性、科学性与灯的造型设计完美地统一起来。

---

① 苑梅香. 用心培育大国工匠 [J]. 黑龙江教育学院学报, 2017(10).
② 付守永. 工匠精神 [M]. 北京:北京大学出版社, 2018.

(三) 材美工巧

材料技术方面，从商周时期的青铜材料开始，我国古代工匠在不断探索中前行，不同的材料和不同的技术直接影响着工艺和风格的改变，不断出现的新兴材料和技艺为作品增添了新的表现手段。战国时期青铜装饰中的模印法以及其后出现的失蜡法，汉代印染技术中的套版，金代陶瓷中的叠烧法，等等，这些都是古代工匠们为了适应大量生产又兼顾经济美观的效果而发展起来的新技术。

青铜器流行于新石器时代晚期至秦汉时代，遍布当时生活的各个方面，制作青铜器必须经过炼矿、制范、熔铸、修整等复杂工艺。其主要工艺失蜡法至今仍然是世界上制造精密机件的常用方法。失蜡法也称蜡模法，就是用蜡作原料来做成青铜器的模型。它的特点是制作简便无须分块，用蜡做成器形和装饰，再内外用泥巴填充加固，等待晾干以后倒入青铜溶液，在这种高温下蜡液流出，有蜡的地方便被青铜溶液填满即成为铸造物。这样还能够使得花纹精细清晰，层次丰富，可以达到复杂的空间立体感强的镂空装饰效果。同时使得青铜器表面光滑，不用再进行打磨，精确度很高。曾侯乙墓出土的铜尊铜盘就是用这种方法制作而成的。失蜡法的创造是我国古代金属铸造和铸件装饰史上的一项伟大发明。

可见，古代工匠们在生产力极为低下的条件下，通过自身的实践、创造，推动了技术和社会的进步，显示了非凡的智慧和高超的技艺。勤劳智慧的古代工匠留给我们的这些工艺和艺术瑰宝，为中华民族的物质文明增添了无限光彩，他们不断追求完美的实践创新才推动着古代造物的不断发展，许多在现代科技中还能继续沿用[①]。

(四) 工匠精神的自觉意识

今天，无论技术发展到什么阶段，高技能的工匠都不可或缺，因为不论生产工具怎样进步，都是由人来创造和加以运用的。如果机器取代了旧工种，那必然产生操作机器的新工种。事实上，拥有工匠精神的劳动者，

---

① 苑梅香. 用心培育大国工匠 [J]. 黑龙江教育学院学报, 2017(10).

能够自觉在制造中不断改进工艺，在改造中努力突破极限，既承担"制造"的功能，更具备"创造"的可能。

由此，倡导工匠精神，不光可以培养一批技术过硬、追求卓越的工人，还有助于提高技术工人群体的社会地位和自我认同感，使他们成为整个国家迈向制造业强国的坚实基础。与此同时，在全社会弘扬工匠精神，也能提升全社会各行业的敬业精神，他们可以是政治家、公司老板，可以是设计师、建筑师或工程师，还可以是办公室里最普通的文员、工厂车间里最年轻的工人，这些自觉践行工匠精神的人往往能成为某个岗位的带头人，在严格要求自己的同时，起到模范带头和榜样示范作用，给身边的同事做示范，以带动更多的人弘扬工匠精神。事实上，只要每个人都踏实做好本职工作，尽可能地将每件事做到最好，自然会助推更快更好地实现国家富强的目标。

三、工匠文化的历史烙印

几千年来，我国古代工匠创造的灿烂辉煌的物质文明，不仅是中华民族宝贵的物质财富，同时也与我国传统文化演进交相辉映，留下了深深的文化烙印。工匠的造物总是与当时所处的社会文化大环境息息相关，表现出了"物质"和"文化"是相互依存的。"文化"需要靠"物质"作为载体，一旦载体失去存在的价值，其所承载的文化价值同时也失去延续的理由。

春秋战国时期，在思想学术领域出现了"百家争鸣"的局面，体现在工艺制作方面，形成巧思、清新、活泼的特色；秦汉时期，儒学的宗教化反映在工艺制作的装饰题材上；唐代自信开放的文化政策体现在工艺生产上出现了百花争艳的局面，促成了中外工艺生产的交流，不但我国的工艺品输出国外，西亚、波斯、印度等外国文化也传入我国，华丽且开阔恢宏；宋代崇尚理学，倡导质朴和平淡，形成了工艺风格的严谨含蓄；元代尚武，工艺制作风格粗犷、豪放、刚劲；明代崇尚"知行合一"，工艺制作既细巧严谨，又不失质朴自然；清代受外来文化的影响，反映在工艺方面，具有典型的游牧民族特性。

工匠文化也是中华文化的重要组成部分，在历史的每一段里程中，每一张宣纸、每一匹丝绸、每一件器皿都能反映出其核心的文化内涵。

(一) 技艺精湛与追求完美

工匠承载着岁月时光的沉淀，累积成一个民族文化的符号。每一个工匠默默坚持的身影，所承继的是传统文化及其深植于风土民情所内含的生活智慧及工艺巧思。工匠创造了器物并代代相传，一直延续并发扬传承这种技艺，因此工匠群体得以形成。工匠的职责就是造物，技艺是造物的前提，技艺是工匠存在的第一要素[①]。

工匠制造器物的心灵手巧、熟练程度是需要经过日复一日的劳动训练才能掌握的，这种技巧的训练，也包含了心性、人格等品德上的修炼，这是在学艺过程中所必须的历练，体现在技巧磨练过程中为不惜时间和精力去反复琢磨和改进产品，不断注重细节，追求完美极致，以严谨的精神和一丝不苟的态度，确保每一个细节的质量达到要求。

由此，"技"是指手艺、本领，也就是拥有一技之长，这是一个工匠必须具有的最基本的能力。"艺"包括了方法、知识等，也就是才能的方式方法。这也包含了工匠造物的过程和工艺创造的情感体验。只有对"技"和"艺"有了体悟，经过自己反复磨炼方可进入"道"的境界。掌握高超的技术技能，同时兼备良好的人文素养和创造性，这不单单是对工匠的职业要求，同时暗含着对职业精神和创造智慧的要求。

欧阳修《归田录》载，汴京开宝寺塔"在京师诸塔中最高，而制度甚精，都料匠预浩所造也"。都料匠，是工匠的总管或曰总工匠。工匠总管预浩负责监督开宝寺塔建成之后，却是"望之不正而势倾西北"，成了一座斜塔。大家都奇怪这是怎么回事，预浩解开了谜团，汴京的地势平坦无山，而多刮西北风，风吹之塔不用一百年，塔自然就正过来。意大利的比萨斜塔闻名于世，但其倾斜却并不是设计者的初衷，而开宝寺塔则是在充分考虑到气候因素前提下的刻意之举。这样来看，不光前人要感叹预浩"用心之精盖如此"，今天的我们也不得不为之叹服。可见，中国自古就有追求"精准""完美""创新"的传统[②]。

[①] 李进. 工匠精神的当代价值及培育路径研究 [J]. 中国职业技术教育，2016(27).
[②] 李进. 工匠精神的当代价值及培育路径研究 [J]. 中国职业技术教育，2016(27).

(二) 专注与敬业

抱守元一，潜心钻研，专注和敬业是工匠们的一致追求，他们旨在打造最优质的产品，代代累积着属于工匠的坚持与匠心，他们有着严苛的技术标准和挑剔的审美眼光，追求每件产品的至善至美，这就要求工匠除了具有熟练的技艺，还要有坚持专注的心理素质和制造心态。

由于工匠技艺的保守性和排他性，出现了以血缘为基础的家族行业。他们经过历代的钻研和总结，大都掌握了一整套精湛的工艺，为技术和管理经验的继承和发展做出了重要的贡献。

如在清朝时期，专门负责皇家建筑的设计及图纸、模型制作的工匠被称作样子匠，以雷氏一族最为著名，也称为"样式世家"。从康熙年间开始，雷氏家族的祖先雷发达凭借自己的技艺北上到北京谋生。雷家不仅在北京站住了脚，且获得了皇帝的恩宠，开始了世传七代的样式房差务。自此之后，清朝主要的皇室建筑如宫殿、皇陵、圆明园、颐和园等都是这个家族负责的。这个世袭的建筑师家族被称为"样式雷"。正是雷氏家族世代都孜孜不倦地专注于皇家建筑，才形成了荣耀数百年的"样式雷"家族。

(三) 人与自然和谐统一

古代工匠在制作过程中，将对自然的感悟融入作品中，以代表中华血脉的风土光影的创造，拉近了人与产品的距离。比如，商代青铜器主要是用作祭祀，最普遍的青铜器装饰纹样是饕餮纹，这个形象是牛、羊、猪等作为祭祀牺牲品的形象的表现，但这种表现往往不是采用完全写实的手法，而是由工匠加以抽象化，强调其祭祀意义，它的社会意义大于其审美意义。

《庄子·达生》在讲述"梓庆为鐻"故事时还提到，梓庆在讲授自己成功的原因时，提出了"以天合天"的看法，就是天人合一，使二者浑然一体。由于古代乐器支架要制成飞禽走兽的形象，又因为悬挂的乐器种类不同而所用的飞禽走兽的形象也不同，所以梓庆就"入山林，观天性"，去观察木材以及飞禽走兽的天然形态。在这里，人与自然的和谐统一，表现为一种美的展示过程，这也是工匠审美体验的外在表现①。

(四) 尊师重道与匠心传承

尊师重道是中华民族的传统美德，荀子甚至将尊师重道上升为一种国家意识形态，认为其应成为治国安邦的基本道德规范。中国古代工匠的培养与传承一直尊崇这一传统，并且在师徒制的技艺传承过程中将其进一步发扬光大，并形成一套师道尊严的法度，成为一种道德约束。

我国古代工匠的技艺传承方式不管是"子承父业"还是"师徒传承"，师傅都拥有绝对的权威地位，徒弟必须要遵从师傅意愿，在师傅规定的领域内进行学习创作。俗话说"父生之，师教之"，徒弟必须要尊重所学技艺，才有可能精于技艺，更重要的是徒弟对师傅的态度影响着他能否学成技艺，这就要求徒弟必须要尊敬师傅，所谓"一日为师，终身为父"。师傅既是徒弟的业务指导者，又是其人生导师，工匠精神就是在这种尊师重教的师道尊崇中得到一代代传承与发扬。

(五) 与时俱进与破陈出新

如何通过自己所掌握的技艺来谋求尽可能多的经济利益、稳定其社会地位、巩固其社会关系，是工匠凭借其技艺立足之后所必须深入思考的问题。于是工匠的创新与创造能力成为其百尺竿头更进一步的必要条件。

创新精神从来都是工匠精神的核心之一，光从字面上解释，"技艺"一词本身就含有创新的内涵。"技"指手艺本领，掌握和运用一门技术的能力。而"艺"则有富有创造性的方式方法的意思。暗含着对工匠创造智慧的要求。工匠的创造是一个累积式的发展过程，工匠要根据自己长期的实践经验和技术思考，不断领悟和反复总结，对前人的工艺或技艺进行改良创造以获得新的技术或新的产品，这就是所谓的"知行合一"，与时俱进和推陈出新也是工匠精神的重要表现。②

---

① 李进. 工匠精神的当代价值及培育路径研究 [J]. 中国职业技术教育，2016(27).
② 付守永. 工匠精神 [M]. 北京：北京大学出版社，2018.

生于宋末元初的黄道婆是我国著名的棉纺织工艺家,她对我国棉纺织工艺的发展做出了重大贡献。她本是江苏人,从小做童养媳,由于不堪忍受公婆和丈夫的虐待,后来逃跑至今海南省,黄道婆在这里向黎族人民学习了一整套的棉纺织技术,并全面改革了纺织工具,改进了去除棉籽的原始方法,教妇女们把籽棉放在石板上,用小铁棍来搓,这样就不必再用手一颗一颗地剥棉籽了。她还发明了一种半机械化的轧棉机,一人喂棉,两人摇柄,棉絮与棉籽可以被快速分离到两侧,既快捷又省力,大大提高了工效。

她改进了老式的弹棉工具,采用一种新式弹弓,加长了弓身,弓弦以绳代线,用棒槌代替手指来拨弦,提高了纺纱效能。她造出了三锭脚纺车,由过去的一个纺锭增加到三个,能同时纺出三根纱线,同时她发展了棉纺织的提花方法,使普通的棉布能够呈现出折枝、团凤、棋局、字样等的图案花纹。

黄道婆的工艺技术改革不仅改善了纺织技术,大大提高了生产效率,而且也促使棉织工艺将实用和美观结合起来,成为我国工艺史上的一枝新花。晚年的黄道婆又回到江苏,把这些技术进行了传播,大大促进了我国棉纺织工艺的发展。

(六) 古代工匠的美好的存念

古代工匠推动了中华民族物质文明与精神文明的繁荣与发展,他们的每一件艺术作品,不仅是非凡的物质遗存,更是一种精神遗存,是品格、力量、追求、意境的体现。从原始彩陶、商周青铜器到汉唐织锦、宋元瓷器、明清家具,这些安静的、灵动的、精美的、质朴的美,达到了极高的美学境界,赋予人们高度的艺术享受之外,还是多种情愫的表达,其传承的魅力系着过去连着现在,是民族精神和情感的延续,让我们能够通过这些器物去感受古代精神之力量和文化之内涵。制造产品如同做人,心正是根本,品格决定品牌,要打磨自我,以端正的品格来坚守诚信,在专注和奉献中释放自己的能量。

与日本、德国、美国等西方工业强国有所不同,我国的工匠精神历经几千年的历史沉淀,根基更为深厚、特色更为鲜明,彰显了大国风范,并且以"精益求精、专注坚守、追求完美、推陈出新"为核心,共同构筑着我国工匠精神的灵魂。

第三节 职业教育的概念界定

职业是职业教育中的一个核心概念。要深化对职业教育自身教学规律的认识,就必须对职业及职业属性有深刻的理解。为此,需要从职业社会学和职业教育学等方面去理解职业的内涵,这将有助于把握职业教育专业的本质。

一、关于职业的社会学概念

从职业社会学的观点看,职业是个体社会生存的载体。职业"持有者"所具备的职业资格是其自身工作能力的"集束",在劳动市场上"出售"自身拥有的职业资格,是职业"持有者"的核心动机。因此,职业的划分并不是技术性和功能性的工作要求的结果,不是技术功能必要性的强制表述,而是职业"持有者"自身职业资格的供给与劳动市场的需求相适应的结果,是社会的政治利益与经济利益协调的表述。由此,职业资格的价值在于:为使劳动市场的就业机遇最佳化,职业持有者即劳动力供给者必须使自己基于职业资格的工作能力"垄断化",并自立于其他职业资格的"集束"之外。行业和企业,即劳动力需求者的兴趣,则在于劳动力供给者所具备的职业资格的透明性。这意味着,职业是一种建立在相对稳固的专门化与标准化基础上的职业资格的社会组织形式。或者说,职业是社会分工的表述。然而,职业持有者也会因此而陷于一种矛盾之中:职业的社会保障功能要确保其在专门领域的垄断性以便与他人竞争,而职业的界定功能即垄断性又使得其进入本职业之外的其他职业领域非常困难。特别是,伴随着科技进步与劳动组织的变革周期越来越短,职业持有者挣脱这种垄断性桎梏的趋势也越来越强劲。

二、关于职业的教育学概念

从职业教育学的观点来看,职业是个体接受教育的结果。职业"持有者"所具有的职业资格,包括知识与经验、技能与能力、态度与行为等诸方面,呈现类型化、专门化与集成化的特征。这些资格的获取一般都要以一定时间的持续学习为前提。显然,作为建立在以职业形式就业指向的基础之上而同时关注人格发展的职业教育,就不能只是针对专门化的职业资格或专业能力进行开发,还要更加重视个体的整体性职业能力的发展,否则过度的专门化的专业能力,将阻碍非专门化的方法能力、社会能力的培养;职业教育不能只是对个体的社会融入(除了获得工资,个体借助职业还可获得相应的社会地位和社会评价)的促进,更重要的是对自我的本体建构(例如,职业的自我价值感知、职业的社会责任意识)的贡献,否则过度的被动适应性,将阻碍个体工作能力的创新。现代社会职业发展的动态特征,包括相邻职业资格的跨越与跨专业的职业资格的升值,终身职业的消解与多次性的职业变迁,都要求职业教育兼顾社会发展需求与个性发展需求。这样,职业教育所传授的职业资格将不再是为了更多地满足越来越难以预测的职业需求,而是为了更多地指向学生职业能力的培养,以利于在职业资格垄断性被打破之时能完成新的社会定位。

从职业社会学的观点来看,通过职业教育获取职业资格,以确保人的社会生存;从职业教育学的观点来看,通过职业教育在获取职业资格的过程中更关注职业能力的培养,以促进人的全面发展(如图 1-1 所示)。①

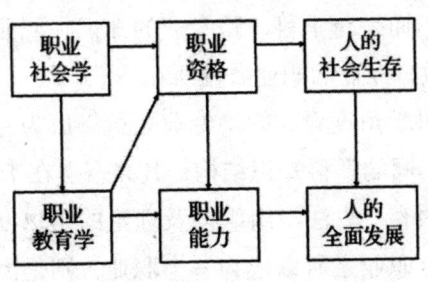

图 1-1 职业社会学与职业教育学的关系

---

① 姜大源.职业教育学院研究新论 [M].北京:教育科学出版社,2007 年.

因此，基于职业社会学意义的职业理解，应该是基于职业教育学意义的职业理解的基础之上，是职业对教育的影响。而职业教育在力保职业的社会功能及其社会公平存在的同时，还要完成功利性就业向人本性就业跃迁，则是教育对职业的影响。这正是职业教育对社会进步的贡献。

三、关于专业的职业教育概念

围绕着职业这一核心，职业教育的职业属性集中体现为职业性原则[①]。这一原则的基本含义是：任何职业劳动和职业教育，都是以职业的形式进行的。它意味着，职业的内涵既规范了职业劳动（实际从事的社会职业或劳动岗位）的维度，又规范了职业教育（用于教学的专业设置、课程开发和考核评价）的标准。基于这一认识，科学的职业分析和职业划分表明，职业教育的"专业"不是对学科体系专业分类的简单复制，不是学科知识体系演绎的结果，而是对真实的社会职业群或岗位群所需要的共同知识、技能和能力的科学编码，是职业行动体系归纳的结果。这表明，职业教育的"专业"从本源上是与社会职业紧密相关的，并非来自学科体系的专业分类。

职业性原则所蕴含的这一相关性可表述为：职业劳动是以"社会职业"的形式进行的，而职业教育则是以"教育职业"的形式进行的。这里所谓教育职业，是从知识传递的角度，通过对从事社会职业所需的职业资格施以集约性结构化调整的学业门类。因此，社会职业是用于就业谋生的职业，而教育职业则是用于教育教学的职业。教育职业源于社会职业而高于社会职业。一个教育职业涉及多个学科（专业）领域里的知识，其关注的重心不是知识的理论深度，而是跨学科、跨专业的知识在职业从业实践中的综合应用。这就是职业教育专业的职业属性所在。

因此，从专业科学角度看，一个专业之所以成为专业，是因为这个专业有着与其他专业不同的学科知识结构，其兴奋点在于理论知识构成要素，包括范畴、结构、内容、方法、组织以及理论的历史发展诸领域。而从职业科学角度看，一个职业之所以成为一个职业，则是因为这个职业有着与其他职业不同的工作过程，其兴奋点在于工作过程构成的要素，包括方式、

---

① 姜大源.职业教育学院研究新论[M].北京：教育科学出版社，2007年.

内容、方法、组织以及工具的历史发展诸方面[①]。这将为职业教育的专业设置——更确切地说,是"教育职业"的设置,为职业教育的发展,开辟一片新天地(如图1-2所示)。

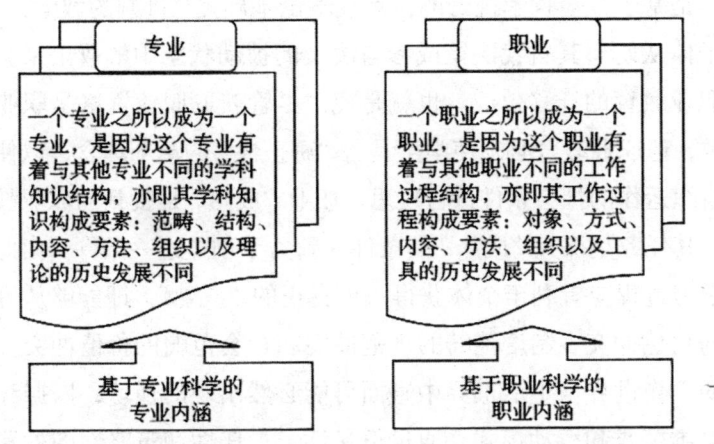

图1-2 专业与职业的内涵

综上所述,职业性原则是对专业与职业这种密不可分的关系的高度概括,是职业教育基础理论研究的重要领域。专业的职业属性,正是职业教育作为一种主流教育生存与发展的最本质的基础,是职业教育不同于其他教育的最本质的特征。

职业人与社会人的统一性,要求职业素养和职业行动,与公民教养和公民行为两两之间有效整合,这已成为职业教育的教育理论及其学科定位所关注的一个中心问题。显然,在一个多元化的开放社会里,不可能存在一个唯一而封闭的关于职业教育的理论。这就意味着,由于视角的差异,职业教育理论定位存在多样性,以及由此产生的关于职业教育原理构建的非同一性,就成为一个炙手可热的话题,引起了职业教育界激烈而又广泛的争论。因而,一方面从基于各种教育原理学说相互的批判性甚或对抗性的角度来考虑,另一方面从基于科学理论地位的基础性和合理性的角度来考虑,当下至少存在着四种具有代表性的关于职业教育原理的理论,即解放论、预期论和主体轮,以及在此基础上发展形成的整合论。

---

① 赵志群. 职业教育与培训新概念 [M]. 北京: 科学出版社, 2004.

(一) 基于解放论的教育原理

解放论是将职业教育学视为推动社会民主进程的学说。解放导向的职业教育学是基于社会哲学视野的,其教学论基础是"批判的教学论",目的在于使个体从妨碍其自我决策或参与决策的被动状态中解放出来。这一学说强调职业教育的迁移效应。也就是说,尽管获取职业资格是职业教育的基本定位,但职业教育必须使学生具备"矫正性"的革新理念,以使个体能对劳动组织运作的社会条件进行反思。职业"成熟"是批判的职业教育的主导标志,其任务是探究"成熟"的条件并致力于创造这一条件。由此,职业教育的学习过程应有利于个体获得一种真正的"成熟",即能够从容面对个体范畴的角色冲突、制度范畴的规范冲突和社会范畴的价值冲突,从而能在未来的工作世界与生活世界中直面可能必然出现的逆境,以摒弃独断与利己的思维模式和行动模式,通过道义性、责任性和策略性的处置,及时予以应对。

(二) 基于预期论的教育原理

预期论是将职业教育学视为传授未来行动资格的学说。预期导向的职业教育学是基于科学预测视野的,其教学论基础是"前瞻的教学论",目的在于使个体从满足传统岗位或现实岗位的静态资格中跨越出来。这一学说强调从被动适应到主动适应的递进效应,也就是说,尽管获取职业资格是职业教育的基本目标,但职业教育必须使学生具备"发展性"的动态的职业资格,以使个体能对技术进步的结构变化做出反应。"资格"是前瞻的职业教育的主导内容,其任务是探究资格的变动并致力于适应这一变动。由此,职业教育的学习过程应有利于个体获得一个完整的行动能力,即能够全面掌握专业范畴的本职业资格、方法范畴的跨职业资格和社会范畴的非职业资格,从而能在未来的工作世界与生活世界中直面可能遇见的风险,以彰显灵活与自如的思维和行动模式,通过可计划、可操作和可优化的处置,实时予以应对。

(三) 基于主体论的教育原理

主体论是将职业教育学视为促进个性发展空间的学说。主体导向的职业教育学是基于人学理论视野的，其教学论基础是"主体的教学论"，目的在于使个体从局限于技术至上或内容至上的狭隘的功利性中解脱出来。这一学说强调社会塑造与个性塑造的发展效应，也就是说，尽管获取职业资格是职业教育的基本要求，但职业教育必须使学生具备"建构性"的个性能力，以使个体能对职业生涯的发展过程实施建构。"塑造"是主体的职业教育的主导目标，其任务是探究"塑造"的内容并致力于完善这一"塑造"。由此，职业教育的学习过程应有利于个体获得一种能动的塑造能力，即能够主动进行客体范畴的社会塑造、精神范畴的价值塑造和主体范畴的个性塑造，从而能在未来的工作世界与生活世界中直面职业发展的变化，以张扬个性与能力的思维和行动模式，通过人本性、创造性和拓展性的处置，主动予以应对。

一般来说，职业教育原理的全面性取决于三条标准，即把握真实（Wahrheit）、塑造品德（Moralitaet）和实现绩效（Nuetzlichkeit）。这三个维度影响着职业教育的生存与发展：把握真实是对职业教育社会实践理解的结果，塑造品德是对职业教育社会实践改进的结果，实现绩效是对职业教育社会实践设计的结果。上述解放论、预期论和主体论的共同之处，就在于各自均以自己的理论定位为依据，从对职业教育实践的理解、改进与设计的角度来诠释这三条标准。因循理解、改进与设计的顺序，解放论的关键词是自主与解放、成熟与批判以及自我决策与参与决策，致力于推动社会民主；预期论的关键词是技术与认可、灵活与机动以及社会承诺与社会贡献，致力于适应技术变化；主体论的关键词是自立与体验、自省与自信以及自我设计与社会设计，致力于促进个性发展。

但是，比较这三种涉及职业教育原理的内涵或实质，可以发现，由于观察角度的不同导致对能力重视的差异：解放论重社会性，专业性和方法性稍弱一些；预期论重专业性，社会性和人本性稍弱一些；主体论重人本性，专业性和方法性稍弱一些。这表明，需要一种能对这三种教育原理进行融通性集成而非机械性叠加的教育理论，在狭义层面实现学习与工作的整合，而在广义层面实现工作世界与生活世界的整合。由此，职业教育的整合论应运而生。

(四) 基于整合论的教育原理

所谓整合论，是一种辩证的职业教育原理，它既关注对涵盖技能与知识的专业能力、学习与工作的方法能力、共处与合作的社会能力进行整合的职业行动能力的提高，又关注对发展调节、价值取向、批判反思和责任担当进行整合的个性人格能力的培养。在这里，整合论的一个重要标志是从职业成熟向人性成熟的飞跃。如前所述，职业成熟强调的是：确保个体在职业生涯中，为达到给定工作绩效的标准，并同时能在对这些标准进行反思的职业资格总和基础上实现职业自立。而人性成熟强调的是：致力于释放个体内敛压力、扩展行为空间和把握变化中的机遇，有能力对其予以理性的思考和行动，并能实现在对社会的结构与进程进行自省与反思基础上的人性自立。

需要指出，无论是解放论、预期论和主体论，还是整合论，四者之间并不是相互排斥的，而是相辅相成的，都将互认并共存于当今世界范式多元主义（Paradigmenpluralismus）的平台之上。无疑，这也将充分表明，关于职业教育原理的学说不仅是涉及多个专业学科领域，而且是跨越多种教育理论范畴的。

第四节　职业教育的基本理念

一、基于动态生成的基础观

(一) 关于基础的构成说

传统的"基础构成说"的座右铭是"多深的地基多高的墙"。这是一种建筑学的概念。其内涵表现为：一是认为基础的好坏取决于"量"的多少，即"多学"。在书本中学，学得越多，基础就越好。二是认为基础的意义表现为"存储性",即"备用"。现在用不上总有一天能用得上。因此,在这种思维定式指导下的教学,是以教师为中心的灌输、记忆为主的学习过程,企图通过一次性教育最大限度地使学生获取其一生所需要的基础——理论知识。然而,由于在基础的形成过程中是他组织的:教师是知识传递途径的主宰者、评判者,而学生只能是知识的被动接受者、受检验者,知识系统的获取是外部强制输入个体的结果。而在基础的要素关联上,是叠加的,强调基于还原论所掌握的知识的部分、单元、模块,其代数和即可攫取整体;因而学生所获得的基础知识是惰性的,关注复制、再生和重构,结果是知识"学得多用得少"。对职业教育来说,这成为一种"过度教育"。这是一种基于学科体系的基础观,实质上是一种指向"是什么"与"为什么"的陈述性知识集合的静态基础观。因此,片面地强调"建筑学"的基础观,是"见物不见人",把基础视作无生命的"砖瓦"堆砌的构成之果,把有生命的学生视同无生命的"大厦",那么,职业教育的教学必然会永远禁锢于庞大复杂的学科体系的"物理"束缚之下。

(二) 关于基础的生成说

现代的"基础生成说"的座右铭是"大树是小树长成的"。这是一种生物学的概念。其本质体现为:一是认为基础的好坏取决于"质"的优劣,即"活学"。在行动中学,学得越活,基础就越好。二是认为基础的意义表现为"应用性",即"活用",学以致用。因此,在这一思维定向引导下的教学,是以学生为中心的发现、体验为主的学习过程,期望历经多次学习最大可能地使学生习得其一生所需要的基础——行动能力。然而,由于在基础的形成过程中是自组织的:教师是知识传递过程的协调者、咨询者,而学生则成为知识的主动探求者、自我评价者,知识系统的掌握是个体内在觉悟构建的结果。而在基础的要素关联上,是集成的。强调基于系统论掌握的知识的部分、单元、模块,其矢量和才能获取整体。因而学生习得的基础知识是活性的:关注迁移、运用和创新,其结果是"知识学得精、用得多",对职业教育来讲,则成为一种"适度教育"。这是一种基于行动体系的基础观,实质上是一种指向"怎样干"与"怎样干更好"的过程性知识聚合的动态基础观。由此,全面地提倡"生物学"的基础观,是"见物更见人",把基础视作有生命的"细胞"的发育生成之果，把有生命的学生看成有生命的"树木"，那么，职业教育的教学必然会自由驰骋于宽广、辽阔的行动体系的"生物"平台之上。

从静态的基础构成说向动态的基础生成说的转变，是对基础观认识的一次革命。正是由于细胞生生不息地繁衍，一棵小树才能长成参天大树。从生命科学的意义上来说，基础既不是事先完全打好的，因为基础的形成是个过程；也不是一成不变的，因为基础的形成是个发展的过程（如图1-3所示）。

图1-3　两种基础观：建筑学与生物学

基于"建筑学"的基础观，往往与无意识的物性基础联系在一起；基于"生物学"的基础观，则常常与有意识的人性基础联系在一起（如图1-4所示）。

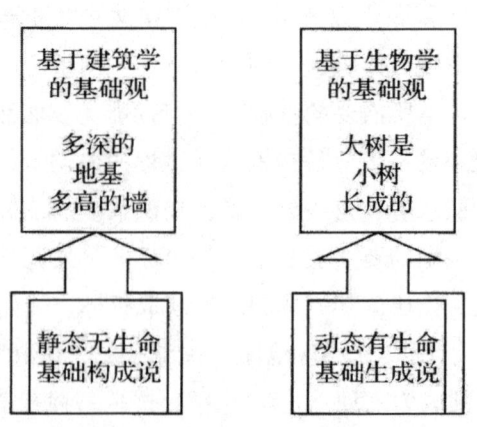

图1-4　两种基础观：构成说与生成说

关于基础观的思辨，其一，并非要为"建筑学"的基础观低吟挽歌，这是因为作为基础核心要素的"元知识"，仍是构成的结果，它是"关于知识的知识"。尤其是对学术型人才的培养，学科体系的知识构成依然是重要的；其二，确实要为"生物学"的基础观高唱颂歌。这是因为作为基础扩展内因的"关键能力"，是生成的结果，它是"掌握知识的本领"。特别对于应用型人才的培养，行动体系的知识生成必然是本质的。

二、基于职业科学的学科观

与普通教育相比，职业教育是另一种类型的教育，有其不可替代的教育地位。与普通教育学相比，职业教育学是支撑另一种教育类型的教育和教学的理论，同样应有其不可替代的学科地位。

长期以来，学科地位的确立，主要依据传统的学科分类体系中的知识层次。人们很少甚至几乎不曾考虑过，基于不同的知识类型进行学科分类，基于知识层次进行学科分类，职业教育及其学科建设应该从属于普通教育学之下。由此，在教学论领域，职业教育的专业教学论，要么从属于普通教学论领域里的专业教学论，要么从属于工程（技术）教学论，甚至科学教学论范畴里的学科或专业教学论。因此，如何从知识类型的角度，赋予职业教育与普通教育，或者职业教育学与普通教育学以同等的学科地位，就成了职业教育科学研究的一个重要任务。

（一）关于职业教育的理论问题

现代职业教育学认为，职业教育的科学研究应包括职业科学和职业教育学两个方面。前者是从职业影响教育的角度，后者则是从教育影响职业的角度来研究职业教育的。

目前，就职业教育学科的基本问题来说，除了职业教育学的研究之外，职业教育研究至少还应在以下三个理论层面做出科学的回答：一是，关于职业本原的研究。二是，关于职业科学的研究。三是，关于职业教学论的研究（如图1-5所示）。

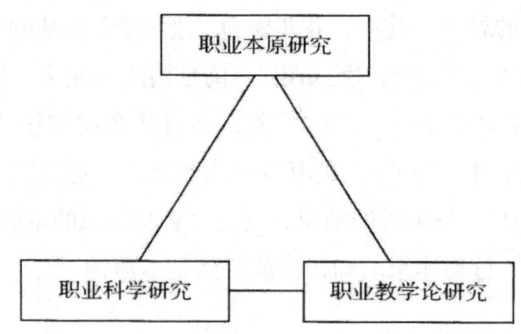

图1-5 职业教育研究必须回答的理论问题

1. 职业本原的研究涉及职业教育存在与发展的基础

研究职业，就是要研究职业教育的职业属性。其范畴应包括职业哲学、职业历史学、职业分类学、职业术语学、职业心理学、劳动医学与职业医学、职业社会学、职业法律（包括职业教育和培训的法律及职业从业的法律），还有职业教育学和职业教学论。显然，这一与职业相关的学科的总框架，其所蕴含的内容和涉及的学科领域之丰富与广博，应该说已具备了作为一个与普通教育学同等地位的一级学科的基本条件。简单地说，与普通教育相比，职业教育与"职业"的关系更为直接，职业教育是研究通过何种教育途径来获取合适的职业（从业）资格的科学，这是其类型属性的重要体现。这就意味着，必须在职业教育学和职业科学的所有层面，对职业教育的教学问题进行研究。

2. 职业科学的研究涉及职业教育的基准科学

面对众多的社会职业及由此给予其教育编码的"符号化"的"教育职业"（专业），职业教育却缺乏一个与之对应的具有自身特色的基准科学，以至于其教学设计不得不建立在与其名称相近或类似的技术科学、工程科学、经济科学或管理科学的基础之上。然而，这样的处理并不符合职业教育的类型特点。要把关于职业（包括社会职业和建立在社会职业基础上的教育职业）和职业教育至关重要的所有的认识，看成是另一类科学，并在此基础上创建一门独立的学科理论，就要从职业教育的视域入手：一是要对实际的职业劳动所运用的事实知识和方法知识进行研究并使其系统化。二是要对实用的与之紧密联系的相关科学所需阐述的具体知识和方法知识进行研究并使其系统化,两者涉及工作过程与学习过程的集成。显然,这已不是一般意义上的"关于职业的理论",而是包括理论与实践两个方面的科学,即所谓"职业科学"是一个整合工作过程与学习过程的科学(如图1-6所示)。

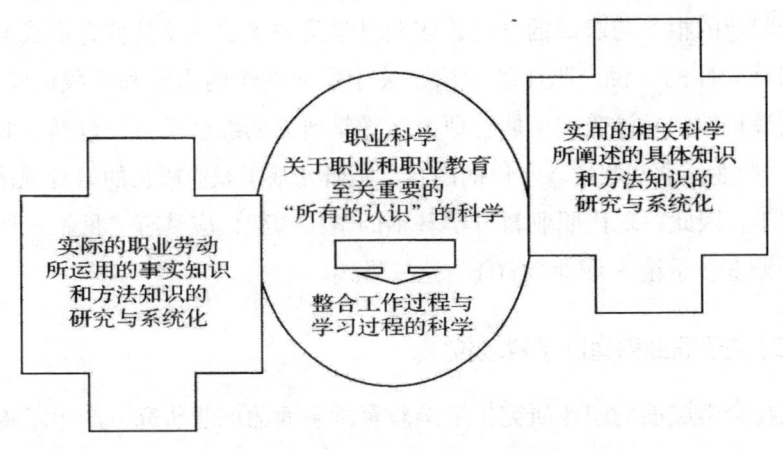

图1-6 职业科学的内涵

3. 职业教学论的研究涉及职业教育的教学过程

必须对"专业教学论"的概念及其决策理论有全新的理解。基于知识存储的学科体系的专业教学论,对学习内容选择的参照系是职业教育课程所对应的各个"专业科学"知识的总和。一般认为,是指在职业资格的框架内从相关专业科学里导出的具有职业特殊性的专业内容。然而,这样的处理必然导致一个大问题:由于职业劳动的复合性,职业教育里的"专业"——教育职业,已大大跨越学科体系"专业"的范畴,这就很难为每一个教育职业都确定一个与之完全对应的基准科学——专业科学。鉴于此,建立在教育职业概念之上而以职业科学为基础的教学论,即所谓职业教学论,或"职业的教学论"(Berufliche Didaktik),不再以"专业科学"为逻辑起点,因而也就不再强调由专业科学导出的基础性和专业性的内容,也不再强调建立在此基础上的专业学科系统和专业学科结构的学习,而是将职业及其领域作为连接该职业领域内所有一系列教育职业的纽带。而由社会职业导出的教育职业,可依据社会职业的工作过程、工作要求和工作范围,开发特定的教学方案(课程)。这样,处于职业教育"教"与"学"过程中心的,也不再是专业理论内容的复制,而更多的是经由职业实践——工作过程分析和归纳所确定的、重在知识应用的职业能力的培养。

需要指出的是，有关职业本原、职业科学和职业教学论的研究与教学，都是在职业教育学这一宏观平台上进行的。可以这样认为，职业本原研究是关于职业的根本与起源的学说，职业科学是关于职业及其教育形式的普适性和基础性的学说，职业教学论是关于职业教学的内容和手段的学说，而职业教育学则是涵盖关于职业研究与教学研究的综合学科，包括了职业（本原）、职业科学和职业教学论的内容，是研究基于职业成长的教育规律的教育科学。因此，现代职业教育学基本的学科构架，应具有"职业—职业科学—职业教学论—职业教育学"这一形式。

（二）关于职业教育的学科地位

从社会学层面的职业研究扩展至教育学层面的职业研究，产生了将职业科学作为职业教育基准科学的理论创新，提出了职业教学论的构思与方案。这一科学理论既适用于职业教育，也适用于高等职业教育，这是教育类型所决定的。而从基于层次的教育学研究走向基于类型的教育学研究，充分表明了教育理论研究的成熟。因此，从教育类型的角度赋予职业教育学与普通教育学同等的学科地位，即一级学科，理由是必要且充分的。

一般来说，"学科的建设与发展，可以说有两条路子。一条是作为'工作母机'，不断地孕育和产生新学科，最后自己'缩小'到一个比较正当的领域。如同'哲学'，从作为人的知识总汇，到今天成为学科知识体系中的一个正当的学科。反过来，另一条是孕育在工作母机中，最终逐渐地建立和发展起自己的学科领域。如同'自然科学'，及其种种物理、化学、生物学等学科，最初是在'自然哲学'之中生长起来的，直至牛顿的名著仍然叫作'自然哲学的数学原理'，而今天则生长成为正当的学科领域"。其实，教育学、心理学的发展也是如此。

在国家13大类的学科分类中，教育学科的一级学科有3个：教育学、心理学、体育学。其中，作为一级学科的教育学，包括成人教育学、职业教育学等10个二级学科。而这些二级学科中的职业教育学已经不只是学校意义上的教育学，其作为一种至少有学校和企业两种学习地点的教育类型，早已跨越传统的学校"围城"；职业教育学，也由于其涵盖了学校教育学和企业教育学、学习心理学和职业心理学，早已跨越了传统教育学一级学科所能企及的教育学范畴。显然，职业教育作为一种"跨界"的教育，需要有一个属于自己的学科地位（如图1-7所示）。

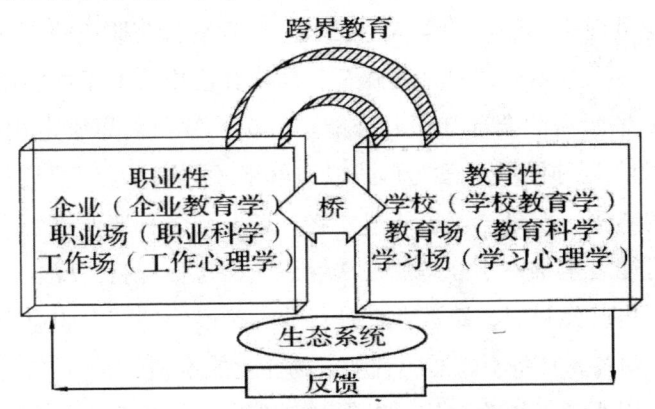

图1-7 职业教育的跨界特征

成人教育的学科地位的确立，也存在与此类似的情况。

在呼唤着"实体经济+职业教育"的今天，大力发展职业教育，尤其是现代职业教育体系的构建，也呼唤着：给职业教育学科以一个应有的地位——一个与普通教育学科同等的一级学科的地位，以支持并推动满足社会发展需求和个人发展需求，特别是对促进经济与促进就业都发挥着不可替代作用的职业教育的学科建设。这意味着，职业教育的发展也将使得职业教育学逐渐成为一个具有"一级学科地位"的"正当的学科领域"。

三、基于能力本位的教育观

职业教育的培养目标，绝不是打造被动的"知识存储器"，也不是培养被动的"技能机器人"。职业教育，要使一个"自然人"或一个"生物人"，成为一个社会所需要的职业人，但又不仅仅是一个纯粹的职业人，而是一个既要生存，又要发展的社会人。

在现代社会，人的发展与社会发展的互动态势更加明显。它表现在：一是劳动分工引起单一工种向复合工种转变。现代社会中职业劳动的性质类型的变化体现为体力劳动与脑力劳动、蓝领阶层与白领阶层、动作技能与心智技能的三大超越；发展中的劳动岗位呈现边际岗位的形态，要求劳动者具备跨岗位的本领。二是技术进步导致简单职业向综合职业发展。现代社会中职业劳动的智能结构出现跨专业技能（计算机、外语）、跨行业技术（互联网工具、信息手段）、跨产业意识（环保、安全）三大复合态势；发展中的职业呈现边际职业的架构，要求劳动者具备跨职业的本领。三是信息爆炸催化一次学习向终身学习跃迁。现代社会中人们不可能通过一次性学习掌握一生所需的全部知识和技能。一次性学习的思维定式已经过时，"显性""隐性""虚拟"三大学习形式成为可能，促使劳动者要具备不断开发自身潜能的本领。四是竞争机制迫使终身职业向多种职业嬗变。现代社会中人们不可能终生维系于静态的一次性职业岗位而保持不变。一次性职业的思维定式也已经过时，跨职业、跨行业、跨产业的三大职业变动成为可能，迫使劳动者要具备不断适应劳动市场变化的本领。

为此，以服务发展为宗旨，以促进就业为导向的职业教育既要为人的生存又要为人的发展打下坚实基础，能力培养就发挥着至关重要的作用。树立能力本位的教育观，强调学习主体通过行动实现能力的内化与运用，正是素质教育在职业教育中的体现。

（一）关于能力的要素与目标

个体职业能力的高低取决于专业能力、方法能力和社会能力三要素整合的状态（如图1-8所示）。

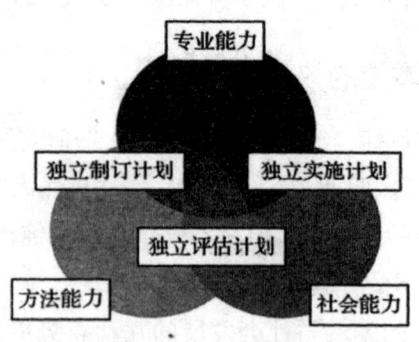

图1-8 能力三要素

专业能力是指具备从事职业活动所需要的专门技能及专业知识，要注重掌握技能、掌握知识，以获得合理的知识能力结构。

方法能力是指具备从事职业活动所需要的工作方法及学习方法，要注重学会学习、学会工作，以养成科学的思维习惯。

社会能力是指具备从事职业活动所需要的行为规范及价值观念，要注重学会共处、学会做人，以确立积极的人生态度。

能力三要素的整合结果决定着个体在动态变化的职业生涯中的综合能力：当职业岗位发生变更，或者当劳动组织发生变动的时候，个体不会因为原有专门知识和技能的老化而束手无策，而是能在变化了的环境里积极寻求自己新的坐标起点，进而获得新的知识和技能。这种善于在发展与变革中主动应对的定位能力，是一个更高层次的能力，常被称为关键能力。这已成为世界职业教育的共识。

能力本位的职业教育，其目标旨在使学习主体在学习过程中有意识地掌握三个相互依存而有机联系的本领：一是要学会独立地制订计划。这是一种预测性、诊断性的工作训练。二是要学会独立地实施计划。这是一种过程性、形成性的工作训练。三是要学会独立地评估计划。这是一种总结性、反馈性的工作训练。

能力本位的职业教育，特别强调个体在生存与发展的社会体系中，对由学科体系所获得的理论知识与由行动体系获得的实践经验，通过哲学工具——反思性思维使其内化，进而转化为能力——一种与人才类型无关的、经由"获取－反思－内化－实践"的过程形成的、不能脱离个体而存在的本领。

(二) 关于能力与素质的区别

能力与素质，都与人格有关。所谓人格，涵盖三方面的内容：①人的性格、气质、能力的综合。②个人的道德品质。③人作为权利、义务的主体的资格。实际上，素质与能力是对人格的同一层次不同侧重的表述。关于能力与素质的关系，存在一些争议。一般来说，素质重在存储与积淀，"位势"的变化只表明"量"的增减并不代表"质"的改变，只有当外因发生作用时，素质才能释放能量，故条件是素质"物化"的前提。它更多地具有静态特征。或者说，素质是以"势能"的形式存在的。而能力重在内化与运用，反思过程的快慢表明能量聚集"加速度"的大小，内因发挥主要作用，当主体行动时就释放能量,故过程是能力"物化"的情境。它更多地具有动态特征。或者说能力是以"动能"的形式存在的。素质与能力的关系,从某种意义上说,就是势能与动能的关系,在一定条件下可以相互转化。换句话说,从能量的意义上看,素质是能力的内隐,能力则是素质的外显。

能力本位所强调的能力,应被理解为个体所具有的一种状态,一种能在动态的社会情境、职业情境和生活情境中,采取专业化的、全方位的并勇于承担个人与社会责任的行动。能力本位的能力,绝对不能狭义地理解为可以描述的、显性的,即"看得见""摸得着"的规范的动作!能力,不是一个基于数量的静态的物理学概念(Capacity),而是一个基于质量的动态的生物学概念(Competence)。

由此,能力更多地表现为个体一种主动面对生活与积极应对生活的心理准备,一种具备获取显性的生存本领的心理状态,一种能够应对未来发展的隐性的心理条件(如图1-9所示)。这意味着,能力是一个具有特别重要意义的概念,是一个在人格培养中最高层次的概念。

结论:无论是内涵还是外延,能力本位的教育观具有更加深刻、更加广博的意义。

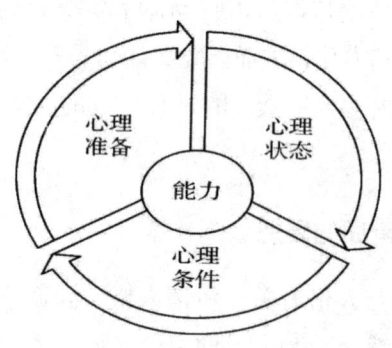

图1-9 能力的实质

四、基于多元智能的人才观

人才观的问题,涉及对人的评价标准或参照系的问题。人的智力类型不同,与其匹配并使其"成才"的目标、方式、途径也不同。

社会上存在这样一种普遍看法,即职业学校学生的学习质量低于普通学校学生的学习质量。以普通学校的考核标准去评价，职业学校学生的成绩确实不甚理想。但这是不公平也是不科学的。其原因在于，职业学校的培养对象，与普通高中，特别是与普通高等学校的培养对象相比，在智能结构与智能类型方面存在着很大的区别。基于此，以同一个标准去考核、衡量所有的学生，而从根本上忽略智力的差异，无疑是不公平，也是不科学的。例如，用数论的理论知识试题去考查数控机床的操作工人，其结果肯定是负面的；同样，用数控机床的操作知识试题去考查数学家，其结果也必定是负面的。因此，对具有不同智能结构与智能类型的学生，只有用不同的标准去考核、衡量，才是正确的做法。

意大利著名心理学家安东尼奥·梅内盖蒂创立的本体心理学，专门研究人的精神活动的原始动因以及对存在的理解。梅内盖蒂指出，人具有一种天生的智慧。这种智慧有益于与环境的互动。但是，由于历史的和社会的原因，人的直觉及其天生的智慧很大一部分都丧失掉了。如果能够找回失去的部分，人就可能获得成功。

(一) 关于智能类型与智能结构的分类

找回那些"失去的部分"，从美国哈佛大学心理学家加德纳教授的研究成果中，人们可以获得答案。加德纳认为，人类智能是多元的，不是一种能力而是一组能力。根据加德纳教授的多元智能理论，归纳起来，个体身上独立存在的与特定认知领域或知识范畴相联系的至少有七种智能。

综观加德纳教授关于智能分类的这一理论，其中既有我们中国人传统偏爱的逻辑、数理智能以及言语、语言智能，也有偏重于技艺、技巧和技能的音乐、节奏智能，视觉、空间智能以及身体、动觉智能，甚至还有体现现代研究成果的偏向于心智操作的交流、交往和自知、自省的智能。根据这一理论，个体由此组成的智能结构并因此而呈现的智能类型是不同的，存在着极大的差异。

这意味着，个体的智能倾向（能倾）是多种智能集成的结果。但从总体上来说，人们认为的智能是通过学习、教育与培养，抽象思维者可以成为研究型，或学术型，或工程技术型的专家；形象思维者则可成为职业技术型，或技能型，或技艺型的专家。所以，对"专家"这一概念的理解，应该有一个新的诠释。数学家、物理学家、化学家、医学家是专家，工程师、管理家、政治家、歌唱家是专家，高级技术工、技术员、高级技师、技师同样是专家。应该说，他们是在社会不同工作岗位、不同工作阶段、不同工作层面上的专家，其对社会的发展、对人类的贡献，相互不可替代（如图1-10所示）。

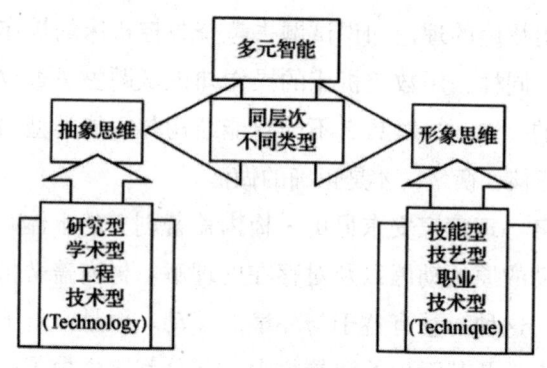

图1-10　智能类型与人才类型

教育的根本任务，就在于根据人的智能结构和智能类型，采取适合的培养模式，来发现人的价值、发掘人的潜能、发展人的个性。

（二）关于智能类型与学习指向的关系

现代教育研究表明，具有不同智能类型和不同智能结构的人，对知识的掌握也具有不同的指向性。现代社会对知识，特别是应用性知识内涵的界定，有了新的突破——存在着两种属性的应用性知识：一是涉及事实、概念及理解、原理方面的陈述性知识，要解答的是"是什么"（事实与概念）和"为什么"（理解与原理）的问题。二是涉及经验、策略方面的过程性知识，要回答的是"怎么做"（经验）和"怎样做更好"（策略）的问题（如图1-11所示）。

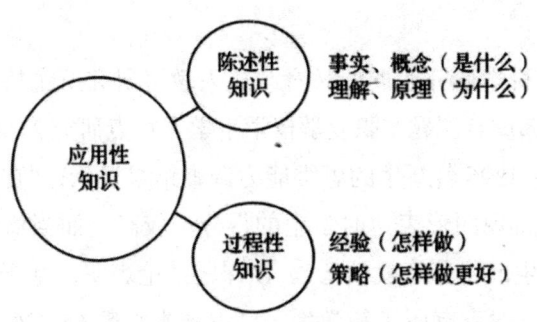

图1-11 应用性知识

教育实践和科学研究都表明,形象思维强的人,能较快地获取经验性和策略性的知识,而对陈述性的理论知识却相对排斥。这并非职业学校学生的弱势,而恰恰是其优势所在。

一般来说,职业教育的培养对象,主要具有形象思维的特点。不论是在职业学校,还是在高等职业学校学习的学生,与相应层次的普通高中以及高等学校的学生相比,这两种群体是同一层次不同类型的人才,没有智力的高低、好坏之分,只有智能的结构、类型的不同。所以,职业学校与普通学校的培养对象在智能类型上的差异,意味着只有那些能更好地张扬其智力优势的教育,才是最好的教育。因此,适应个体的智力优势去培养社会所需要的不同类型的人才,正是教育存在的最重要意义。而培养不同类型人才的教育,也并非在于教育水平的高低,而只是教育类型的不同。对此,从事职业教育以及所有从事教育的人们,应该有一个清醒的认识。

国内对职业学校学生智能类型研究及实验取得了很多令人信服的成果。北京市一项历时15年的关于"发展形象思维的理论研究与教学实验"课题研究指出,"长期以来,人们对思维有一种误解,认为人思维的发展过程是一个从形象思维向抽象思维转变的过程,简单地把形象思维当作思维发展的低级阶段,认为抽象思维才是思维的高级阶段,只要有了抽象思维能力,一切学习凭借逻辑推理都可以完成",结果"对思维认识的片面性所导致的对思维培养的偏颇,即重视抽象思维,忽视形象思维培养,致使课堂教学普遍存在着枯燥、乏味和抽象、难懂的现象"。而实际上,形象思维也是从简单到复杂不断地发展着的,也是一个在人的整个成长过程中"必不可少的认知形式"。

由北京教育科学研究院职业教育与成人教育研究所主持的全国教育规划"十五"教育部重点课题《职业学校学生学习特点研究》，对北京13所职业学校64个专业4296名新生的思维能力调查结果显示，"在同等水平的推理中，当概念用直观图形表达时学生的得分率较高，而当概念用文字或数字符号表达时学生的得分率就较低"。该课题结论表明，基于具象的图形而建立起对抽象"概念"有所了解学生，已占样本总数65.23%。特别是课题组对数学这门要求具备较强逻辑思维能力的课程，采用该课题组《职业学校数学学习准备指标体系》进行检查后，将所得数据按一、二、三级能力水平排序并按常识性（即学生了解、明白、知道层次的知识存储状态）、工具性（即学生掌握、理解、使用方面的能力）、思辨性（即学生综合、概括、灵活应用的水平）加以分类绘成的数据阶梯图表明，学生的常识性、工具性、思辨性的能力排序依次为强、弱、极弱。因此，课题组指出，鉴于数学思维的特殊性和个人思维的特点，并非人人都能很好地接受数学思想，应给具有不同智力且准备从事不同特点职业的学生以不同的数学教学的教育准则。课题组以一所职业高中美容美发专业的学生3次在亚洲发型、化妆大赛中拿到冠亚军，另一所职业高中学生在联合国教科文组织EDP青少年环境戏剧汇演中荣获二等奖、在千禧龙杯青少年书画作品展大赛中荣获24枚金、银、铜牌的事实为据，指出学生数学学习的劣势并不妨碍学生在喜爱的职业领域展露才华，不具有数学思想的人同样能创造出自己职业发展的空间。

山东省《职业学校学生学习与创业的实验与研究》课题组在职业学校学生的学习动机、学习兴趣、学习习惯、学习方法、学习基础、学习环境以及学生的学习选择能力和智力状况8个方面，对学生的智力进行教师问卷调查和学生问卷调查的结果表明，70%以上的学生认为自己不擅长逻辑思维，而50%上的学生认为自己擅长形象思维。

广州市教育局教研室开展的《职业学生学业成就评价改革及个案研究》和广州市职业教育学会物理教研会开展的《职业学生物理课程学生学业成就评价体系的构建与实践研究》的成果表明，进入职业学校的学生与普通高中的学生的差异，是在智力类型方面而不是智力的水平方面。职业学校

第一章 绪 论

的学生是一个具有特殊智力倾向的群体。根据调查，职业学校学生对专业实践的兴趣很高，实践课的教学效率一般比理论课和文化课的教学效率要高。

浙江海盐职业教育与成人教育中心就"职业学校学生的认知特点以及与数学学习的矛盾"开展研究。研究的结论是，职业学校学生直观形象思维强于抽象逻辑思维，学习中以感性认识、行动把握为主，不善于对知识的产生、发展、形成进行逻辑推理，很难掌握数学的概念、原理、法则之间的联系和区别。而目前职业学校的数学课程仍沿袭普通高中的数学课程模式，强调符号把握，强调抽象思维，将用演绎形式处理的数学原理作为展开教学内容的主线，过分追求知识的逻辑推理，忽视知识产生背景的介绍及其生活原型的挖掘。当学生因个体基础差而无法消化这些知识时，又强调以机械记忆与重复练习来进行补偿教学，造成学生思维麻木。其研究的结论是，这种教学方式与学生智力特点的不一致，造成了职业学校学生对数学学习的恐惧与反感，使得教学效率十分低下，极大地打击了学生的学习兴趣。

江西科技师范学院(现为江西科技师范大学)根据多元智能理论，对学院的酒店管理、音乐表演、应用艺术、模具设计与制造、新闻采编、园林技术、体育采编、法律事务、软件技术和财务管理10个专业的学生进行"强项智能"的校本实验调查，根据各专业学生的智能强项分布，组建教师多元智能团队，在解决实际问题的过程之中，对优势智能进行因材施教；对弱势智能进行重点提升，促进智能发展和智能组合，增强了学生自信，提高了教学质量。咸阳职业技术学院在高等数学教学改革中，紧密贴近高职学生的智力特点，积极探索以形象思维为主的具有另类智力特点的数学教学方法——通过"背景导入、例题引路、直观通俗、定性描述"，淡化理论体系，强化实际应用，重点在"建立数学模型，学会解决问题"，取得了很好的效果。

国际上，德语文化圈的国家对人的智力类型的研究和实践十分突出。例如，产生过大量杰出人才的德国，其基础教育在小学四年级后就开始分流，凡逻辑思维及语言能力强的学生升入9年制的完全中学，完成学业后可进入以培养学术型人才为主的研究型大学学习；形象思维和动手能力强的学生，则升入 5 年制的主体中学，学业完成后接受以培养技能型人才为主的职业教育再进入劳动市场就业；智力介于逻辑思维与形象思维两者之间的学生，升入 6 年制的实科中学，完成学业后升入专科高中，再进入以培养工程型人才为主的应用型大学学习。德国实施小学后分流的理论基础，正是智力的差异。或许正是这一理性的选择，才造就了让德国经济腾飞的秘密武器——"双元制"职业教育。

因此，职业教育的实践表明，多元智能理论倡导的是一种积极的学生观。每个学生都有自己的优势智力领域，都有适合这一优势领域的学习类型和学习方法；学校不存在差生，全体学生都是具有自身智力特点，以及适合于此的学习类型和发展方向的可造就人才。学生的问题不再是聪明与否的问题，而是在哪些方面聪明和怎样彰显聪明的问题；学习过程则重在如何使其更聪明，怎样扬长避短，从而实现自己最好的发展。所以，职业教育要更多地给学生以智慧开启而不是智慧关闭的经历，使教育从制造失败者变成塑造成功者。

因此，对职业学校学生的智能类型准确定位，将有利于深入认识职业教育的特点，有利于增强学生成才的信心，有利于加强教师培养人才的决心。正如古人所云："我劝天公重抖擞，不拘一格降人才""江山代有才人出"，自古行行出状元！

五、基于全面发展的能力观

普通教育与职业教育是两种不同类型的教育，已逐步成为社会和教育界的共识。然而，对两者之间根本区别的理解，却有着截然不同的观点。从传统静态的教育观来看，普通教育重在个性发展需求，其目标是内隐的；职业教育重在社会发展需求，其目标是外显的。换句话说，传统静态的教育观认为，普通教育的培养目标是非功利性的，而职业教育的培养目标是功利性的。现代动态的教育观点，则认为，目标外显的就业导向的职业教育，同样可以做到既满足社会发展需求，又满足个性发展的需要。这意味着，职业教育绝不是一种等同于一般职业培训的纯功利性的社会实践活动。它完全可以将功利性与公益性有机地集成起来。因此，作为一种类型的教育，职业教育依然高举着教育以人为本、促进人的全面发展的大旗。

结论：从某种意义上来说，传统的"非此即彼"的教育观是一种"排斥论"，现代的"和而不同"的教育观点，则是一种"整合论"。

在摒弃了"排斥论"的教育观后，"整合论"的教育观就寄望于实施能力本位的职业教育，也就是以人为本、全面发展的职业教育。毫无疑问，这应该是职业教育面向未来的选择。然而，对能力本位这一教育思想实质的理解，至今还存在着诸多误区。

(一) 对能力本位与技能本位、资格本位概念的理解

职业技能、职业资格和职业能力这三者之间的本质差异，在于其认可的职业行动的作用维度及其潜在的职业行动的自主程度的不同。这可从职业行动蕴含的四个方面，即学习内容、活动范围、工作特征和组织程度来分析（如图1-12所示）。

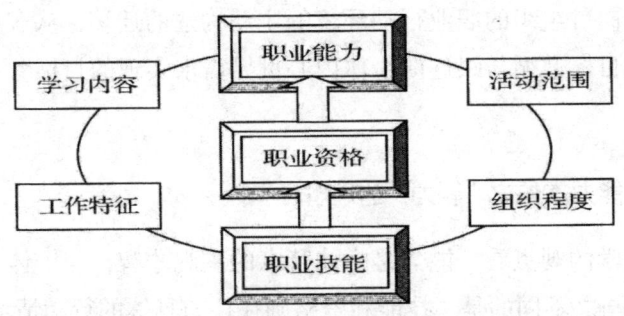

图1-12 职业技能、职业资格与职业能力

在学习内容层面，从外延看三者都关注技能、知识和能力这三个要素，但内涵的差别是：职业技能注重实用，职业资格注重资质，职业能力注重内化。

在活动范围层面，职业技能建立在相对单一的岗位或职业基础上，职业资格建立在比较宽广的岗位或职业基础上，而职业能力则建立在具有纵深的职业工作环境以及职业劳动组织的基础上。

在工作特征层面，职业技能凸显的是对明确界定的工作的胜任，职业资格显现的是对灵活界定的工作的胜任，而职业能力孕育的则是对自在发挥的工作的胜任。

在组织程度层面，基于职业技能的职业活动基本是被动式他组织的，

基于职业资格的职业活动常常是反应式自主的，而基于职业能力的职业活动则一般是主动式自组织的。必须清晰地指出，只有通过被动式他组织的职业技能的掌握过程，以及反应式自主的职业资格的获取过程，才能建构主动式自组织的职业能力。

不过，还需要特别指出的是，这里所论述的技能，特指狭义的技能，即职业技能，指从事某一特定职业所需要的显性的能力，是具象的。而广义的技能，尤其是作为一种哲学概念表述的技能，作为一种技术现象，将在第四章专门论及。实际上，个体在职业实践中，职业技能的提高，有利于获取相应的职业资格，而只有伴随着职业技能提高以及职业资格获取的过程，职业能力才能逐步得以培养并内化。

显然，这里涉及一个思维范式的转变：从狭义的岗位或职业的职业行动向广义的岗位群或职业群的职业行动的位移，从他组织的职业行动范围的被动接受向自组织的职业行动环境的主动构建的迁移，从客观外部世界需求导向的目标遵循与跟进向主体内心世界需求实现的目标参与和建构的转移。

(二) 对能力本位之"能力"的理解

从教育学的观点看，能力是个体特有的主观才智，与个体特定的行动情境无关。与之不同的是，技能和资格则往往与具体的行动情境紧密相关，总是指向恰当地完成活动领域里的具体任务的。然而，当能力开发被作为职业教育的学习过程和工作过程的目标时，视职业教育为职业能力开发过程的观点则又强调职业情境对能力形成的重要性和必要性。职业能力来自职业情境中的行动训练而又超脱职业情境而本体存在，即所谓源于职业情境而又高于职业情境。

德国学者的研究表明，能力的表述提出了学习者的一种确定的结构图像。"个体行为的表层结构，即外在可观察到的行动、对事实确切真相的语言表达及态度，与个体行为的深层结构，即经验上不能直接观察到的层面如行动模式、思维模式和态度模式，是不同的。而这些模式正是上述表层结构的基础"。致力于能力开发的学习，其目标指向是：在个体与环境的互动中，有条件及可持续而渐进地改变这一深层结构，亦即改变学习者的行动模式、思维模式和态度模式（如图1-13所示）。这正是以人为本、全面发展的职业能力本位所要实现的目标。

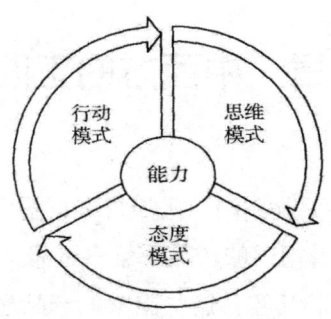

图1-13 能力的深层结构

以人为本、全面发展的职业教育强调获得专业能力，其目的是使学习者善于在今后的职业实践中，将习得的相关职业理论知识加以转化，以便内行地应对职业的专门要求。专业能力具体表现为：以物为对象，如对材料、原料、仪表、机器等方面的操作、维护与保养的能力；以人为对象，诸如护理、餐饮、旅游、咨询等方面的服务能力；以物与人为对象的职业工作过程的辨识、监控、调解、优化等方面的管理能力。

以人为本、全面发展的职业教育更是强调获得方法能力，其目的是使学习者在未来面对劳动、学习、闲暇世界的状况越来越复杂、变动越来越剧烈，而出现的日益增多值得重视的新的情境时，能自如地应对和处理这些情境。这要求行动的主体能在新的行动情境中，超越曾经被证明有效的办法和经验，去灵活地、创造性地与新的未知世界打交道。

以人为本、全面发展的职业教育尤其强调获得社会能力，其目的是使学习者经过职业教育的培养，不是成为一个会说话的机器人，而是成为一个活生生的社会人。一方面，行动着的主体要与环境互动，要融入政治、科学、技术、经济、社会、文化和生态等复杂的关系之中，要有在这一人类生活共同体中行使责任行动的能力；另一方面，行动着的主体还要与自己互动，要善于主动地面对生活中的挑战并积极地应对生活中的难题，既敢于获取胜利和成绩，不骄傲；又敢于直面错误与挫折，不气馁。

专业能力、方法能力与社会能力的集成，就形成了一个个体全面发展的能力组合。这是一个人赖以生存与实现发展的基础平台。

第二章 中西方的工匠精神

每当提及一些世界工业强国，比如日本、德国、美国等，人们总是会说到类似这样的话语：看德国的产品质量多可靠，日本的产品多精致实用，美国的产品技术多先进。其实，这些国家的产品之所以能够给人们留下如此美好的印象，与这些国家的工匠精神的历史、特征及影响有很大关系。这些国家通过在工业产业链上的百年积累，不但使工业技术整体水平保持在一个较高的水平线上，而且逐步形成了本国制造业的特点，打造出了本国工业产品的口碑。

第一节 工匠精神与国家命运

一、经济总体增速放缓已成必然

当前，中国企业面临的社会外部环境和内部环境都已悄然发生改变。经济增速放缓的背景下，以中产阶层为代表的小众化消费逐渐占据市场主体，"80后""90后"年龄段的人群成为企业主力。中国企业只有升级换代、转型发展，寻求自己的特色优势才能在市场中占据一席之地。

中国经济历经40年的飞速发展，已缩短了与发达国家的差距，进入中等收入国家之列，基本实现第一阶段的目标任务，但纵观全局，我国企业在发展过程中，很多情况下，还是在抄袭、模仿、借鉴他国的经验和做法。

所以在接下来的30年里，中国经济要不断提升质量，放缓增速，实现从模仿到超越，从速度到效益，从制造到创造的跨越，这也是中国经济发展的第二个阶段，也是最艰难的攻坚阶段。许多经济学家依此推测，中国经济在未来20年左右的时间里，将维持中速增长的状态[①]。与此同时，经济增速放缓也会让企业面临众多棘手的问题，竞争是否会加剧？需求和效益是否会下滑？中国经济的转型主要涉及哪些方面？这些转型会给中国企业带来什么机遇和挑战？企业如何才能成为未来市场上的佼佼者？这一系列问题都是企业家和经理人在接下来的几年里需要关心的话题[②]。

中国经济总体增速放缓将给企业带来4大方面的影响：首先，经济增速的放缓使市场机会逐渐减少，带走了以往的粗犷式扩张方式，迫使企业向精细化管理转型，把管理提上重要日程；其次，人口红利逐渐消失，将会导致劳动力从过去的供大于求转为供小于求，尤其是技工、技师等灰领阶层会出现很大的缺口，劳动力成本也因此急剧上升，为企业带来了巨大的经济压力；再次，国家将生态文明建设提到战略地位的高度，进一步加大了企业的环保压力，使其节能减排方式改革迫在眉睫，以牺牲环境为代价的发展模式已成为过去式；最后，互联网技术的快速发展加速了信息的交换流通，企业间透明度增强，一些利用媒体掩盖真相、瞒天过海的小伎俩都已行不通。

中国改革开放40年来，我国经济从最初的短缺经济阶段，到商品经济阶段，再到产品经济阶段，党的十九大提出，我国经济已由高速增长阶段转向高质量发展阶段，正处在转变发展方式、优化经济结构、转换增长动力的攻关期，建设现代化经济体系是跨越关口的迫切要求和我国发展的战略目标。如今已逐渐过渡到服务经济阶段和体验经济阶段，这些经历对企业转型问题的分析有很大帮助。

说到商品经济，我们首先会想到商品，从一定程度上来说，商品就是不同企业生产的可以用来相互交换的劳动产品。而在商品经济这个阶段，商品主要以模仿和跟风为特点，价格一般较低，所以这个阶段是市场经济的初级阶段。

在市场经济发展的第二个阶段，也就是产品经济阶段，产品成为主角。企业的品牌、特色、个性化、差异化等逐渐显现出来，在这个阶段，企业

---

① 苑梅香.用心培育大国工匠[J].黑龙江教育学院学报，2017(10).
② 付守永.工匠精神[M].北京：北京大学出版社，2018.

之间的竞争强度逐渐降低，所以，中国企业转型发展面临的一个难题就是如何从商品经济转向产品经济[①]。

到了服务经济阶段，企业利润的主要途径是扩展服务，和我们通常认为的服务不同，服务经济不是简单的提供微笑服务，使客户满意就行，而是卖服务送产品，将服务发展成为企业利润链条的重要组成部分，为企业带来无尽的利润。这种方式随着时代的发展会被越来越多的企业所接受并使用。

当下，有许多企业走上了体验经济的道路，它们开始按照体验经济的思路来打造自己的产品，更多地满足消费者在消费过程中的体验需求，注重消费过程中消费者的感觉和印象，利用服务和体验的差异化来突出自身产品的特色，展现产品的核心优势，通过设计与众不同的客户体验，来打造自己企业的品牌特色，避免同质化。这也是市场经济发展最高阶段的要求。

企业与企业之间竞争的焦点会随着时代的进步与发展而相应发生变化。在商品经济阶段，注重产品的物美价廉，只要价格低、质量好就可以。而产品经济阶段除此之外，还要求产品具有特色化、个性化、差异化，以此来突出优势和核心竞争力。在服务经济阶段，企业要更好地利用服务来扩展市场，让更多的消费者愿意花钱购买自己的服务，同时令消费者感受到服务背后的增值，逐渐增强其消费意识。而服务的内容和范围也是广泛的，比如家具的安装、更换和清洗，企业可以安排上门服务，再如闲置物品的处置、仓库的管理服务、租赁服务、信息咨询服务、产品后续保障维修上门服务等。另外要注意个性化定制服务，根据消费者身份、地位、品位的不同，设计不同的服务，满足不同消费者的需求，以此来打消消费者的后顾之忧，渐渐形成自己的固定消费群体，即服务利润来源。

说到体验经济，国外的一些品牌企业为中国树立了不错的榜样，像肯德基、麦当劳、迪士尼等，这些企业都非常注重营造一种美好的客户体验，给予客户一种充分的享受感，打造回头客品牌。而中国很多产品在这方面恰恰是欠缺的，所以企业在接下来的转型发展过程中，要更注重产品带给

---

① 付守永.工匠精神[M].北京：北京大学出版社，2018.

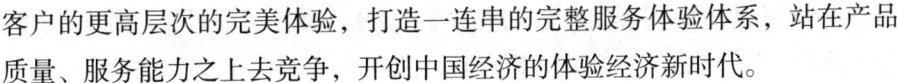

客户的更高层次的完美体验，打造一连串的完整服务体验体系，站在产品质量、服务能力之上去竞争，开创中国经济的体验经济新时代。

二、小众化消费时代已经来临

商品经济逐渐转向市场经济是经济发展的必然趋势。消费者的消费观念也会随着经济模式的变化而发生转变，商家应该更多考虑消费者的利益。

几十年前，我们国家的物资短缺，很多东西都要凭票购买，那时候的经济形势非常不好，很多产品非常紧缺。随着经济的发展，我们进入大众化消费阶段。

大众化消费是商品经济最重要的特征。很多企业为了生产出价格低廉、质量不错的产品，不惜扩大生产力度，以降低生产成本，这也能使更多的消费者购得心仪的产品，特别是一些实用、耐用的产品得到消费者的青睐。这样一种经济模式也被称为规模经济模式，在美国最先兴起。比如当年的福特汽车，因物美价廉而逐渐走进千家万户，一种型号、一种颜色的汽车被卖到世界各地。他们靠的就是规模经济效应。

小众化消费是产品经济的特点。消费者的消费水平提高了，不再满足于一些普通商品，他们希望获得更加独特、更有创意的商品。这个时候，企业就要开始转型，从为多数人服务转向为小部分人服务。小众消费阶段的竞争力是非常大的，企业想要获得成功，就必须要把握住时机，根据小众化市场的独特需求，开发出符合小众群体的产品和服务。

个性化的消费是服务经济和体验经济最大的特点。人们的消费水平不断发展变化，到了一定的阶段，人们会有更独特的需求，这个时候，个性化市场的特征就非常明显了。很多人希望自己的名字出现在衣服上，希望自己的照片出现在自己的汽车上，还有的人希望自己的个性特点也能在商品中展现，这些都是个性化消费可能会出现的情况。

大众消费向小众消费转变不是一蹴而就的，一方面是由于中产阶层的大量涌现；另一方面是"80后"和"90后"群体逐渐成为消费的中坚力量，他们的消费观念有一些独特的地方，推动了小众化市场的发展。

首先，他们追求平等。在他们眼里，领导也好，长辈也罢，平等待人是基本的待人准则。在领导面前不需要卑躬屈膝，在小辈面前不摆架子，

工匠精神与职业教育

也不必显得自己高高在上。他们在乎自己的名誉，渴望得到大众的认可，希望终有一天功成名就，这也激发他们不断努力工作，创造更好的业绩。

其次，他们个性强，常常希望获得更多的话语权。他们敢于发言，敢于表达内心最真实的想法，即便是坐在副驾驶的位置上，他们也不希望任人摆布，他们喜欢主动，喜欢占据主导地位，成为中心，很多时候你要征求他的意见，而不是告诉他要做什么。他们喜欢领导别人，而不是被别人领导，你可以询问他的想法，但是不能命令他。"80后"不像他们的长辈那么节衣缩食，舍不得吃，舍不得穿，一分钱能当两分钱花。特别是"90后"，他们非常注重自己的生活品位①。

此外，在互联网时代，"80后"和"90后"都非常迷恋网络。地铁里、公交车上，甚至马路旁，我们都能看到"低头族"，他们已经到了脱离网络就无法生活的状态。现在的人们离开了手机就不知道该如何生活，网络已经深刻地影响着人们的日常生活。

"80后"和"90后"群体的这些特征也孕育了中国的小众化市场，很多领域开始陆陆续续涌现出这种小众化市场态势，这也是时代发展的必然。

随着中国市场对品质和品位追求的"觉醒"，小众化的市场也将越来越成规模。十九大报告指出，"我国经济已由高速增长阶段转向高质量发展阶段"。此外，国家实行结构性减税，推进税制改革，用减税、退税或抵免的方式减轻税收负担，这都有利于小众化市场的形成与发展。

小米最初的市场定位是智能手机"发烧友"的小众群体，而其操作系统MIUI也确实受到了发烧友的一致好评。因为它比其他的Android系统界面设计更简洁，而且将更多内容开发的选择权交给了用户，甚至让用户可以参与到操作系统的开发中。这吸引了"米粉"的关注和追逐。就从这部分小众市场开始，小米开始围绕MIUI打造"小米生态圈"，它包括互联网平台、智能硬件、电商三个部分。通过智能硬件，进行服务分发、平台经营，最终从小众群体拓展到大众市场，打造了成功的品牌，这也为小众品牌提供了参考和借鉴意义。

小众市场针对的是有特定需求的部分群体。所以，针对小众市场的营

---

① 付守永. 工匠精神[M]. 北京：北京大学出版社，2018.

销方式的核心不在于其规模的大小，而在于是否能满足这部分人群的特定需求。因为这部分人群有着非常明晰的选择趋向，而这正是企业为其提供产品或服务的关键。

比如小众旅游市场。小众旅游通过细分会有不同的旅行主题，如"骑行游""闺蜜游""潜水游"都吸引了不少游客。尤其是"潜水游"，近几年呈几何式增长。目前它在国内的目标消费群主要以高收入、高消费和高学历的人群为主。这部分人群大多数文化水平高，喜欢亲近大自然，容易交流。对他们来说，在海洋中遨游、与海洋生物亲密互动是极具吸引力的。

如今虽有不少公司瞄准小众市场，以个性化的产品来满足越来越严苛的消费者，但其产品同质化的现象依然普遍，简单来说是"小"而不"精"，这就导致了顾客群体也缺少忠诚度。另外，不少公司并不注重产品体验服务，有的公司在经营过程中为了吸引消费者，都在售前承诺顾客各种的售后服务和保养，等到公司的规模越来越大，之前的承诺就成了空头支票，更别谈其他服务了，这样就渐渐忽视了客户的服务体验。而完善和提升购买服务过程，不仅能赢得消费者的认同感和信任感，而且能加深消费者对产品的喜爱度。在小众化经济时代，产品逐渐被认可是基础，而服务才是影响整个消费过程的关键因素。

未来，要想在激烈的市场竞争中脱颖而出，小众市场是个不错的选择，这就需要企业做到与时俱进，从服务和体验化出发，打造精品，围绕品牌的口碑化来吸引消费者，构建良性循环的粉丝经济。

三、中产阶层将成为主流消费群体

2015 年，国家统计局发布了一组最新的数据，我国 20~39 岁的人占总人口的 31.47%，40~45 岁的人占总人口的 24.83%，而 69 岁以上的人占总人口的 15.55%。这组数据一经发布就引起了全国人民的关注。

关于人口结构的变化问题，国际上有一个公认的标准。如果一个国家 60 岁以上的人占总人口的比例超过了 10%，或者 65 岁以上的人占总人口的比例超过了 7%，那么这个国家就慢慢走向老龄化了。根据此标准，我们可以判定，中国的老龄化问题已经非常严重：按照我国的发展趋势，再过几十年，我国就是老龄化最严重的国家了。

发达国家老龄化进程长达几十年甚至上百年，如法国115年、美国60年、德国40年，而中国仅用了18年时间。

老龄化问题的突出，亦影响到消费主体结构的变化。"新世代的中产阶层"成为我国的第一代消费主力军。

近20年以来，我们国家的城镇化率提高很快，从1995年的29.04%增长到2015年的56.1%。这组变化的数据告诉我们，更多的消费主力会出现在市场上，中产阶层的消费需求也会随之提高。

有人对中产阶层的人数做了一个比较保守的预测，未来的20年中，中产阶层的人数应该会激增4亿。中产阶层是消费的主力军，他们更注重商品的质量、对商品的体验和感受。

2015年10月，统计局发布了一组重要数据。中国有成熟消费能力的人数大约是8亿，其中中产阶层就有1亿。中产阶层不仅是消费大户，其消费水平也非常高。

中产阶层的概念，目前并没有明确的官方定义，由于家庭是社会的细胞，且大部分人的财富是以家庭为单元拥有的，所以中产阶层主要由"中产家庭"组成。

网络从6大维度对中国的"中产阶层"进行了界定：

收入：家庭年收入20万元至50万元；

资产：家庭净资产500万元以上且流动资产50万元以上，拥有一定的理财知识；

消费：家庭年消费8万元至20万元，其中饮食消费占消费的1/4到1/3；

生活：拥有宽敞的居住空间及中高档的交通工具，注重生活品质；

心理：与别人比较时，有时候感觉自己很富有，有时候又发现自己不是很富有；

福利：没有资产阶级的巨大财富，也没有较低收入阶层的社会福利。

那到底怎样的一群人会被称为"新世代的中产阶层"？

"新世代的中产阶层"是在变化加速的新时代诞生的中产阶层，从人口结构看，现在20~39岁的人目前所占人口比重为31.47%，根据未来5~10年的薪资增长来预测，新世代"80后""90后"将成为未来"新世代中产阶

第二章 中西方的工匠精神

层"的主力。他们大多数是二代中产（G2），是家中的独生子女。

他们的特征主要可以用以下 6 个维度来衡量：个性：喜欢尝试新品，自我个性及自我意识较强；教育背景：受过良好的甚至国际化的教育；生活方式：更依赖互联网进行搜索，是移动互联网的主要使用者；生活品质：注重产品品质及品牌，追求强体验性产品；消费能力：消费升级——高消费、高品质、强服务；消费行为：偏精明和成熟理智，生活非必需品的消费占比越来越大。

新世代的中产阶层，是苹果手机、跨境电商、欧美奢侈品、日韩化妆品、个性定制、泛户外和泛时尚的粉丝，是对产品同质化困境及产品品质困境的挑战者。

国内的专家也对 G2 做了一个研究，他们发现，G2 在家庭消费中起到重要的决策作用。G2 对打造中国新兴的消费格局起重要的推动作用，但是老一辈的价值观还是会对他们造成一定的影响。很多 G2 的消费者依旧遵循着父辈的习惯，他们努力工作，喜欢储蓄，常常会以社会地位来衡量一个人是否是成功的。传统与现代发生激烈的碰撞是不可避免的，G2 的矛盾特质就很好地体现了这一点。当然，G2 很容易接受一些最新的思想，同时也喜爱传统的品牌。

经数据统计及研究发现，以下 5 大趋势是未来新世代中产阶层的主流方向，以及各品牌急迫转型的方向。

第一个趋势是互联网与电商的消费趋势。截至 2017 年 6 月，中国网民规模达 7.5 亿，手机网民规模则达 7.24 亿，占比 96.3%。其中"90 后"网民占比最高，中高年龄群体潜力巨大。其中手机网络购物用户规模达到 4.80 亿，网络购物市场消费升级特征进一步明显。

第二个趋势是娱乐化趋势。一些数据显示，在"80 后""90 后"的消费中，服装、娱乐、电子产品、护肤品还有奢侈品的消费都占了极大比重，娱乐和时尚两大产业是"80 后""90 后"最喜欢的产业。

第三个趋势是个性与爱好趋势。"90 后"的消费群体更关注一些时尚、个性的品牌，他们在消费的时候会依据自己的喜好选择合适的商品。目前，市场上的一些私人定制品牌就受到很多"90 后"的欢迎。"90 后"的消费理念也能透露出中国未来的消费转型方向，企业应该尽快做好转型工作，提供市场需要的商品。

第四个趋势是生活体验空间的增大及市场细分趋势。社会分工变得更加细腻是社会发展的必然结果，商品的专业性也有了更高的要求。新兴的中产阶层非常喜欢个性化的设计，也更加相信专业的力量，如果市场上出现一些功能齐全的万能商品应该会受到新兴中产阶层的欢迎。企业还要提供更为优质的服务，只有这样才能抓住消费者的心。这个时期人们的消费经历已经从"必需"型转到了"享受"型。

第五个趋势是文化消费趋势。随着经济的快速发展，人们对一些非必需品的需求越来越多。很多人在工作之余还会外出旅游，参加一些艺术活动，这些非必需品的消费更容易获得消费者的青睐，给他们带给更多的精神愉悦。这个时期，人们更容易被非理性和情绪所感染，往往会更深入地挖掘品牌的深层次意蕴。

中产阶层正在快速崛起，他们的购买力及敢于尝试新生事物的性格，都意味着各种新的商机。要把握这个新兴的消费群体，企业需要了解他们的需求及他们的喜好，并细致观察其消费行为如何演变，从而研发出更符合他们风格的新品牌，并为年轻的消费者提供他们所渴望的新奇购物体验。如今的消费者对产品的期望值更高了，一些大众化的产品，可能难以吸引他们的眼球，博得他们的青睐。对企业来说，这既是一项艰难的挑战，也孕育着无限商机。

四、中国何以缺失工匠精神

从中国目前的经济形势来看，我们不难看出，中国的实体经济处在持续下滑的阶段，而我国人民则开启了疯狂的全球扫货模式。在这种严峻的形势下，我们不得不认清：中国的实体行业缺乏竞争力，而缺乏工匠精神是导致我国实体经济不断下滑的重要原因。对中国制造业而言，工匠精神是不可忽视的核心内容。

在改革开放40年的发展形势下，中国的制造业享受着资金、效率、人才、科技等一系列优待，但中国制造业在一定程度上缺乏工匠精神也是客观存在的现实。

中国是一个领土广袤、人口众多的国家，独特的国情造就了中国成为

第二章 中西方的工匠精神

农业大国的历史地位,也正是因为这个原因,中国在工业化道路上进程缓慢。中华人民共和国成立之后,一直试图改变这种现状,不断加快工业化的步伐,庞大的人口需求造就了生产性商品社会的现实:随着社会商品的需求量不断上升,工厂的着力点主要放在了扩大生产规模上,而对消费者需求的差异性和增长性视而不见。因此,在21世纪之前,我国的商品生产主要关注哪种产品的销量高,并尽可能生产同类产品。但对消费者而言,此时的他们只需要商品的基本功能得到满足就可以了,性价比成了大家更关心的问题。

中华人民共和国成立后的30年间,商品生产主要是计划生产,这和当时的国际政治和基本政策脱不开关系,生产社会商品的计划性决定了社会生产的主要落脚点不在于消费者需求,而是满足社会商品需要。在计划经济时代,我国的农业生产方式主要以集体和家庭为主要组织形式。企业在进行工业生产时,增加产能、扩大规模、提高销量是他们一致的目标,利润是企业发展的根本目的。如果在一个企业中,有几个人或者一群人没能跟上生产的节奏,而是自顾自地在研究产品细节、探究工匠精神,这不仅会受到车间主任的责骂,还很有可能因此丢了饭碗。

到了20世纪70年代末期,改革开放进程开始,整个社会回归正常状态,人尽其职的观念深入人心,他们开始关注产品和服务的质量,做事尽心尽责,人们真心呼唤工匠精神的归来。可就在这个时候,整个社会又遭遇了市场经济发展最初阶段常见的粗放模式的冲击。不少企业、职工以谋取利益为目的,忽略产品质量,造成了假冒伪劣产品满天飞的不良现象。

工匠精神不仅在一线生产环节无法得到发挥,在企业主群体中间也同样十分缺乏。在中国制造业发展的鼎盛时期,企业在获得盈利之后的主要动作是扩大产能,生产出更多产品,创造更大的利润。在此期间,很多企业也会喊出"创新"的口号,但那不过是一个幌子,只是把老的生产线撤下来,取而代之以新的生产线,归根到底还是在原地踏步,也不能称为创新。企业不断扩大规模,生产出大量类似的产品,但忽视了消费者的需求是在不断变化的,当企业的产品不再能满足消费者的需求时,海外购就诞生了,在这种现实情况下,国内产品的销量只会持续下滑。

以上所述只是中国企业的一个版本,除此之外,还有另外一个有目共睹的版本。在早期，很多人投身到开矿、买楼、炒股、房地产的行列中去，想要在这些行业中站稳脚跟，甚至赚到大钱。现实是，的确有人靠这些创造了大量的财富，但与此同时，也有很多人惨遭失败，倾家荡产，对后者而言，想要维系企业的正常运转都是难题，更别说创新了。

在大量的中国企业中，也不乏有将工匠精神和创新精神好好继承下来的企业，如华为。但像这样的企业毕竟只是少数，在中国的企业群体中只占据着很小的比例，这样一来，丧失工匠精神的中国企业在国际市场上缺乏竞争力似乎成了意料之中的事。

无传承的工匠精神也就丢了企业的灵魂。

企业是社会的重要组成部分，出现这样的情况，不能把责任都丢给企业，中国的社会环境对工匠精神的忽视态度也不得不提。

就整个社会现实状况而言，很多人对工匠是存在偏见的，这也导致了工匠社会地位卑微。在很多人眼里，工匠是不能和知识分子相提并论的，他们认为即使是做一辈子工匠，也打造不出什么金元宝来，这种偏见根深蒂固。除此之外，工匠的经济收入也并不理想，他们想要维持家庭的温饱或许可以，但想让生活上一个档次怕是不可能。工匠精神讲究的是长年累月的沉淀和积累，传承是发扬工匠精神的重要内涵。由于工匠的社会地位和经济收入在社会上处于弱势，这导致年轻一代为了更好地生存而不得不放弃继承古老的手艺。如此，没有人继承的工匠精神便丧失了灵魂，没有了工匠精神，工匠只能沦为普普通通的劳动人民。

工匠精神是高贵而孤独的内在品质。有人说工人也是一样每天加班，对每件产品都追求完美，但生产出来的产品往往还是缺乏竞争力，这就需要指出工匠精神的核心问题——灵魂。工匠精神不仅只要求在技术、工艺上精益求精，还讲究高贵的灵魂，真正具有工匠精神的工匠是孤独的，常常会遭到质疑和忽略，但即使是这样，他们还是按照自己的高标准，一如既往地执行。

如何解决我国制造业的困惑，中国企业需要不断继承工匠精神，并将传统的工匠技艺和先进的生产技术相结合，只有这样，才能生产出具有工匠精神的商品，才能提升中国商品在市场上的竞争力，才有助于中国制造业在国际市场上赢得尊重。

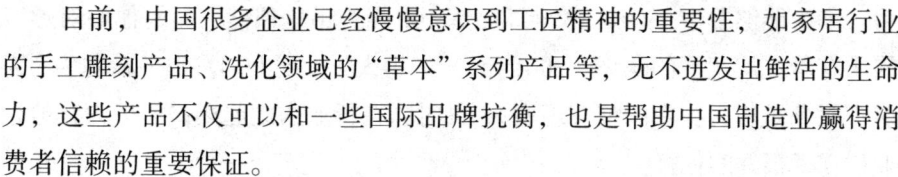

目前，中国很多企业已经慢慢意识到工匠精神的重要性，如家居行业的手工雕刻产品、洗化领域的"草本"系列产品等，无不迸发出鲜活的生命力，这些产品不仅可以和一些国际品牌抗衡，也是帮助中国制造业赢得消费者信赖的重要保证。

五、为什么中国企业缺乏全球竞争力

财富中文网于北京时间2017年7月20日晚全球同步发布了最新的《财富》世界500强排行榜。中国上榜公司数量连续14年增长，2017年达到了115家。10家中国公司首次上榜，它们是：安邦保险集团、恒力集团、阳光金控、阿里巴巴、碧桂园、腾讯、苏宁云商、厦门建发集团、国贸控股集团和新疆广汇。中国IT企业排名方面，华为排名为第83名，阿里巴巴排名第462名，腾讯的排名则是第478名。美的是2016年第一次进入《财富》世界500强的中国家电企业，2017年依然是唯一一家该行业上榜公司。

而早在Interbrand发布的2015全球100强品牌中，中国只有联想和华为两家上榜，而且排名也不是很理想，华为占第88位，联想占第100位。

表面上看，由于排名规则的差异而导致两份榜单的差别巨大。但实际上，《财富》全球500强的准确理解是"财富全球500'大'"，换句话说，该榜单反映了每个企业的年营业收入，也是衡量企业规模大小的一个重要参考。

但是，光有"大"是远远不够的，能不能做"强"才是重要问题。一些国企每年都能赚得高额利润，但即使是这样，有的也没有被国际社会所肯定。

相比于《财富》全球500强，福布斯或Interbrand更能对全球企业的竞争力给予客观公正的说明。除了利润、收入和市场份额等重要评价指标，它们还将顾客的满意度、忠诚度纳入考量范围。福布斯2016年全球最有价值品牌排行榜中，中国企业无一家上榜，这种残酷的现实告诉我们，中国企业和全球一流公司之间还存在着鸿沟。差距原因在于：

一是对顾客的吸引力和保留顾客的能力还不够。华为首次登上品牌榜，在惊讶之余，我们应该思考，我国企业和外国优秀企业之间的差距不是利润和市场份额，而是对顾客的吸引力，而保留顾客的能力也是一种营销能

力。华为能够登上 Intebrand 全球品牌 100 强绝不是偶然，而是他们对顾客需求有着更加清醒的认识。2001 年，《华为人》报刊上刊发了一篇题为《为客户服务是华为存在的唯一理由》，一时间在行业内掀起热议，也为其他企业树立了很好的标杆。

华为的创始人任正非几十年如一日地践行着自己的宗旨，他像一位虔诚的教士，不断用"唯一"来和员工们强调，华为的价值主张是客户至上。经过多年努力，他成功把这一观念渗透在公司的每一个角落，使其成为每一个华为人的职业信仰。

在利比亚战争最惨烈的时候，不管是政府军还是反政府军的网络出现问题，华为人都会冒着生命危险前去查看，这种始终以客户为中心的精神赢得利比亚参赞的由衷赞赏。

阿尔卡特－朗讯、诺基亚、摩托罗拉等都曾是通信技术领域的跨国巨头，华为能在它们中间突围而出，正是得益于以客户为中心的服务宗旨。现在，全球电信制造业竞争激烈，昔日行业巨头衰败和华为不断成长壮大的现实表明，谁能把以客户为中心的商业价值观践行到底，谁就能在竞争残酷的行业中拔得头筹。

"以顾客为中心"这一价值观，说起来简单做起来难。吸引顾客和留住顾客是营销的主要目的，但中国企业往往把目光放在如何吸引顾客上，而对于"保留顾客"却做得很少。在现实生活中，一些大企业为了吸引顾客，不惜花费重金做广告，但他们忽略了重要的一点，广告只能吸引顾客的眼球，但无法为企业带来满意度和忠诚度。归根结底，企业还是要对产品的质量进行严格把控，产品质量不过关，一条简单的负面评价就可能摧毁企业好不容易建立起来的品牌形象。

二是国家经济和社会现状的影响。企业竞争力和国家经济之间存在紧密联系，但不能因此将两者等同起来。就经济发达的日、美来说，他们之间不断拉大的差距原因可以认定为企业竞争力之间的悬殊；而对于经济发展中国家来说，资金积累对 GDP 存在着十分重要的影响力，而资金积累一般发生在房地产、基础设施等一些行业中。随着经济的发展，我国和发达经济体之间的差距正在不断缩小，一些制造业部门对企业竞争力方面的差距采取合拢的方式。近年来，中国企业通过一些改革收获了良好的效果，照明设备制造业在全球的竞争力大大提升,石化、钢铁、汽车等行业的竞争力也得到了很好的提升。

不得不提的是,中国在服务业、研究开发两个领域的竞争力仍然存在不足。中国的服务业主要以金融服务业和传媒服务业为主,缺乏合理的商业构造是这些行业显而易见的症结所在。除此之外,中国的IT和生物技术还不够先进,这意味着中国商品的竞争力将会得到考验。

另外,人均收入不高造成了高储蓄率的社会现状,因此我们可以看见,中国的GDP迅速增长,但企业利润率却在不断下滑,所以相比产品市场,很多企业更倾向于投资股市。股票市场的流动性较强,会帮助企业更加容易地获得投资机会,这样一来,圈钱也是意料之中的事。因此,相比于花费时间和精力来提高经营效率,更多的中国企业会选择投资广告宣传。

三是没有形成健康稳定的市场环境,也没有完善的法律来保护品牌健康成长。比如说,淘宝上充斥着不少"三无"产品,是因为进入门槛低。而门槛低,就意味着挣扎多,就造成要放低底线才能生存的状况。一旦有企业的产品做得略有起色,各种仿品就层出不穷,严重影响品牌的名誉。如果一种产品是别人很容易做出来的,那么这个品牌想成为高端的、有竞争力的品牌,难度又将提高。

四是人们的消费观念还比较传统。现在在不少国人的传统思维里,还是相信国外的东西好,总有些人对国内的产品抱有成见,这就产生了传说中的"黑子",他们自发形成鄙视链,对本土品牌和本土品牌使用者给予攻击。

此外,我们成长起步较晚。中国之前一直被称为世界工厂,中国企业大而不强,处于价值链的低端。尽管我们在不断努力,但实际有效发展的时间比较短,像百雀羚这样的老字号,实际上是在2009年左右才开始真正重新焕发生机的。

不过,最近几年,中国企业已经在慢慢地形成一些具有全球竞争力的行业。2017年全球竞争力排名中国已上升至第27位。中国式创新正迎头赶上,整个国家的研发支出占GDP的比例也在逐渐增长,慢慢接近发达国家。特别在专利申请的占比上呈迅猛上升的趋势,已经超过西方发达国家。以前我们都说中国制造,现在我们讲中国创新,中国智造,这体现了我国竞争力的提升。

六、工匠精神，成就"互联网+"时代的标杆企业

在创新2.0的互联网发展形势下，"互联网+"随着时代的发展需要出现了，它是在知识社会创新2.0推动下产生的社会发展新形态。

如何利用互联网思维进一步促进社会发展，"互联网+"就是一个十分显著的实践成果，利用"互联网+"帮助社会经济形态和社会经济实体重新焕发活力，从而为社会的创新、改革、发展提供更为广阔的发展空间。我们不妨对"互联网+"这样定性，即"互联网+各种传统行业"，但需要指出的是，这不是对二者的简单相加，而是借用发达的信息通信技术对传统行业进行再创造，从而促进二者相互融合，迸发出新的发展活力。由此可见，"互联网+"是一项全新的社会形态，它能让互联网这只无形的手更好地优化资源配置，让现代技术和社会各个行业相互融合，这不仅是一种广泛的社会新形态，也是帮助社会提升竞争力和创造力的有效手段。

这个时代每天都在变化，要么颠覆别人，要么被别人颠覆。在"互联网+"的新形势下，有的企业会把握机遇创造新的商机，有的企业则一蹶不振，丧失优势，更多的企业则是在观望，或者处于迷茫的状态。

回归基础是解决不确定性状态的有效途径，总的来说，产品才是"互联网+"时代的基本面。

在"互联网+"背景下，消费聚集和分散的速度逐渐加快，这对企业来说，既是一个良好的机遇，也是一个巨大的挑战。品牌大并不能作为取得消费者信赖的保证，如果企业生产的产品不能满足消费者的需要，那么对消费者而言，这个品牌只不过是一个虚无的LOGO。

北京餐馆林立，很多餐馆都为客源发愁。可在海底捞，经常是门庭若市，很多客人宁愿在外排很长时间的队，也要在这里就餐。其生意火爆的程度可见一斑。人们不禁要问，到底有何秘术能让一家来自四川简阳小县城的火锅店，在北京创下如此骄人的业绩？

除了新鲜度高的食材和花式的押面表演，有人说是其"变态式"服务。确实，海底捞一直以人性化的服务而著名。因为食客很多，经常要排队，餐厅就为等待的顾客提供免费美甲、擦鞋等服务，顾客还可以在那上网、

玩棋牌，并且他们还提供免费的饮料、零食和水果。用餐时的服务更是贴心，点餐时不断有服务员在旁提醒你，"差不多了""不够再来点吧""您可以多点几个品种"。就餐时呼唤服务员，他们一定是面带微笑小跑过来。上菜的小哥还会告诉你什么菜多煮一会儿口感更佳，并且服务员来自五湖四海，你还可以找老乡服务，他们的态度都很热情。甚至在卫生间里都会有专人服务，包括挤洗手液、开水龙头、递擦手纸等。

有一次，海底捞来了一对刚刚恋爱的客人，女孩对男孩顺口说了一句，天真热，要是能吃到凉糕多好。这位贴心的服务员听到后随即向领导反映，领导立即让这位服务员乘出租车买来凉糕。当女孩拿到凉糕时，感动得说不出话来。后来，男孩和女孩修成正果，为了表示感谢，结婚时，他们还专门给海底捞送去了喜糖。

按照巴奴火锅创始人杜中兵的说法，互联网的时代背景下，产品和消费者之间的距离逐渐拉近，在这种情况下，很多企业没有进一步去了解消费者的需求，反而越来越趋向于产品主义，客观的市场业绩就是最好的说明。

在工业化时代，大工业精神之所以能慢慢取代工匠精神，是由于社会分工和协同的不同。被赋予工业精神的工匠更具有产品创造力的高感知行为。他们赋予了产品以灵魂。

企业好比一座大厦，决定大厦高度的是足够牢固的地基。在大工业时代，侥幸心理对做成事情是完全不奏效的，只有朝着理想一步一个脚印踏踏实实地前进，才有可能成功。

罗永浩曾经用一句简短的话赢得无数粉丝的拥护。他说："我就是认真，不是为了输赢。"这种踏踏实实的工匠精神不仅让罗永浩的事业突飞猛进，也让他的粉丝喊出"你负责认真，我们帮你赢"的感人口号。

经营红塔集团失败后，褚时健被判了17年有期徒刑，出狱后的他，并没有因此一蹶不振，而是靠"褚橙"让自己再次成为传奇。褚时健在哀牢山开辟了一片土地专门种植冰糖橙，他耐心地浇灌、培养冰糖橙，并每年都解决几个重要问题，慢慢地，他的"励志橙"开始在市场上崭露头角，他也借此重新回到事业的巅峰。

褚时健之所以成功，黄铁鹰在《褚橙：你也学不会》一书中描述了一个细节，这大概就是褚时健成功的秘诀。书中说，有好几家农户都在同一家养鸡场买鸡粪，很多人在买卖过程中都是鸡粪直接上秤，然后交钱。但褚时健不一样，他常常把鸡粪倒出来。抓起一把鸡粪放在手里仔细观看，根据鸡粪中的水分和锯末来和卖鸡粪的人讨论价格。这就是所谓的工匠精神。

余林是电动车营销第一人，他力求为产品赋予时尚化的内涵，更是提出严格的产品要求："所有的产品不仅是要顾客百分之百的满意，更得是百分之一百一的满意，因此，我们的产品在投入市场之前，要先看看自己满不满意，如果连你自己都不满意，怎么能让顾客满意？"正是凭借这样的精神，余林帮助爱玛电动车从行业排名120位跃居第一，这在中国营销史上是一个非凡的成就。

从中国过去40年的营销情况来看，品牌无疑是所有中国企业追求的目标之一。很多企业一味地追求品牌，但始终没有搞清楚产品和品牌之间的关系。产品是皮，品牌是毛，没有皮，毛将焉附？举例来说，正因为有营养快线、AD钙奶这样的产品，才有娃哈哈这样众所周知的品牌；正因为有红米和小米的好口碑，才有小米系列产品的畅销。

做好产品，这是最有效的营销手段，也是成就品牌的必由之路。杜中兵指出："产品是企业的立根之本，品牌是藏在产品之后的文化属性，如果只注重品牌的力量，而忽视了产品的质量，那么这个企业势必要出问题。"

众所周知，德国制造代表着一丝不苟、严谨专业和经久耐用。近年来，德国制造业一直都没有放松警惕，他们实施了"工业4.0战略"，推行智能制造，不断强化自身的优势。这种百年如一日的坚持，不仅是一种来自产品主义的专注，更是一种不可撼动的民族文化。

七、工匠精神，助推"供给侧结构性改革"

庖丁解牛的故事之所以能深入人心，那是因为庖丁的技艺与境界征服了各朝各代的人；中国的茶文化之所以源远流长，为世界所瞩目，是因为茶文化严格而精细的工序。任何一种产品或任何一种服务最终能为大众所认可，绝不是那些花里胡哨的外在，而是其真正的品质与内涵。供给侧结构性改革就是要努力改善产品和服务供给。正如李克强总理在政府工作报告中所强调的，要培育精益求精的工匠精神，增品种，提品质，创品牌。

第二章　中西方的工匠精神

供给侧结构性改革是一项系统工程，包括放管结合、优化服务改革、化解过剩产能、降本增效、大力推动国有企业改革等。要推动供给侧机构性改革，提升产品质量、改善服务、大力倡导工匠精神是一条有效途径；而提高供给体系的质量和效率是供给侧结构性改革的最终目标。精益求精、耐心专业、追求卓越则是工匠精神的核心内涵。因此，两者在某种程度上存在着十分紧密的联系。另外，工匠精神追求精进、严谨、专注，这与供给侧结构性改革所追求的高质量和高效率也是相契合的。用工匠精神的方式来提升企业的产品和效益，扩大中高端供给，同样非常重要。现实经验告诉我们，追求精益求精、严谨专注的工匠精神，过去需要，现在需要，未来同样需要，它与人类的生产、生活相伴相随。

工匠精神本身就意味着高质量，甚至高技术含量，在科技日益发展的今天尤其如此。要推进供给侧结构性改革，就离不开人们对工作的认真负责，离不开对产品的精心打磨。如果我们能静下心来，远离浮躁，对待品牌能像对待生命一样去精心呵护，那么我们一定能打造出更加完美的产品，创立属于自己的真正品牌。如果我们能认真坚守每一个品牌，对产品质量高要求，严谨地对待每一项技术革新，做到手到、心到、神到，真正为我们的顾客提供质优价廉的商品，努力为顾客提供满意服务，那么中国的经济迈向中高端也就有了长盛不衰的源泉和动力。

B2B 是一种直接面对企业的电商平台，无论互联网企业拥有多么强大的技术和服务，其解决问题的最终落脚点还是 B2B。电商行业专家戴森十分明确地指出："B2B 的核心就是围绕着生产制造产业来提供电商服务。"

十几年前，戴森创办的创新型电商平台引起很大反响，光是服务的生产制造型企业就有高达 570 万客户。在建设"一呼百应"平台之前，他们对市场情况做了大量分析，清楚供应链环节是迫在眉睫的关键问题，因此，"一呼百应"将自己的落脚点放在了供应链管理和供应链金融两方面。在供应链管理方面，他们解决的主要是供应链上下游的关系，简单来说，供应链上游主要是提供原材料等，平台通过互联网技术手段对用户的采购行为做出精准化分析，帮助采购商获得更科学的采购数据、交易数据，这样一来，企业的采购需求和自身产品的定位相一致，采购结果也会更加高效便捷，这样就能帮助企业根据市场需求和客户需要进行产品的精准匹配和分发,同时也要求企业按照市场和客户的需求进行精准生产。B2B 电商的这一行为恰恰体现了工匠精神,它能促进企业进行更加高效地生产和创造更有价值的效益。

B2B 电子商务平台和阿里巴巴存在着异曲同工之妙,因此也常被大家拿来做比较。但无论是业务、模式、用户还是目标,两者之间都是不一样的。阿里巴巴旨在为企业提供一个良好的展示平台,供企业传播品牌、发放信息等,从而促进交易行为的产生,但阿里巴巴并不直接负责企业采购,换句话说,这只是一个双方达成共识的展示平台,企业的销量和平台本身没有直接关系。而 B2B 电子商务平台更加侧重于服务企业的采购全生程,其平台设计了包括信息、技术在内的多个环节,从企业的供应链采购情况出发,争取创造更大的生产效益。

就灯具的生产而言,它需要各种各样的零配件,相比于熟人介绍或线下推销的传统模式,"一呼百应"电商平台能根据企业的需要推荐多家可靠的供应商。同样的道理,对供应商而言,他们的难题主要集中在无法获得长期客户,"一呼百应"的平台恰好解决了这一痛点,通过精准的数据分析,他们可以将采购商和供应商进行科学匹配,这样不仅省时省力,而且有利于双方的互惠互利。

"有求必应"是"一呼百应"的另一个创新型项目,属于供应链金融。对中小企业而言,资金短缺、融资困难等问题是他们面临的主要问题,"有求必应"对企业的痛点做出科学合理的分析,然后采取有针对性的措施,通过"一呼百应"使用供应链"大数据+云计算"技术应用进行分析,对供应链应收应付款项进行大数据计算和处理,计算出平行关系,实现全新供应链金融服务,彻底解决中小企业的三角债等历史难题。

对于企业来说,一方面,"一呼百应"平台能够帮他们储备更多的优质供应商,当企业遇到生产难题时,这些供应商就会成为企业正常生产的保证;另一方面,对供应商而言,这个平台能帮助他们获得更多的新客户,并能让他们与有需求的客户进行及时沟通,这样就为他们提供了更多的销售机会。从某种程度上来说,"一呼百应"是针对供给侧结构性改革做出的一大创举,也是具有创新精神的电商平台和具有"工匠精神"的中小企业强强联合的体现。在这种形势下,我们有理由相信,这个平台能承载起延续中国传统制造业的使命，能够帮助中国制造业实现"智能采购，按需生产"的初衷。

工匠精神的核心是从客户的角度出发，运用专注的精神打造卓越的产品，为客户带来良好的体验。因此，在工作的过程中，无论是技术革新还是产品质量提升，都应该拿出精益求精的态度，只有为客户提供物美价廉的产品和满意的服务，才能帮助我们告别低端供给的时代，走向中高端的经济发展道路。

八、工匠精神，成就"中国智造"

"打飞的买电饭煲""出国买马桶盖"等事件频频发生，引起社会的广泛关注。从中我们也能了解到这样一个事实：中国经济必须由"中国制造"转为"中国智造"。细化到每一个主体身上，这需要中国企业践行好工匠精神，对产品精益求精，用心做好服务，悉心打磨工艺。

翻开历史，我们不难发现中国历史上的能工巧匠，从前有祖师鲁班，如今有火箭、飞船的制造者们。即使如此，中国现阶段仍只是一个制造大国，远远谈不上"智"造大国。中国产品无论是在流程设计、制造工艺、产品设计，还是使用体验和品牌价值上都还有很长一段路要走。在全球经济革命的浪潮之下，德国推出了"工业4.0计划"，美国紧随其后，开展"工业互联网"战略规划，我国也开始了"中国制造2025"的新一轮改革。顾名思义，"中国制造2025"就是要求我们在10年时间内将中国由一个制造大国转变为制造强国，旨在推动中国经济转型升级，进行结构性调整。在2015年7月24日，阿里巴巴率先推出"中国制造"频道，将制造业进行转型升级，以便为国人提供新国货，这就是对中国"智"造的一个生动诠释。

在未来几年当中，我们需要做的不仅仅是改进技术和工艺，更需要提高劳动者的素质。缺少工匠精神，是不可能制造出精美的产品的，更不可能推动"中国智造"的转变。工匠精神绝不只是一句空话，相反，我们需要把它落到实处。怀揣着匠人之心，落实到各行各业当中，精心打磨好产品，专注于细节和生产设计，制造出属于我们的高品质国货。

在《理想国》当中，柏拉图曾经谈到"为了把大家的鞋子做好，我们不让鞋匠去当农夫，或织工，或瓦工。木匠做木匠的事，鞋匠做鞋匠的事，其他人也都这样，各自发挥各自的天然作用"。如此明确分工，人尽其才，才能充分调动匠人们的热情，在持续创作中唤醒匠人的主体自觉，实现自我价值。

当今的中国处在转型升级的浪潮中心，只有大力弘扬"工匠精神"，不断推动"中国智造"，才能提高社会生产力。工匠精神所要做的从来都不是固守不前，而是悉心钻研技术，持续追求进步，不断汲取社会营养，若非如此，便不能支撑"中国智造"的发展。

美国电影《复仇者联盟2》中的哈雷概念电动车，其原型轮毂就来自于佛山中南铝车轮；全球600家知名饮料企业，如可口可乐、雀巢等，他们的饮料瓶都出自佛山星联精密机械制造厂；就连日本东京野村证券大楼、新加坡部分地铁站，它们的外墙板材都是由佛山利铭蜂窝生产的……

著名的"隐形冠军"概念由德国管理大师赫尔曼·西蒙提出，它的意思是说一大批中小企业可以在一些细分的行业当中做到全球领先，并不为他人所知。现在看来，这样的"隐形冠军"正在佛山悄然崛起，缔造传奇。

在当前提倡供给侧结构性改革的情况下，广东佛山成为全国唯一的制造业转型升级综合改革试点城市，其主要原因就是有这样一批精益求精的工匠。是他们从每一个环节出发，不断钻研新技术，革新新产品，支撑起"佛山智造"。正是在这样的"工匠精神"之下，新时代的"制造匠心"孕育而生，使得佛山"智造"蓬勃发展，开辟出一条新道路。

然而需要看到的是，2015年中国居民出境超过1.2亿人次，境外消费总额达到1.5亿元人民币，一大半都用于购物。所购商品也从以往的高档消费品转向日用品，其中不乏舍近求远地去采购电饭煲、马桶盖等产品。从中我们可以看出，我国的供给产品远不能满足国人的需求，供需偏差严重，不能适应群众消费需求，而这一切必须通过供给侧结构性改革来达到要求。

在表面上，工匠只是对以往动作的不断重复，实则是对完美产品的不断追求，体现的是一种勇攀高峰的创新性态度。恰巧，当前产业转型升级正需要这样一种精神来支撑，不断提供经济发展新动力，来提升国家的整体生产水平。

在经济发展新常态下，我们首先要进入并逐步认识这种现状，然后是适应并引领，这是我国经济发展不变的一个逻辑，其中，推动供给侧结构

第二章　中西方的工匠精神

性改革是承上启下的一个关键步骤。佛山"隐形冠军"的生动例子告诉我们，产能过剩时，我们需要这样一批具备"工匠精神"的匠人，让他们充当改革发展的新动力，推动"中国智造"走出国门，走向世界，在严峻的竞争形势之下，使"中国智造"屹立于世界民族之林。

第二节　西方强国的工匠精神

一、日本："职业皆佛行"

(一) 匠人精神化入骨髓

匠人最初于日本江户时期产生，从事工匠、技师等职业的人被称为匠人，那时候匠人与商人同被称为町人。随着资本和技术的积累，町人成为日本社会结构的重要组成部分。在江户中期，町人文化形成，他们信奉职业道德，平等意识强烈，甚至当时有"职业皆佛行"的职业理论，且有着极强的自尊心，视产品质量如生命。在幕府时代，日本人很尊重有技能的人，匠人技艺高超，并以师徒的方式传承毕生所学。在民间，他们地位较高，对所拥有的技艺十分的认真和忠诚，对自己每一件产品、作品都力求尽善尽美，并为自己的优秀作品而自豪和骄傲。

日本匠人文化的本质，是敬业与认真，更重要的是匠人文化被全社会所接受和发扬。日本秋山木工创始人秋山利辉说："真正顶尖的人，大师级的人，都是'德'在前面。我的工作就是培养行业内的明星，用八年时间，慢慢教他德行，做人，成为一流的人之后，就能成为一流的工匠。只有你有精神，才会走得很远，很高。"

日本人正是因为做到了这一点，所以才将匠人精神化入了他们的骨髓之中。他们是普通的匠人，却支撑起世间文明。在幕府时代之后日本的发展历史中，特别是在明治维新以后，匠人起到了至关重要的作用，他们所建立的经济思想和伦理道德为近代日本企业的崛起提供了坚实的理论基础。与中国相比，日本虽然国土面积小、人口少、资源贫乏，但作为二战的战败国重新崛起，不能不说是一个奇迹，这对于中国经济的发展有着巨大的启示。

（二）技艺与精神、艺术、灵魂的完美结合

在日本，无论你是拉面店师傅还是世界级设计师，都是匠人。每个人都在对自己的"作品"不断锤炼，追求更高的技艺和更完美的呈现。对于日本的匠人来说，他们虽然获得的物质利益并不一定很多，但是他们却得到了一种精神方面的愉悦感，他们向世间所展示的不仅仅是技术本身，更是一个技术与精神、艺术与灵魂完美结合的过程。

日本的匠人们善于从消费者的需要出发，努力钻研，追求极致。有这样一组数据：在中国，中小企业的平均寿命是2.5年，集团企业的平均寿命不超过7～8年；世界1000强企业的平均寿命是30年，全球500强企业平均寿命约为40年，中国百强企业平均寿命不超过10年；在日本，1000年以上的企业有7家，500年以上的企业有32家，200年以上的企业有3146家，100年以上的企业有50000家以上。这些百年老店之中，有89.4%的企业是员工人数不超过300人的中小型企业。日本现存的百年老店字号企业约有10万家。

我们在反思的同时，要积极学习日本匠人认真和敬业的精神，对待自己的职业和制造的产品秉持严谨的态度，要干一行爱一行，不苟且，不浮躁。例如，一个中国拉面馆的拉面师傅工作时可以穿着很随意，但在日本，师傅一定会穿上拉面店定做的衣服，扎一个极帅的头巾，一脸虔诚地做面。煮好面之后一丝不苟地摆上鸡蛋、海苔、肉丝等，把面做得十分精致。此时拉面已经不再是拉面了，而是一件"艺术品"。虽然他们获得的物质利益不一定很多，但是看得出来他们更享受工作过程，也获得了精神方面的愉悦和满足。

所以，作为日本匠人最典型的气质，是对自己的手艺，拥有一种近乎于自负的自尊心。这份自负与自尊，使得日本匠人对于自己的手艺要求苛刻，并为此不厌其烦、不惜代价，但求做到精益求精，完美再完美。用一生的时间钻研、做好一件事在日本并不鲜见，有些行业还出现一个家庭十几代人只做一件事的事例。

日本一家只有45个人的小公司，就连世界上很多科技水平非常发达的

第二章 中西方的工匠精神

国家都要向这家小公司订购螺母。这家日本公司叫哈德洛克（HardLock）工业株式会社，他们生产的螺母号称"永不松动"。螺母松动是很平常的事，可对于一些重要项目，螺母松动就关乎人命了。创始人若林克彦当年还是公司职员时，在工业产品展会上看到一种防回旋的螺母。他发现这种螺母并不能保证绝不松动。这让他想到了增加棒头的办法，并终于做出了永不松动的螺母。起初，哈德洛克螺母因成本高不被客户认可，可他并不放弃。终于，日本最大的铁路公司JR采用了它，并全面用于日本新干线。走到这一步，若林克彦花了20年。

如今，哈德洛克螺母不仅在日本，甚至在全世界都已得到广泛应用。哈德洛克的网页上有非常自负的一笔注脚：本公司常年积累的独特的技术和诀窍，对不同的尺寸和材质有不同的对应偏芯量，这是哈德洛克螺母无法被模仿的关键所在。也就是明确告诉模仿者，小小的螺母很不起眼，而且物理结构很容易解剖，但即使把图纸给你，它的加工技术和各种参数配合也并不是一般工人能做到的，只有真正的专家级的工匠才能做到。

(三) 凝聚形成的社会价值观

日本匠人精神的核心还在于不仅仅是把工作当做赚钱的途径，而是树立一种对工作执着、对所做的事情和生产的产品精益求精、精雕细琢的精神。在众多的日本企业中，工匠精神企业上与下之间形成了一种文化与思想上的共同价值观，并由此培育出企业的内生动力。

树研工业1998年生产出世界第一的重量为十万分之一克的齿轮，为了完成这种齿轮的量产，他们消耗了整整6年时间；2002年树研工业又批量生产出重量为百万分之一克的超小齿轮，这种世界上最小最轻的有5个小齿、直径0.147毫米、宽0.08毫米的齿轮被昵称为"粉末齿轮"。这种粉末齿轮到目前为止，在任何行业都完全没有使用的机会，真正应验了"英雄无用武之地"，那树研工业为什么要投入2亿日元去开发这种没有实际用途的产品呢？这其实就是一种匠人精神在制造企业的体现，既然研究一个领域，就要做到极致。这其实也是日本匠人文化在制造企业的体现。

因此，日本匠人文化最可贵之处，就在于沉静务实的自我定位和企业定位，那种淡泊明志、宁静致远的企业心绪让企业走得更稳更远。在20世纪80年代中后期泡沫经济破灭后，日本经历了迷失时期，那些拥有核心技术的中小企业基本上都存活下来了，而且现在都活得不错，不论工匠主导型、加工配套型还是全球型，在日本最有竞争力的领域，中小企业的参与度都特别高。

关于日本匠人文化的例子数不胜数，日本工匠们特有的精益求精的极其认真的工作精神是代代相传的。同时，日本的工匠精神还包括踏踏实实、干一行爱一行的敬业精神。日本很多手工作坊，店铺不大，但是已经经营了几代，而且那份手艺代代相传一点没有走样。这些店铺并不走连锁扩大经营的路线，而是严守那份手艺，严守对顾客的承诺，严控服务环节，踏踏实实、本本分分地经营着。在日本，工匠师傅是一个被人看重的职业，因为日本的许多家庭的房子还是木结构的，造房子时需要木工师傅精细地一根一根加工好。所以在日本人特别是日本孩子眼中，木工师傅是一个特令人敬佩的职业。根据调查，在日本男孩的理想职业中，木工师傅能排进前5名。

匠人精神其实并不限于日本的手艺人，它也是日本社会整体具有的一种工作精神。他们对待工作的敬业和认真的态度使日本的产品得到了世界的好评，这也是日本经济的发展水平一直处于世界前列的重要原因之一。以小为主的企业风格折射出日本的两种思路，核心技术放在第一位，将企业控制在适度规模，规模小影响却很大，由此可见重视技术有多么的重要。

正是日本全体上下这种精益求精的追求，燃起了日本独特的"匠人魂"，凝聚起整个民族的创造力。时下"创新"和"创造"被国人广为提及，但我们必须清楚，制造是创造的基础，创造是高层次的制造，没有匠人精神作支撑，强大的制造业就无从谈起。如果说"创新""创造"是发展的动力，那么，"匠人精神""制造"则是立命之本。

二、德国：对质量近乎宗教般狂热

回溯德国的现代化进程，我们发现，在20世纪之前，德国工业产品大多是粗制滥造、山寨抄袭的低端产品，其形象并不乐观。当时世界上最大的工业强国英国甚至明文规定，所有德国进口的商品必须标注"德国制造"，以此来区分英德两国的产品，在一定程度上，这是一项针对"德国制造"的

第二章 中西方的工匠精神

侮辱性条款。德国及时吸取了经验教训，坚定地走上一条"质量之国"之路，不仅很快就让英国人刮目相看，也支撑了德国在随后的100余年时间内数度重新崛起，成为世界强国。

今天，在德国人的价值观里，奉行着"要么不做，要做就做到最好"的原则，始终将质量置于数量之前，将品质置于利润之前，认为"没有质量的数量是毫无意义的，没有品质的利润是不能长远的"。正是这种坚持，使得"德国制造"完成了由劣变优的转变，自20世纪中叶以来，成为全球市场上毫无争议的"质量和品质"的代名词。

（一）工匠精神——成就德国百年企业的钥匙

舒马赫、施耐德、施密特、穆勒、施泰因曼……这些流行的德国姓氏，在德语里，他们都代表一种职业：制鞋匠、裁缝、铁匠、磨坊主、石匠。从中世纪开始，老师傅带几个学徒做手艺，就成为德国人的职业常态。时移势易，工业化取代了小作坊，但匠人的基本精神没有变。工匠精神是德国企业百年成就的钥匙，无论是汉高、拜耳、博世，还是西门子、施耐德，这些品牌的背后都有一个名字，而这个名字背后则代表着从无到有，从一个人到一个家族再到一个国际企业，充满荆棘的光荣之路。[1]

德国BORGWARD（宝沃）由天才汽车狂人卡尔·弗里德里希·威尔海姆·宝沃于1919年在德国不莱梅创建，是德国汽车工业的奠基人之一。德国BORGWARD（宝沃）曾以60%的出口份额成为德国第三大汽车生产制造商，销量率先突破百万，成就了一段汽车工业的传奇。传奇的缔造并非偶然，在20世纪中期，德国BORGWARD（宝沃）就以对细节的执着追求备受业界推崇。其最杰出的作品之一——伊利贝拉，从灵感迸发到最终面世，设计手稿经过了上千次修改。车内的每一处实木饰件均经过高级技师的精心挑选，并经过十余道工序的打磨，以确保每一处细节都拥有清晰的木纹和夺目的光泽。车内选用的皮革经过悉心鞣制、精细切割以及手工缝制后，被唤起低调独特的光泽和触手生温的细腻质感，更是随着时间的磨砺沉淀出优雅的韵味。不仅如此，伊利贝拉车内的金属按钮均经过上百

---

[1] 付守永. 工匠精神[M]. 北京：北京大学出版社，2018.

次的按压测试,以保证出厂的每一枚按钮都拥有如琴键般结实厚重的触感。

在工匠精神的指引下,伊利贝拉将外观革新、工艺品质、性能优势集于一身,成为德国经济奇迹时期的梦想之车。对每件产品每道工序都凝神聚力,精益求精,其折射的是德国工匠在现代化大生产时代的工匠精神。

万宝龙于1906年在德国汉堡由一个文具商、一个工程师和一个银行家共同创立。它的名字代表着书写的艺术。笔顶的六角白星标记,是俯瞰勃朗峰的轮廓,象征着欧洲最高山峰的雪顶冠冕,而每支笔尖上的"4810"字样,正是勃朗峰的高度。万宝龙的钢笔外壳由独特的合成树脂材料制成,这种材料专利由12个万宝龙工匠花了数年时间才研制成功。即便使用10年以上的时间,笔杆的润泽度也只会有增无减。笔尖往往是钢笔中最具工艺精度的部分,万宝龙笔尖上的精致花纹都由制笔工匠手工雕刻。而在笔尖打磨环节完成后,万宝龙的测试技师需要拿每一支笔在纸上书写,并仔细倾听笔尖摩擦纸张的声音来判断笔尖是否磨好,如有瑕疵则需要返回工厂进行修改。

近百年时间里,万宝龙系列产品曾让无数风云人物一同指点江山、运筹帷幄,共书世界历史。他们制造的产品也完美诠释出独到的品牌精髓:细腻的工艺和对生命、思想及文化等人文精神的推崇。

李工真教授在其著作《德意志道路》中梳理了德国两百年现代化的艰难历程。从经济发展的视角来说,"德意志道路"也可以被视为一条技术立国、制造兴国的道路,而从内部支撑这一道路的是一种"工匠精神"——对质量和技术近乎宗教般的狂热远大于对利润的追逐。因此,奉行这种精神的企业主,本身在自我定位上就并不单纯是一个商人,更是一个矢志要以技术改变世界的工程师。他们并非不关心金钱,只是把技术、工作本身置于利润之上。这种精神让"德国制造"声名显赫,让德国百年工作品牌扎堆出现,让德国在欧洲经济一片困顿时一枝独秀。

(二) 珍视"身后名",不贪"眼前利"

人们常常用"严谨""认真"等字眼形容德国人,这种性格塑造了德国特色的制造业和家族企业。"专注"是其"理性严谨"民族性格的行为方式。德国制造者,"小事大做,小企大业",不求规模大,但求实力强。"大"并

第二章 中西方的工匠精神

不是目的,而是"强"的自然结果。德国除了人们耳熟能详的奔驰、宝马、汉高、西门子等全球知名品牌之外,还有数以千计的实力雄厚的中小企业,他们术业有专攻,在各自领域都是全球市场的隐形冠军。

德国人对工作负责、对客户负责、对产品负责,并以人的可靠和诚实,保证了产品的可靠和真实,世人公认德国制造无假货,并且货真价实。此外,德国人"理性严谨"的民族性格,必然演化为其生活与工作中的"标准主义"。这种标准化性格也必然被带入其制造业。在德国制造体系之中,生产制造之前,往往先立标准。数据显示,全球2/3的国际机械制造标准来自"德国标准化学会标准"。对于标准的依赖、追求和坚守,必然促使对于精确的追求。而对于精确的追求,又反过来提高标准的精度。德国人的精确主义,必然会被带入其制造业。他们几十年、几百年专注于一项产品领域,力图做到最强,并成就大业。

德国的产品不打价格战,不与同行竞争,一是由于有行业保护,二是他们认为价格并不能决定一切,打价格战可能会让整个行业都陷入恶性循环。德国企业是要追求利润,但是只要能保证基本利润,有钱可赚就行转,德国人并不是那么贪得无厌无休止地追求利润的,二是要考虑更长远的可持续发展的问题。工匠以精湛的技艺尽其本职,目的也就在于制作优良的作品,使消费者得到利益,而不光是为了让制作者自身获益。因此,工匠的技艺全在于追求作品的完美与极致,依靠正义的原则与追求圆满的态度为工匠的存在提供了道德上的正当性。①

在一次记者招待会上,一位外国记者问彼得·冯·西门子:为什么一个8000万人口的德国,竟然会有2300个世界名牌呢?这位西门子公司的总裁是这样回答他的:这靠的是我们德国人的工作态度,对每个生产技术细节的重视,我们德国的企业员工承担着生产一流产品的义务,提供良好售后服务的义务。当时那位记者反问他:企业的最终目标不就是利润的最大化吗?管他什么义务呢?西门子总裁回答道:不,那是英美的经济学,我们德国人有自己的经济学。我们德国人的经济学就追求两点:一是生产过程的和谐与安全,二是高科技产品的实用性。这是企业生产的灵魂,而

---

① 付守永. 工匠精神 [M]. 北京:北京大学出版社, 2018.

工匠精神与职业教育

不是什么利润的最大化企业运作。不仅仅是为了经济利益，事实上，遵守企业道德精益求精制造产品，更是被德国企业认为是与生俱来的天职和义务！因此，德国人宁愿在保证基本利润的同时，让部分利润转化成更高质量的产品和更加完善的服务。

(三) 高度重视高技能人才培养

作为一个自然资源相对匮乏的国家，德国必须依靠人力劳动来实现发展。赫尔佐克曾说："为保持经济竞争力，德国需要的不是更多的博士，而是更多的技师。"虽是极而言之，但也道出了高技能人才对德国实体经济的特殊重要性。因此，从战略层面，德国高度重视职业教育，形成了独具特色的双元职业教育体系。

所谓双元，是指职业培训须经过两个场所的培训，一元是职业学校，另一元是企业或公共事业单位等校外实训场所。这种体系可追溯到18世纪末，在19世纪末初步成形。德国各行各业都有行业协会，工业化开始后，行业协会牵头各方设立学校，开展职业培训。工人一边上学，一边工作，学生以在企业进行实践操作技能培训为主，在职业学校完成理论知识学习为辅，两者密切合作、交替进行，形成一个整体。形成了独具特色的双元制职业教育。技工经过不懈努力，最高可获得"工业大师"称号。"工业大师"证书既是对技艺的认可，也是荣誉的象征。

德国产品之所以在国际市场上被认可，得益于双元制教育体系培养出的一大批能将创新设计落实为高精尖产品的技能人才。国家在扶持科级研发、资助基础教育时不计成本，仅科研一项，每年的投入都在700亿欧元以上。技能人才培养中，"Madein Germany（德国制造）"的一个成功秘诀是在工程师、技术员等设计人才和高质量的技工之间，还有一类动手和动脑能力兼备的高技能人才——工业技师，也可以称之为"工匠"。这类特殊技能人才是德国专门培养的，能做到一些其他国家技工做不到的事情。

可以说，德国职业教育不但为国家源源不断地输送高素质的技术工人，而且使社会阶层流动更加平稳有序。在德国没有"万般皆下品，唯有读书高"这一说，缺乏足够意愿读大学的高中生可以在职业技术学院获得专业的培训，然后自信地走向市场，凭借过硬的实际操作技能和工作经验证明自己的价值。工业技师培训班学员需要经过大约30个月,每周10小时的严格培训。培训的主要目标是在培养学员熟练掌握技工所需的生产加工技巧等硬技能基础上,再通过理论和实践课赋予其组织加工生产、质量保障和生产成本管控等方面的理论知识、解决问题技巧和人员管理技巧等"软技能"。

技师在德国工业企业扮演着重要角色,其意义已经远远超出经济活动和专业工作的本身。技师不但是工程师与工人之间、工程师与工人"言语体系"之间以及生产车间和技术科室之间联系的桥梁,而且具有重要的社会价值,即技师为技术工人的职务晋升和社会地位提高提供了途径。

由此可以看出,工业技师在德国现代化工业生产中发挥的作用是既能带好技工队伍高质量完成生产目标,又能在领会新产品设计原理基础上根据产能、设备和人员实际情况组织好实际生产。在企业管理的登记制度中,工业技师起着连接管理层和技工、将理论与实际相结合的中枢纽带作用。

今天,德国经济结构中30%为制造业,如果算上出口,工业制造几乎占据德国经济的半壁江山。作为制造强国,德国在技术水平、创新能力上始终保持领先,而现今其地位正受到外部挑战。其一是以美国为代表的发达国家正凭借其信息技术优势进行"再工业化",其二是以中国为代表的新兴经济体正在传统制造领域抢占市场份额。

这里的再工业化,硬件上,就是数字化工厂、工业自动化、工业机器人、物联网,增强型虚拟现实等技术发展。软件上,依然是德国以企业为核心,以工匠精神为主导的创新精神,以及严谨的生产秉性。正是软硬件协调发展,由现代科技、工匠精神、人才培养形成的铁三角保证了德国制造立于不败之地。

三、美国:发扬光大的"职业精神"

(一)兼容并包的文化大熔炉

美国作为一个移民国家,其文化有着一个非常鲜明的特点:不同文化并存,它们互相交流、互相促进,形成一个文化大熔炉。相对于拥有较长历史的欧亚各国,美国文化和美国精神具有鲜明的特征。总体来说,美国文化是指自由、平等、法治、共享、宽容、妥协；美国精神是指奋斗、竞争、进取。美国就是在这样的勇于创新、勇于突破现状的文化与精神指引下，在二战后逐步发展成为经济第一强国。美国随处可见的是创新精神，但是美国人的创新能力与实践能力是并存的，美国人不会只把想法停留在口头上，他们会想尽一切办法去实践、去实现想法。

工匠精神，在美国被称为"职业精神"。所谓职业精神，就是指在某项具体的工作上几十年如一日精益求精，打造顶级的高质量产品。职业精神可以适用于任何领域，农、工、商，都可以贯彻。①

刚来美国的华人会经常感慨，美国人做什么事情都很慢，铺个路也要好几个月。但是仔细想一下，除了美国人不肯加班以外，还有一个主要因素是"职业精神"使然，职业精神要求在铺设道路的过程中，每一个工序都不能被省略，每一道工序所需要耗费的时间也是必须的。不同的道路铺设过程有不同的标准，如果仔细观察美国纽约街道铺设的程序与细节，会发现在美国住宅附近街道的铺设过程中，即便是一个小小的施工团队，也会严格按照这样的施工标准实施，道路应该挖多深、每一块铺设混凝土块应分割多大，在灌入混凝土前应放入钢丝，没有任何人监督或者检查的情况下，他们也会像对待一件艺术品一样，不紧不慢地认真完成。

在美国，绝大多数工匠们对自己的职业是很热爱的，他们恪守这种职业精神与职业操守去完成每一个手工制作环节。

（二）创新精神是美国工匠精神的根源

当我们追溯美国创新能力的根源时，有一个事实是无法被忽视的——国家中最有影响力的人，美国的开国元勋们，都曾经以工匠的身份改变着美国，改变着整个世界。富兰克林的壁炉、玻璃琴，华盛顿的水利工程，托马斯·杰斐逊的坡地犁，詹姆斯·麦迪逊的内置显微镜的手杖……从美国成立之初到今天，工匠精神起起落落，一直伴随着这个国家的成长。

本杰明·富兰克林通常被认为是美国的第一位工匠，他的产品发明数量十分可观。几乎所有的学生都会在课本中学到，富兰克林式避雷针、富

---

① 付守永. 工匠精神 [M]. 北京：北京大学出版社，2018.

兰克林式壁炉、远视近视两用眼镜、里程表、玻璃口琴以及一个奇怪的音乐装置——他在英格兰见到有人用玻璃酒杯演奏乐曲，于是就利用一组玻璃碗设计出了这款装置。沃尔特·艾萨克森（Walter Isaacson）曾写道，富兰克林既没有接受过学术训练，也不具备一个伟大的理论家所需的扎实的数学基础，他对于自己口中的'科学娱乐'的追求，让一些人并没有把他视为一个纯粹的工匠"。作为那个年代最著名的科学家，他还独自完成了电力实验。

通过了解本杰明·富兰克林在政治之外的工匠活动，我们就能够定义美国建立早期"工匠"这个角色的内涵，并能更好地理解美国工匠精神在这个时代的体现。①

乔治·华盛顿拥有的则是和富兰克林完全不同的声望。华盛顿是一位领导者和战争英雄——全身充满力量的，高大、威武的男人，他拥有典型的A型人格，不会自我反省，也没有与目标无关的爱好。然而，如果我们从另一个角度来看这位美国第一任总统，就会发现他也是一个工匠，和富兰克林一样充满激情和创造力。无论是在被选为总统之前还是在就任总统之后，华盛顿都只把自己当作一名农夫。但他不是一名普通的农夫，而是一名聪明、有创新性的农夫。"他是美国最先开展农场实验的农业工作者之一"，作家、教育家保罗·利兰·霍沃思（PaulLelandHaworth）写道，"他永远在留意更好的方法，为了发现最好的肥料、最好的避免作物被病虫害的方式、最好的培育方法，他愿意倾其所有，他曾说过，他不愿沿着父辈们走出的道路前行。"

我们不难发现，在好奇心驱使下去解决实际问题的过程中，美国工匠精神的重要核心体现在勇于创新上。美国的工匠们在广袤的美洲大地，面对全新的生活，用美国人奔放的热情，综合创新地解决问题，成就了美国工匠特有的品质。

（三）实用主义与标准化是美国工匠精神的另一个很重要内涵

美国工匠精神中另一个重要特征就是实用主义和标准化。1798年，美

---

① 付守永. 工匠精神 [M]. 北京：北京大学出版社，2018.

国的 E. 惠特尼首创了生产分工专业化、产品零部件标准化的生产方式，成为"标准化之父"。而美国的经济迅猛发展，也或多或少得益于美国制造行业的标准化意识。虽然标准化是机械化大生产过程中的产物，但这并不影响美国工匠们对于标准化、专业化的追求。①

在全球顶级钢琴制造企业——美国施坦威公司，80%的工序都还是纯手工制作的。一位合格的钢琴制造师起码需3年半的学徒才可以正式工作。在这3年半时间内，1/4的时间是在钢琴制造学校学习，3/4的时间则在琴厂做手工。施坦威公司相信乐器也是有生命的。钢琴上的每一样材料都要经过非常细致的选择。原先白键要用象牙，黑键用产于非洲的乌木，但后来为了保护野生动物改用化学键。象牙键的优点在于可以吸汗，化学键则耐磨、不变色、寿命长，而且经过不断改进，硬度已经很接近象牙了。在木材的选择上也是近乎挑剔，木材需要自然干燥3年，然后再电子干燥40~50天。即使这样，最后的利用率还不到40%，另外，钢琴很多部件用木头制成，气候直接影响钢琴的音色。施坦威公司就在厂房中模拟各种气候，以使其适应。举个例子，如果这种琴是销到非洲的，则施坦威公司会模拟出非洲的热带气候。

实用主义根植于美国社会和文化之中，它作为美国唯一土生土长的哲学和民族精神，以300年前的本杰明·富兰克林为起点，从早期充满冒险的开拓到美国国家的创立，从美国的工商业革命到信息化时代，它形成了美国人的生活方式和思维方式。

Walker制作的每把剪子，最多可以开价到5位数美金。不过Walker的成就并不止于此，在他的制刀生涯中，总共取得了超过20项专利和商标，其中包括至今成为折叠刀标准规格的衬锁。说到衬锁其由来还挺有趣的。最早有人向他定制10把直刀，之后又请他制作刀鞘。但是Walker完成刀鞘后，却不怎么喜欢成品，于是他尝试将直刀转为折叠刀，这样就用不到刀鞘，而这也开启了他的发明生涯。早期的折叠刀是通过弹力压杆来压住刀刃，为了固定刀刃，因此在刀柄内侧藏了一个内衬锁片，当刀刃被打开时，内衬锁片就可以顶紧刀根，固定刀刃。由于锁片被藏在刀柄内，成为

---

① 付守永. 工匠精神 [M]. 北京：北京大学出版社，2018.

衬锁。然而 Walker 发现，旧式的衬锁中，大部分的衬锁的锁定功能都被弹簧所抵消，因此 Walker 决定拿掉弹簧，直接让弹簧和锁定装置一体形成新的衬锁，以加强衬锁的"锁"力。根据实测，Walker 所设计的新款衬锁比原来的标准锁定装置固定能力增强了4倍。此外，Walker 还为衬锁设计了自我调整的机制，以确保刀刃不会随时间松脱。

实用主义成为一种美国工匠特有的性格和气质，它深刻影响着美国的过去、现在甚至未来。

国际金融危机后，欧美等国发达国家重新认识到发展实体经济特别是制造业的重要性，纷纷提出"再工业化"战略，以抢占世界经济和科技发展的制高点。为此，美国动作频繁，先后制定了《重振美国制造业框架》，通过了《制造业促进法案》。

2012年2月，美国总统执行办公室国家科技委员会发布了"先进制造业国家战略计划"的研究报告。该报告从投资、劳动力和创新等方面提出了促进美国先进制造业发展的五大目标及相应的对策措施。这是美国政府从国家战略层面提出的加快创新、促进美国先进制造业发展的具体建议和措施。"先进制造业国家战略计划"明确了三大原则，分别是：完善先进制造业创新政策；加强"产业公地"建设；优化政府投资。该报告提出的五大目标分别是：加快中小企业投资；提高劳动力技能；建立健全伙伴关系；调整优化政府投资；加大研发投资力度。

美国"先进制造业国家战略计划"是对美国"再工业化"战略的贯彻落实，该计划是从国家战略层面提出的促进先进制造业发展的政策措施，更是对美国工匠精神的复兴。旨在使大批既具有求实才干，又富有创新精神的"工匠"对推动美国社会进步做出贡献。工匠精神，塑造了这个国度，成为美国社会发展生生不息的重要源泉。

四、意大利：高度尊重人和物

(一)"纯手工打造"的执着

意大利是一个具有悠久历史的国家，曾经拥有罗马帝国这样伟大辉煌的时期。悠久的历史，先进的文明，文艺复兴思潮在文化、音乐、艺术、建筑、科学等诸多方面对意大利产生了深远影响，不仅为意大利留下了诸多美轮美奂的文物古迹，同时也让意大利手工艺得到了巨大的发展。

仔细观察意大利的工业企业就会发现。"豪华游艇""超级跑车""奢侈品""数控机床""高端厨具""服装定制"等产业非常发达。他们都有着一个共同的特点，即小批量制造，甚至是单独定做。在小批量制造的过程中，以手工业为主，并且十分强调"纯手工打造"，以此提高意大利产品在世界范围的高端形象，而这种生产方式对工人的技能要求极高。

意大利是拥有国际服饰知名品牌最多的一个国家，也是目前拥有传统男装裁缝匠数量最多的国家。手工高级男装定制代表着最高品质，备受世界各地追求高品质生活人士的青睐。据美国奢侈品研究院 Luxury Institute 在富豪中所做的抽样调查，美国富豪十大服饰品牌中，意大利品牌占到八席，而与 Versace（范思哲）打成平手的 Tom Ford（汤姆福特），背后站着的却也是一位来自意大利的裁缝。

意大利高级定制服装，裁缝往往需要针对每位客户单独设计。这也是意大利高级定制最大的魅力之处。既不同于法国时装的梦幻实验性，也不同于美国时装的纯粹商业性，意大利时装强调以经典简约的表现手法表现色彩的多样性；不仅如此，定制服装还坚持单人单版。制版师会依据客人的体型以及活动环境专门裁剪出一个只属于客户本人的板型，而不是像有些定制裁缝店那样，根据现有板型进行修改调整（套码或套版套制）。

在意大利真正的高级定制西装所有的工序都需要纯手工完成，手工流水线的耗时比机械化生产要多很多倍。每套高级定制西装缝制有20多道工序，每道工序由一名裁缝负责完成，一套西装的制作周期大概在25个小时，也就是说20多个工人至少需要工作3天，才能做成一套西装。在制作过程中，定制服装高度注重品质。小到纽扣的天然苛求，大到面料的整体成色。每一缕一线都集尽全力地追求顶级品质。在选择面料时，要求面料契合，条纹和格子面料的西服非常讲究对条对格，西服上衣兜盖上的条纹和兜盖上方的条纹必须对齐，身上的格子和袖子上的格子要一致。而且由于每位裁缝的性别、年龄、力度的不同，会影响缝线的松紧程度，这将直接影响到顾客的穿着感受。因此，每道工序又配有一名经验丰富的裁缝作为"质量监督人"进行检查，确认没有质量问题的衣服才可以进入下一个流

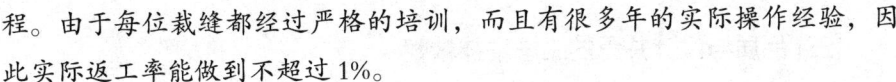

程。由于每位裁缝都经过严格的培训,而且有很多年的实际操作经验,因此实际返工率能做到不超过1%。

意大利企业在单一产品上精益求精,不惜耗费大量的时间和高昂的成本。这些手工劳作的劳动者,具有高超的技巧与优良的传统品行,介于普通工人和艺术家之间。产品制作过程中,凝结了手工匠人的大量心血,很多产品已经属于艺术品范畴。

(二)"以用户为中心"的精益求精

意大利在现代工业化生产中,摒弃工业化的简单复制,尊崇个体的审美情趣,以用户为中心,通过工匠师的手与心体现对人和物的高度尊重,这是意大利工匠精神的精髓,也是意大利许多高品质产品得以传承百年、闻名全球的原因。

意大利纺织面料全球闻名,成功因素之一在于制作者对产品质量分毫必较,不放过一丁点的瑕疵。在意大利"国宝级"毛纺品牌、顶级毛料和奢侈品成衣制造商诺悠翩雅(Loro Piana)的质检车间,工人把成品面料放在光源检查板上一寸寸移动,能在连专业面料采购人员都完全看不出瑕疵的地方迅速发现隐藏的疵点,并瞬间修补完毕。企业官方提供的工艺介绍材料中说,一些毛纤维很细,织得紧密时出现轻微断线、打结等瑕疵很难察觉,但如果不及时处理,瑕疵最终多多少少会体现在成品上,影响外观。而发现瑕疵的能力就要归功于在老师傅的教授下每位工人在学徒期间练就的火眼金睛。诺悠翩雅品牌创始人之一皮埃尔·路易吉·洛罗·皮亚纳认为,坚持保证产品品质是这个传承六代企业的"DNA",也是意大利制造的精髓。

高质量必然对工人的生产、加工技能提出更高要求。要真正提高质量,除了采取最先进、最适合自身产品特点的技术设备外,对每个环节的质量控制尤为关键。企业对原料纯净度的控制和工艺控制的要求更高、控制系统更为复杂,虽然这样做成本又高又费时间。对产品质量无穷尽的追求,正是意大利工匠精神最基本的内涵。

(三)品质与设计并重的工匠精神精髓

意大利的设计闻名遐迩,能开世界之先河。每年4月份的米兰设计周更是令世界各地的设计创意人才趋之若鹜。意大利制造之所以享誉世界,究其原因除了品质卓越之外,其设计同样也引领着世界潮流。受历史传统影响,意大利的设计者就如同手工艺人一样,在追求精益求精之外,对品位有着独特嗜好。

在意大利众多品质与设计并重的品牌中,LOCATI品牌是最有代表性的,如果说到它的等级定位,应该在PRADA、LV之上。早在19世纪末,年轻的LUICILOCATI在米兰开设了第一家自己的手工皮货店,专为教会与达官贵族设计制作精美的皮质书封和信封。因其独特的设计与卓越的品质,被邀请为贵族设计酒会专用手袋,因而名声大噪,LOCATI手袋逐渐在意大利上流社会中流传。

1908年,LUICILOCATI的儿子EMANUELELOCATI创造性地将金丝银线、皮线及各种面料融合运用到手袋制作中,LOCATI独特的手工金银绣花工艺,无疑是现代手袋发展史上重要的里程碑,直至今日此工艺制作的手袋仍是LOCATI旗下的明星产品,深受客户喜爱。

"一战"后,LUICILOCATI的两个年轻的儿子接手了家族生意,为了给品牌拓展更广阔的市场,LOCATI在巴黎接触到新的艺术设计灵感,将新颖面料融入到产品设计中,成为当时第一个成功将巴黎流行元素引入意大利的设计师。最难能可贵的是,第二次世界大战时,很多奢侈品品牌倒闭,在当时米兰手工业最艰难的时期,LOCATI坚持了下来。战争结束后,LOCATI的第三代传人GIANNI将毁于战火的工厂和店面又重新建起来,拜访了全意大利的客户,与法国、德国、英国建立了商业网,并将各国流行趋势更多地引入到产品制作中。在LOCATI的生产车间,十几个工人协作完成一件手袋,每一道程序都是那么的认真,用精雕细琢来形容也不为过。

另一个品质和设计并重的经典品牌是亚捷奥尼(ARTIOLI)。ARTIOLI在意大利手工制鞋业享有超过一个世纪的声誉,有"行业晴雨表"和"鞋中劳斯莱斯"之称。

塞维利诺·亚捷奥尼在1912年于费拉拉城镇开始他的制鞋生涯,他将传统制鞋技术与高科技融合于一体，这在当时产生了巨大的影响。当时的制鞋工艺落后，工具简陋，以至于各个产品间区别不大。经塞维利诺及其邀请的机械专家们研究，很快便改进了具有革新意义的工具以及生产工序，在随后的几年里这些成果逐步被应用到制鞋工艺中。

亚捷奥尼手工生产出来的皮鞋制作工艺非常复杂，每一道工序都由经验丰富的鞋匠仔细完成，需要经过两百多道工序制成，这些工序是历经两个世纪沉淀出来的。鞋匠们将这些知识和经验融入最高质量的皮料中制成亚捷奥尼皮鞋，每双鞋都蕴含着时光沉淀下来的财富。高质量皮料可以让脚部呼吸顺畅，特殊材质和经针线缝制的鞋底可以保持脚部的干爽；鞋宽大、松软的前部极致舒适；鞋跟通过加硬处理，展现出鞋的完美曲线；适度加硬的鞋弓和跟部可以有效缓冲身体重量带给鞋子的冲击。所有这些特性均来自于鞋匠的一流工艺和最好的材质，为消费者带来个性化的极致享受。亚捷奥尼皮鞋产品被人们视为经典产品，每一双亚捷奥尼皮鞋体现的都是意大利的制鞋文化、品质和精髓以及对完美追求的化身。质量和创新设计一直都是亚捷奥尼的两大核心要素，其传统将在后代为家族品牌的未来共同奋斗中延续。

这些经典品牌传递出意大利制造的精髓，那就是重视传统制作技能的传承和产品细节的琢磨，正是这一点造就了意大利独特的工业强国地位，品质与设计并重的精神让意大利产品持续荣耀。

第三节　中国制造的工匠精神

是郝建秀、饶斌这一批不畏艰难、勇于奉献的时代先驱们，历经30年的发愤图强，为中华人民共和国打造出完整的工业体系；是华为这样的企业，在30多年的改革大潮中，心无旁骛、始终如一地视质量为生命，在世界之林挺起中国制造的脊梁。是中国政府和人民在面临诸多问题、应对挑战的过程中缔造了不朽的成就，赢得世界的瞩目与掌声。

如今，"中国制造"已然成为中华人民共和国不可小觑的国家名片，"世界工厂"已经成为中华民族的别称。然而，制造大国而非强国的处境以

工匠精神与职业教育

及与发达国家相比质量和品牌的差距为中国制造平添许多遗憾和带来许多新的挑战。痛定思痛，中国政府应着手严格调整产品制造的运行机制，当产品制造最终追溯到制作者这一根本性角色时，工匠精神的价值也召之即出。

工匠泛指任何一个行业的个人及群体；他们不拘于技，不止于器，也同样寓于理和道；工匠精神不是"匠气"，而是匠心，是匠魂，是人对待工作的态度和其职业素养的体现。工匠精神为我国制造业的发展与兴盛提供了强大的精神动力。

一、工匠精神在工业领域的杰出代表

工匠精神自是少不了作为模范与榜样的工匠本人，他们用自己的汗水与心血铸就了中国工业的辉煌。中华人民共和国工业从初具规模到逐步完善以至逐渐发展壮大，这一路前行离不开一代又一代工匠们的伟大贡献。

1949年中华人民共和国成立，开辟了中国历史的新纪元。从此，中国结束了100多年被侵略被奴役的屈辱历史，真正成为独立自主的国家。完成了中华人民共和国成立初期国民经济的恢复任务之后，党和政府及时地把实现工业化的历史任务提到中心日程，着手部署和规划国家工业化建设的蓝图。中国逐步建立起一套独立完整的工业体系，从根本上解决了工业化中"从无到有"的问题。工业生产在社会生产中占据主要地位，工业在整个国民经济中的比重不断提高。改革开放之后，中国工业加速发展，综合实力不断增强，实现了工业化初期向中期的历史性跨越。特别是21世纪以后，中国崛起成为制造业大国，被称为"世界工厂"，在世界经济格局中发挥着举足轻重的作用。

中华人民共和国成立60多年工业建设的辉煌，来自优先发展工业的战略路径，来自中国特色新型工业化道路的抉择，更来自中华人民共和国几代人的不懈努力，同时也是精益求精、执着专一、兢兢业业工匠精神的结晶。

（一）从平凡到伟大——郝建秀

中华人民共和国成立初期，郝建秀作为工匠精神的典型代表，为纺织

第二章 中西方的工匠精神

行业的发展与进步做出杰出贡献,也为后代工匠们的历练与培养提供了榜样。1949年,郝建秀进入青岛国棉六厂当工人。仅仅用了两年时间,细心的郝建秀就摸索出改进整个纺织业技术的"细纱工作法",并在全国推广,使得整个企业产量大幅提高,那一年她只有16岁。

解放初期,青岛国棉六厂按清花、疏棉、摇纱、粗纱、细纱等不同工种分成不同车间,郝建秀被分到了细纱车间成为一名挡车工,她负责为棉线接头,这是一项简单而普通的工作,然而却不能掉以轻心,因为一旦接不好,棉线就会变得疙疙瘩瘩,成为皮辊花,只能被清理出来当边角料处理掉,这对于当时注重节俭的工业文化而言是一种浪费。皮辊花出得越多,就意味着纱线产量越低。工厂对工人每天的工作都会进行考核,标准则是拿着秤过磅每个人清出来的皮辊花重量。一旦超过标准,工人就会受到批评。

刚开始年龄幼小、毫无经验的郝建秀找不到干活的技巧,经常连续几天受到批评。有一次因为皮辊花超重,受到批评的郝建秀在回家的路上委屈地哭起来,她说:"我不想拖集体后腿。一定要把技术搞上去。"

自此,郝建秀开始整日思考如何多纺纱、纺好纱,下班回家后她会在小本子上涂涂画画进行总结,第二天再带着新想法到车间去实践。此外,她还专门拜老工人为师。

为了掌握接线头技术,她下班以后不回家,虚心地站在老工人身旁,先是认真看,再自己实践,不懂就问,时间不长,她的接线头技术就有了明显的提高。中华人民共和国成立后的第一个"五一"国际劳动节期间,车间里开展了班与班、组与组、个人与个人之间以减少皮辊花为考核指标的劳动竞赛。皮辊花过磅先是以小组为单位,后又改为以每台车、每个人为单位。每当在接断线头的时候,郝建秀总是在思考一个问题:如果没有断线头,光纺好纱,皮辊花不就少了吗?

有一次郝建秀正在接断线头,身边忽然冲起一片花毛,花毛所到之处一下子断了好几根线头。这个发现令郝建秀又惊又喜,为了证明自己的判断正确,她一次又一次地认真观察,当确认自己的发现完全正确以后,就在值车的过程当中走到哪里将卫生打扫到哪里,随时清除花毛,保持车面清洁。郝建秀觉着这样做比以前来回跑轻松得多,但这种工作法打破了以往多年的规律，她不确定这样做是否可行。为了更有把握，郝建秀打算再试验一段时间。又坚持了半个月，她终于摸到了规律，值起车来感觉轻松多了，效率也提高了很多。经过观察她还发现一个问题，纱锭还有10圈以上不能换，换得早容易断线头，在差两三圈的时候换最合适。这些问题的发现，激发起其钻研技术、攻克难关的极大热忱，工作越来越着迷，越干越能找到乐趣。

功夫不负有心人，凭着不服输的倔脾气，郝建秀终于在短时间内熟练地掌握了纺车的性能和操作规律，摸索出一套能够多纺纱、多织布的高产、优质、低耗的工作方法。郝建秀的"细纱工作法"创造了七个月细纱皮辊花率平均仅0.25%的新纪录，这个纪录为当时全国棉纺织工业平均皮辊花率的六分之一。

郝建秀接线好、浪费少、清洁棒的好技术最终引起原纺织工业部和全国纺织工会领导人的重视，他们专门派人来总结她的工作方法，甚至于相关部门组成专门小组，对郝建秀的接头动作、接头时间、清洁工作时间、动作顺序等进行观察、测定、分析和研究，总结出一套"细纱工作法"。1952年，在全国纺织系统大会上，这套方法被正式命名为"郝建秀工作法"。原纺织工业部和全国纺织工会随后发出指示，号召全国各地纺织企业普遍学习和推广"郝建秀细纱工作法"，她的经验在全国得到全面推广后，每年可为国家多生产4.4万件棉纱，相当于供400万人一年用布的棉纱。

在我们很多人看来，给棉线接头是再平凡不过的机械性劳动，甚至会被人贴上"廉价"或者"低微"的标签。这种工作既没有科技含量，也缺乏逻辑思维，因而纺织工充其量就是一名普通工人。但是郝建秀正是立足于自己平凡的岗位，兢兢业业，对自己所从事的工作不断思考、分析和研究，总结出一套先进高效率的工作方法，并在全国范围内进行推广，为人民和国家做出了巨大的贡献，这也昭告世人平凡中见证奇迹。

其实很多时候，我们都会因为自己工作的平凡和琐碎磨平意志，丧失了思考能力和对精益求精的追求，郝建秀的事迹告诉我们，即使是在平凡的岗位上，如果我们对工作认真专注，善于思考总结，并有着和她一样执着的工匠精神，也能像郝建秀一样在平凡中孕育出伟大，做出不平凡的事迹，铸就辉煌的人生。

第二章 中西方的工匠精神

(二)"工匠精神"的企业家代表——饶斌

现代化生产不是一个人能独立完成的,产品制造过程涉及很多工序、很多人,要融会贯通、统筹决策。从这个意义上讲,企业家也是"工匠精神"重要承载者和践行者。

如果说郝建秀是中华人民共和国成立初期普通工人工匠精神的卓越代表,那么被称为"中国汽车之父"的饶斌就是工匠精神企业家的代表。有人把中华人民共和国的汽车工业建设比喻成登山,那么在"一穷二白"、毫无基础的条件下创建中国的民族汽车工业,可以称得上是登上了世界的最高峰——珠穆朗玛峰。中华人民共和国成立之初,旧有工业的基础十分落后和薄弱且组成结构不合理。1949年在全国工业总产值中,轻工业占73.6%,重工业仅占27.3%。到1952年国民经济恢复工作完成时,现代工业在工农业总产值中的比重只有26.6%,重工业在工业总产值中的比重只有35.5%。面对这种状况,毛泽东在1954年说过一段令人深思的话:"现在我们能造什么?能造桌子椅子,能造茶碗茶壶,能种粮食,还能磨面粉,还能造纸,但是,一辆汽车、一架飞机、一辆坦克、一辆拖拉机都不能造。"

在艰苦卓绝的环境下,饶斌带领着中国汽车工业完成了开天辟地、波澜壮阔的奋斗历程。由于他对中国汽车工业做出了卓越贡献,后来被称为中国汽车工业的奠基人,享有"中国汽车之父"的盛誉。

作为一个早年即投身革命的共产主义战士,饶斌在担任长春第一汽车制造厂厂长之前,已经是哈尔滨市市长。为了创建中国的民族汽车工业,饶斌毅然决然投身于艰苦受累的基层,自告奋勇要求去一汽工作。

1953年,壮志满腔的饶斌全身心投入到中国第一个汽车厂的建设热潮之中。那段时间里,饶斌每天起早贪黑,终日在一汽的工地上忙碌。他不仅是汽车厂厂长,也是工地建筑公司的经理,在厂房建设的过程中,除处理事务外,他总是和苏联专家组长到工地了解、检查工作,发现问题及时解决,还随时向专家、工程技术人员和工人学习,发现施工质量问题,如浇注基座有蜂窝、挖基础时抽水不彻底、坑底不干等,他都严肃指出,要求认真改正。

在随后的生产建设中,饶斌强调贯彻工艺保证质量。工艺员经常下现场，许多问题与工人商量即解决了，也改善了劳技关系，建立了贯彻工艺的自检互检和调整工作负责的制度。在保证质量的群众运动中，大部分单位的领导主动组织生产和检查人员一起分析质量动态，系统地解决了一些关键性问题。在质量小组提议下，每月研究1~4次质量问题，废品率高的单位开展废品会审，由检查科做好充分准备，大家看实物，开展讨论。一般1小时内解决问题。正是有着这样严谨、一丝不苟、精益求精的工匠精神，一汽的建设克服了种种困难，按时按质地建成，1956年7月14日，一汽总装线上开出由中国人自己制造的第一批解放牌载货汽车，开创了中国汽车工业的新时代。

20世纪五六十年代，中国的民族汽车工业处于一片空白，风险大、难度高、责任重，最大限度地考验着人的毅力和耐力。饶斌的选择在今天看来，可能不被很多人所理解，但饶斌就是这样一个充满爱国热情和崇高理想的优秀共产党员。他那认真严谨、一丝不苟、精益求精的工作态度又何尝不是一种工匠精神？

饶斌曾经说过一句话，至今振聋发聩、感人至深："我愿意躺在地上，化作一座桥，让大家踩着我的身躯走过，齐心协力地把轿车造出来，实现我们儿代人的中国轿车梦。"正是在这样一种无私奉献精神的引领下，中国民族汽车工业乃至整个工业体系才能快速地从无到有，从小到大地发展起来。

（三）工匠精神助推科技发展——邓稼先

如果说中国民族汽车工业的发展离不开工匠精神，那么技术含量更高、结构更复杂、工艺更先进、管理水平和保密级别要求更高的"两弹一星"工程，则更是集中体现了科学技术领域里新材料、新设备、新工艺和新技术的最新成果，对"工匠精神"的诠释也更为深刻。

20世纪50年代中期，面对严峻的国际形势，为抵制帝国主义的武力威胁，党中央做出了独立自主研制"两弹一星"的决定，并规定了"两弹一星"的精神内涵即"热爱祖国、无私奉献，自力更生、艰苦奋斗，大力协同、勇于登攀"。

正是拥有这样与工匠精神一脉相承的精神，我国的科技人员才能做到

第二章　中西方的工匠精神

不怕狂风飞沙，不惧严寒酷暑；没有条件，创造条件；没有仪器，自己制造；缺少资料，刻苦钻研。他们以惊人的毅力和速度从无到有、从小到大，创造出"两弹一星"的丰功伟绩，取得了举世瞩目的辉煌成就。"两弹一星"之父，中国科学院院士、著名核物理学家、中国核武器研制工作的开拓者和奠基者邓稼先（1924—1986年），就是这样一个拥有"两弹一星"精神以及工匠精神的杰出代表。

邓稼先出生于安徽怀宁的书香世家，1941年考入西南联大物理系，1948—1950年，他在美国普渡大学留学并获得物理学博士学位。毕业当年，他拒绝了美国政府为其提供的良好科研条件与优越的物质条件，婉言谢绝了老师的邀请与同校好友的挽留，毅然选择回归故土报效祖国。

"两弹一星"的具体内容："两弹"中一弹为原子弹，后来演变为原子弹和氢弹的合称，即核弹；另一弹则指导弹；"一星"则是人造地球卫星。

"两弹一星"是一个国家科学、技术、人才等综合实力的反映。我国能在没有任何技术基础，没有外部援助的情况下实现高水平的技术跨越，以较短时间成功实现这一宏大的国家战略计划，离不开投身这个伟大工程的劳动者所具备的奉献精神，这一精神后来被赋予一个响亮的名号："两1958年秋，时任二机部副部长的钱三强找到邓稼先，说"国家要放一个'大炮仗'"，问他是否愿意参加这项必须严格保密的工作，邓稼先义无反顾地立刻答应下来。回家后他简单地告诉妻子自己"要调动工作"，不能再照顾家庭和孩子，通信也很困难。从小就受到爱国思想熏陶的妻子对他表示理解和支持，结婚33年，他们在一起生活只有6年。

邓稼先被任命为原子弹的理论设计负责人，从此他把自己全部的心血都倾注到任务中去。他带着一批刚跨出校门的大学生，日夜挑砖拾瓦搞试验场地建设，硬是在乱坟里碾出一条柏油路来，在松树林旁盖起原子弹教学模型厅；在没有资料，缺乏试验条件的情况下，邓稼先挑起了探索原子弹理论的重任；为了当好原子弹设计先行工作的"龙头"，他带领大家刻苦学习理论，靠自己的力量搞尖端科学研究。

为了解开原子弹的科学之谜，在北京近郊，邓稼先和一群科学家们决心充分发挥集体的智慧，研制出我国的"争气弹"。那时，由于条件有限，只能使用算盘进行极为复杂的原子理论计算，为了演算一个数据，一日三班倒。算1次，要一个多月，算9次，要花费一年多时间。为了确保计算结果的正确性，他们还邀请物理学家从概念出发进行估计，因此工作常常持续到第二天天亮。作为理论部负责人，邓稼先手把手指导年轻人进行运算。在遇到一个苏联专家留下的核爆大气压的数字时，邓稼先在周光召的帮助下以严谨的计算推翻了原有结论，从而解决了关系中国原子弹试验成败的关键性难题。数学家华罗庚后来称，这是"集世界数学难题之大成"的成果。

邓稼先不怕吃苦不畏艰险，经常带领工作人员到前线试验场工作，他亲自到飞沙走石的戈壁滩取样本，还冒着被辐射的危险监制原子弹。有一次，航投试验时出现降落伞事故，原子弹坠地被摔裂。邓稼先深知危险，却一个人抢上前去把摔破的原子弹碎片拿到手里仔细检验。回京检查发现，在他的小便中带有放射性物质，肝脏受损，骨髓里也侵入了放射物。

原子弹研究成功之后，他又同于敏等人投入氢弹的研究。按照"邓－于方案"，最后终于研制成了氢弹，前后历时两年零8个月。这同法国用8年零6个月、美国用7年零3个月、苏联用6年零3个月的时间相比，创造了世界上最快的速度。

两弹一星的成功研制进一步推动中国成为世界上颇具影响力的大国，邓小平评价"两弹一星"的作用时曾说过："如果60年代以来中国没有原子弹、氢弹，没有发射卫星，中国就不能叫有重要影响力的大国，就没有现在这样的国际地位，这些东西反映一个民族的能力，也是一个民族、一个国家兴旺发达的标志。"邓稼先是两弹一星功勋中的优秀代表，其身上闪烁着"热爱祖国、无私奉献，自力更生、艰苦奋斗，大力协同、勇于登攀"的人性光辉——这是"两弹一星"的精神实质，也蕴含着精益求精、坚持不懈、吃苦耐劳、谨慎细心的工匠精神，正是这种振奋人心的精神力量，成就其无私奉献的一生，更成就了中国核武器研究的辉煌篇章。

（四）现代优秀工匠代表

工匠精神是什么？工匠精神是工匠们对自己制作的产品极致、完美的追求，是把品质从99%提升到99.99%的精神，是一种情怀、一种执着、一份坚守、一份责任。工匠精神不仅让工匠们制造出高质量的优秀产品，而

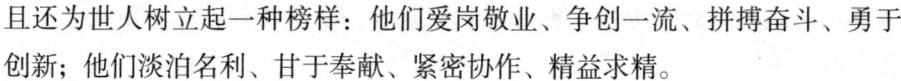
第二章 中西方的工匠精神

且还为世人树立起一种榜样：他们爱岗敬业、争创一流、拼搏奋斗、勇于创新；他们淡泊名利、甘于奉献、紧密协作、精益求精。

当代中国在各个岗位上也不断涌现出这样的代表，他们既是平凡的，是和你我一样普通的劳动者，又是伟大的，他们身上所闪耀出的"工匠精神"，是时代和社会的需要，带动着一大批人投身建设社会主义中国的浪潮。

中车青岛四方机车车辆股份有限公司的高级技师、从事了29年焊接工作的何建英，就是其中极有代表性的一位。凭借在焊接技艺上永不停步的如琢如磨，他如今已是全国技术能手、企业首席技师，徒弟们眼中大师级的"焊匠"，拥有了以自己名字命名的"何建英焊接工作室"。

焊接技术是先进制造技术的重要一环。一个国家焊接技术水平的高低，是其工业现代化发展水平的重要标志。在动车组的制造过程中，一节车厢里除了内饰和控制系统，其他部分几乎全部需要焊接，尤其是转向架等关键部位的焊接，对动车组的行驶安全有着极为重要的影响。

焊接时形成的连接两个被连接体的接缝，称为焊缝。一节动车组的车厢里有近万个焊缝，每完成一条焊缝，都需要经过焊接参数、焊接电流、焊接电压、焊接速度、焊道布局等多道工序的反复试验，焊接后还要经过外观检验、射线检验、超声检验，此后还要进行拉伸、弯曲、硬度、疲劳、应力等破坏性检验，最终形成焊接工艺规程，进入生产阶段。

对何建英来说，这些焊缝有着丰富的语言、漂亮的肌理，既是他最大的敌人，又是他最好的朋友。在日常工作中，他都与一个又一个的焊缝不断地进行"对视"与"对话"，对它们一丝一毫的变化了然于胸。

何建英的同事这样评价他："焊接时，焊丝要融化成液滴，一滴滴地过渡到熔池凝固，在此过程中，速度快了不行，慢了也不行，要凭借多年的经验和观察力，确定最佳工艺窗口。技术一般的普通焊工，少的要花几个小时，多的要花几天时间，才能做到这一点，何建英经常是几分钟就能解决。"

何建英的徒弟则说："干好焊接这个活，手眼的配合要天衣无缝。眼睛要观察电弧，手要控制熔池，必须同时完成，一旦控制不好，就会出现质量缺陷。何工不仅技艺超群，而且有超常的听力，别人正在进行气体保护焊接的时候，电流、电弧、电压的匹配是否合适，他往往走一圈就能凭听力判断出来。"

至今，何建英已在数十年间带出了多位技能高超的徒弟，并且通过"师带徒"这一工匠传统帮助上千人顺利取得国际焊工证。他的徒弟还曾在青岛市技能大赛中一次五人进入焊接项目前十名。

工匠精神既是一种技能，也是各行业都需要的一种精神品质。在中国制造向中国创造迈进的道路上，社会需要精益求精的制造环节，需要精雕细琢的工匠精神。倘若工匠们能以工匠精神感染和带动企业、行业以至社会，就会最终形成共识和合力，将中国制造业的水平提升到更高档次。作为工人阶级的优秀代表，工人是时代发展大潮中涌现出来的建设者、创造者，是推动生产力发展的中坚力量。一代代工人身上所体现的工匠精神，是对中华民族传统美德的继承、发扬和创新，代表着社会前进的方向。他们大部分其实都很平凡，是默默无闻的，但正是这些草根英雄为我们创造出一个个真实而精彩的奇迹，以巨大的精神感召力和行动示范力感染着我们。他们以"三百六十行，行行出状元"的传统信条，演绎着简单、诚实、持守的人生历程，他们已然成为带有民族文化意义的符号，推进着中国前行的道路。

二、当代工匠精神企业典范

中华人民共和国成立初期，正是有着无数奋战在各个岗位上的具有吃苦耐劳、精益求精精神的工匠们不计个人得失的无私奉献，中国工业才从无到有，从弱变强，中国也因为综合国力的提升快速地崛起并在国际事务上拥有更多话语权。而经过数十年的经济发展，随着家庭收入、教育程度、个人修养、审美水平的不断提升，消费领域发生了种种变化，人们不再仅仅满足于产品本身的功能属性，对产品的质量、品牌价值、文化、美观等方面的需求也与日俱增。同时，互联网的普及，微博、微信等自媒体的发展，消费者还很乐于与他人分享自己的购物心得，并对产品的各项指标做出自己的评价，这都要求企业必须做精品、做优品，对工匠精神的呼唤也就在情理之中。

第二章 中西方的工匠精神

(一) 助推手机行业的领军者——华为

随着世界经济全球化和一体化的深入推进,中国的产品和服务已经深深融入世界经济的体系之中,中国企业要增强国际竞争力,占领国际市场,由制造业大国迈向制造业强国,也必须以品质取胜。新形势新背景对我国当今制造业企业及产品品质提出了更高的要求。

华为公司堪称当代企业中具备"工匠精神"的典范。2016年3月,华为获得国内质量领域的最高政府荣誉——"中国质量奖"。华为公司相关负责人表示,华为之所以能够摘取这项桂冠,是华为长期坚持以"质量为生命"的结果。20多年来,在"以客户为中心,以奋斗者为本"的公司核心价值观的指引下,华为积极推进质量优先的战略,最终以优秀的产品品质享誉海内外。

对华为来说,质量就如同企业的自尊和生命。自华为成立以来,一直追求真正的"零缺陷"。华为拥有在业界首屈一指的可靠性检测及产品认证准入实验室,华为的每一款产品上市前都会经历严苛的环保测试、强度测试、性能测试以及最极端的环境挑战。

华为手机在上市之前经历的测试环节中,包括破坏性测试、滚筒随机跌落、六面四角定向跌落、电源键、按压键按压、连接器拔插、软压、手机扭曲、温度循环箱、温度快速变化、蒸手机、太阳晒手机、无线性能、天线性能等。具体到按键测试,为了保证用户可以安全使用18年,他们按照用户每天打开手机150次计算,将按键测试的标准从原来的20万次提高到现在的100万次。据悉,荣耀4A从研发开始到正式发布,进行了长达数月的不间断测试,测试时长超过1000个小时,所有的冒烟测试必须100%通过。

在华为P8上市时,华为超窄边框采用的点胶工艺经过测试发现,手机使用几年后有可能出现问题。这一个小问题不达标,按理说不会对消费者造成太大影响,但华为不惜以整个销售链的供货作为代价,坚持将这批产品报废。仅此一次,就损失4个多亿,带来的真正经济损失可能有十几个亿。

像这样在质量上追求极致、精益求精的例子还有很多。为解决一个在

工匠精神与职业教育

跌落环境下致损概率为三千分之一的手机摄像头质量缺陷,华为会投入数百万元人民币不断测试,最终找出问题所在并予以解决;为解决某款热销手机生产中的一个非常小的缺陷,荣耀曾经关停生产线重新整改,影响了数100000台手机的发货。

正是靠着对产品瑕疵"零"容忍的质量原则和对产品品质不断提升的追求,华为在全球智能手机市场份额稳居前三甲,中国市场份额持续领先,并且在西欧多个发达国家市场,市场份额位居前三名。在通信设备市场,华为已经成为全球最大的电信设备商,并持续保持领先;华为在全球范围内取得了商业成功,走出国门20年,销售额的60%来自于海外市场,产品远销170多个国家和地区。

华为内部提倡的理念之一是"板凳要坐十年冷",强调"专注"和"视质量为生命",面对质量问题,华为内部有一票否决制,无论涉及哪个级别的高管,一律都要尊重这条铁律。这种工匠精神逐渐成为华为的企业文化的一部分,也正是在这种精益求精的理念下,华为公司用品质、服务构建成一个强大体系,保证了华为一点点在用户心中积累起的良好品牌形象。在市场增速放缓、同质化严重等背景下,这种工匠精神就意味着品牌对客户在质量、体验、服务等方面作出的一个长期而持续的承诺,也帮助华为公司取得不断的进步。

(二) 插座行业的领导品牌——公牛电器

在2016年武汉大学的毕业典礼上,武汉大学校长李晓红在这届毕业生离校前的最后一课上送出临别赠言:以武汉大学已毕业的一位校友为例要求大家做自己人生的"工匠"。这位被武大校长提到的校友就是公牛电器的董事长,一位"专注达人",武汉大学80级机械工程系的阮立平。他二十一年如一日打磨品牌,最终树立起行业标杆,缔造了世界闻名的公牛品牌。

一个公牛品牌,拥有两项冠军。公牛已连续数年蝉联插座行业销量冠军,是插座行业名副其实的领导品牌。过去的2015年,对公牛来说,又是一个具有里程碑意义的一年,墙壁开关由行业第三一跃成为国内市场销售第一品牌。

谈到从小打小闹家庭作坊式企业向国内民用电工行业领导者跨越的工

第二章 中西方的工匠精神

匠精神时,公牛集团董事长兼总裁阮立平表示:"专业专注,精益求精,创新铸就品牌魂,赢得市场话语权。"

创业之初,面对质量问题的"痛点"和"短板",公牛从设计研发结构入手,独辟蹊径,结合国家标准对原产品大胆改造,克服了松动、接触不良、非正常发热等质量问题,并首创插座按钮开关确保品质,这一"制造用不坏的插座"定位,使公牛产品短短5年间实现国内市场销量第一。

时代在变,需求在变,只有与时俱进,专注执着于提高产品质量和科技含量,方能始终走在前列。公牛为此在狠抓产品质量的同时,创新引领产品和技术转型升级。

一方面,专注执着保证产品质量,就在五年前墙壁开关入市不久,公牛做了一次市场调查显示,市场在意的产品各项性能排位中安全可靠在消费者心目中排名始终是前两名的。所以,公牛公司在确定战略定位时,把产品质量放在首位,安全可靠对于任何一个品牌企业而言都是至关重要的,是企业的生命线。

另一方面,利用科技创新,打造插座升级版。以2015年"小米插座事件"被吵得沸沸扬扬为新节点,竞争促发展,公牛人的理念因小米插座的冲击发生了翻天覆地的变化,细分花、精致化、智能化成为新追求。

推动插座设计由大而粗向小而精、制造工艺由人工作业转变为人机结合、研发周期七八个月缩短为三四个月等"三个转变",公牛把插座细分为USB插座、民用电工插座两条产品线,特别是USB插座产品线,亮出安全、时尚、多元、便捷的行业卖点,创造了小白系列插座、多国旅行转换器、防过充USB插座、桌洞和桌边插座等一系列新产品,其中防过充USB插座已获华为等客户订单。

20年来,公牛战略定位从最先"制造用不坏的插座"到后来"制造中国最安全的插座"再到如今"插座专家和引领者",不断在升级。以专业实力推动技术创新,以标准引领行业发展,至2015年,公牛共拥有国家专利295项,其中发明专利17项。共参与起草国家行业标准40多项,并实现从单打到团体的新突破。公牛主导制订的《家用和类似用途插头插座》"浙江制造"团体标准,是电源连接器行业企业的"第一"和"唯一"。

其实,人和人之间最小的差距是智力,最大的差别却是专注。专注意味着坚定的热忱，意味着坚持的恒心，意味着坚强的毅力。因为专注，所以专业，公牛公司正是因为有着对产品质量和产品创新永不停歇、精益求精、执着追求完美的工匠精神，最终成为插座行业的领跑者和中国插座之王，缔造了年销售额超过20亿元、市场占有率全球第一的"公牛神话"。

(三) 从源头开始的高标准严要求——格力

任何一个工业时代的故事中，都少不了工匠的身影。中国制造迈向2025，大国呼唤工匠精神，而格力正是践行工匠精神的佼佼者。也许在很多人眼中，工匠是一种机械重复的工作者，但实际上，工匠有着更深远的含义。工匠精神，是一门手艺，是一种品质，是一份专注，更是一种态度。在当今，中国工业更加需要工匠精神，"'工匠精神'将引领中国制造浴火重生。"格力集团董事长董明珠如是说。

工匠精神，不光是在产品设计、制造环节对品质的严格要求，同时也是在生产的源头对原材料质量的高标准定位。在制冷行业的供应商中，有一种不成文的评判标准：能给格力供货的，给同行业其他家供货就不成问题。小到一个隔音棉，普通到一个包装箱，格力都制定了高于国标的企业标准；能跨进格力的门槛，很多在行业中便也代表了最高水准。

一边是高门槛、极严格的标准要求，一边是实力的象征和进步的空间，供应商们"又爱又恨"的纠结心态，从一个侧面也反映出格力的产品实力。"好空调，格力造"从源头上要的就是好材料。

对于合肥格力的几千家供应商来说，格力工厂里有一把悬在头顶的"达摩克利斯之剑"。这是一支神秘的检测部队，运送进去的每一个零件都要经过他们细致而严谨的检测：合格的送入生产线，不合格的直接被退货。

这支部队"不近人情"，每一个人的姓名、联系方式在格力电话簿里都找不到，却又与每一个供应商的"饭碗"密切相关。他们给这支神秘的部队起了一个名字：格力的"海关口"。

对于供应商来说，这些直接决定它们产品命运的质检员非常神秘，他们有非常严格的管理制度，质检员与供应商必须零接触，只有这样才能保证产品检验的公平性，让入厂的每一个零部件都能完美无缺。所以，做格力的供应商是一件非常有压力的事情，从格力建厂开始，其对零部件的标

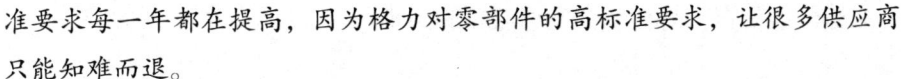

准要求每一年都在提高，因为格力对零部件的高标准要求，让很多供应商只能知难而退。

近年来，以工匠精神严格要求自己的格力人，走精品化路线，做精细化产品，从过去的"好空调，格力造"到今天的"让世界爱上中国造"，不只是口号，更是承诺和兑现。格力也正是因为有这样对生产的产品精益求精、精雕细琢，对产品质量严格把控的极致追求，才有今天的"让世界爱上中国造"的豪气和底气。

三、培育工匠精神面临的挑战

不可否认，中华人民共和国成立以来工业的振兴与发展赢得了世界的掌声，然而和世界顶级工业强国相比，中国工业仍然存在着不小的差距。在2015年11月8日的全国政协十二届常委会第十三次会议上，工业和信息化部部长苗圩对《中国制造2025》进行全面解读时指出，我国已成为制造业大国，但还不是制造业强国。以装备制造业为例，主要的不足表现在自主创新能力薄弱，基础配套能力不足，部分领域产品质量可靠性有待提升，产业结构不合理。苗圩部长指出，在全球制造业的四级梯队中，中国尚处于第三梯队，而且这种格局在短时间内很难有根本性改变，要成为制造强国至少要再努力30年。

具体来讲，我国的工业产品质量状况的确不容乐观。2015年国家质检总局组织开展的日用及纺织品、电子电器、轻工产品、农业生产资料、机械及安防、电工及材料、建筑和装饰装修材料、食品相关产品等8大类产品质量国家监督抽查报告显示：全年共抽查24505家企业生产的25345批次产品，国家产品质量监督抽查合格率为91.1%，从近5年的抽查情况看，产品抽查合格率分别为87.5%、89.8%、88.9%、92.3%和91.1%，虽然整体呈现波动上升态势，但2015年比2014年下降了1.2个百分点。我国制造业中像华为、格力这样坚持严谨、务实工匠精神的企业数量还不够多。部分企业片面追求速度，总想着"走捷径"，思想比较浮躁，缺乏对高质量精品的坚持与追求，市面上泛滥着铺天盖地的广告。然而有句古话"欲速则不达"，如果没有一颗精益求精、尽心竭力、精雕细琢的"工匠之心"，如果没有视产品质量为生命的追求，如果没有对质量底线的坚守，从制造大国迈向制造强国的奋斗目标就会遭遇瓶颈和困难。

(一)"技工荒"威胁制造业的未来

从20世纪90年代后期开始，我国制造业发展过程中出现了一个新名词：技工荒。这主要是指随着工业经济的迅速发展，技术工人、高级技术工人出现供不应求的现象。"技工荒"问题究其本质乃"工匠荒"，初期主要表现为高级技术工人的短缺，到后来的十几年则发展成为技工的普遍缺乏，这在很大程度上制约了我国向制造业强国转型的步伐。

近几年，我国"技工荒"的一个突出表现就是制造业企业普遍遭遇的广泛意义上的"用工荒"。2016年春节刚过完，珠三角很多企业早已在招聘会、火车站、汽车站蹲点，他们甚至花钱雇人帮忙招工，但效果却不明显，很多天下来，用工缺口仍然很大，有的企业甚至连一半员工都没有招到。目前，这一现象已经从最初的长三角、珠三角等经济发达地区逐渐蔓延到内部省份。

相对比十多年前，技工的收入虽然已经有了很大程度的提高，然而这些提高主要体现在高级工匠身上。2015年，国务院总理李克强到洛阳矿山机械厂等企业考察，曾经询问工人的收入情况。一位工人师傅凑到总理耳边说："我一个月一万多呢！"总理笑着回忆说："当时我在河南当省长，一次在飞利浦公司考察，他们也有一个这样的高级技术工人带领着一个团队，我问他收入，他们总经理介绍说，这个技术工人拿的年薪跟他一样，20万欧元。所以，你们这些高精尖人才的待遇一定要提高！"

我国一些技工的月工资可达上万，和一些跨国公司相比，这些技工收入能和管理层相媲美，在总理看来，我国技工的待遇还需要进一步提高。然而现实的情况是，高收入情况仅限于一些特级技术工人，绝大多数普通技术工人的收入，虽然在不断提高，但仍旧达不到理想的水平，难以让这些技工接受。

一方面是中国技术工人缺口数量很大，在一定程度上制约了工业、经济乃至社会的发展；另一方面，是大家都不愿意去当技术工人。2015年，一份关于是否愿意做高级技工的调查结果令人深思：近9成受调查者表示尽管身边有高薪的高级技工，但自己并不愿意成为其中一员。

第二章　中西方的工匠精神

《工人日报》的调查也表明，尽管目前我国高级技工，尤其是年轻的高级技工缺口很大，但愿意投身其中者仍在少数。一些技校毕业生也很难长期从事本专业工作，转行者众多。

21岁的四川小伙子王晨宇是某企业高级焊工，他19岁时就成为技能大师，多次亮相世界技能大赛舞台，2016年还在一档技能比赛真人秀中争得霸主席位。一个学校的佼佼者、一个企业的明星人物，但对于眼前所从事的职业，王晨宇却总觉得"差强人意"。

按理，像他这样的高技能人才收入肯定很高。然而实际情况是，"公司在收入上没有给保底，车间都是承包制，多劳多得，平均下来每月也只有3000—4000元的样子。"身为高级技工，他已经取得焊工领域最高级别的职业资格，但他除了作为技能大师拥有每个月400元补贴外，其他与普通工人并无太大差异。

即使像他这样的高级技工，也存在社会偏见。"车间40多摄氏度，还要穿焊服，焊口温度更高，已经快成烤'乳猪'了"，"技术工人始终都是卖苦力的，对社会上的偏见我已见怪不怪了"。处在这样一种尴尬处境中的人，对于职业未来的憧憬能有多大呢？"目前不会转行，但未来说不准，要看具体发展情况。"王晨宇这样说。

虽然王晨宇可能短期内不会改行，但不是每一个技术工人、每一个人在面临现实中诸多问题时都能够做到不忘初心，坚持自己的选择继续从事技术工人的岗位。如果说王晨宇还拥有一份稳定的收入，能继续留在技工岗位上的话，那么下面将要提到的这位"非遗工匠"所面临的不只是个人待遇的问题，还有历经数代绝门工艺的传承问题。

广西柳州市首批市级非物质文化遗产项目代表性的传承人朱明先师傅，拥有一手祖传的炉火纯青、登峰造极的制作花炮台的绝门技艺。但就是这位技艺非凡的民间老工匠，每年的活动经费不过1000元。而制作一个花炮台，算上所有的木料、颜料、油漆费用，成本就要300元左右，每年的活动经费勉强维持开支。而他面临的手艺传承问题，则更为尴尬。年逾七旬的朱明先师傅有一儿一女，现都已30多岁，但都不会做花炮台。如今，朱明先的儿子跟多数年轻人一样，远在广东打工，做花炮台的，仍然是年迈的朱明先和他的老伴。按理说，祖传的手艺是不传外人的，但朱明先迫于无奈，只得招徒传艺。他曾相中一位年轻人，可对方竟然回复他："你每天给我150块，我就来跟你学。"

制作花炮台费时费力，即使是像朱明先这样手艺纯熟的师傅，制成一个也要13天。如果按照那位年轻人的要求，就算他非常有悟性，13天就能出师，也要倒贴他近2000元"学费"。而且，朱师傅年事渐高，一只耳朵的听力也越来越差，别人问问题，他几乎要听两遍才能听清楚。朱师傅哪里能提供这样的条件满足学徒的要求呢？万一找不到接班人，他的绝门手艺是不是就要失传了呢？

虽然在千百年的中国社会里，徒弟拜师学艺都有一套严格的程序，而且"一日为师，终身为父"，这位年轻人希望"师傅倒贴式"的学法确实是有悖中国一贯的优良传统。但换一个角度想，学手艺时间长、难度大，即使学成后也是做活累，挣钱少；而打工既简单又挣得多，哪个年轻人算不明白这笔账呢？

可怜朱师傅现在是一身技艺，无人可传。而更为可悲的是，朱师傅所面临的这个尴尬和难题，并不是只有他这一个"非遗"传承人的遭遇到的。

那么，为什么当今的中国会频繁出现"用工荒"，为什么即使是高级技工岗位也难以留住人？为什么像"非遗"这样的绝门手艺难以传承下去？根源不仅仅在于工资、收入、待遇这一单方面因素，社会地位、社会保障、工作环境、上升空间等多方面原因均促成现今这一社会难题。

长期以来，社会对技工价值的评价一直有失偏颇，"白领"和"蓝领"的简单划分，使得前者拥有可观的收入和令人艳羡的社会地位；后者从事的工作则劳动强度大、收入水平低、社会地位低下。同时，即使在"蓝领"中同样存在等级划分，并由这些技工的资历、年龄、身份来决定。这种论资排辈的做法，抹杀了技术在生产力创造中的重要性，更不利于调动年轻人学习技术的积极性。

李克强总理在2016年《政府工作报告》中，首次提到工匠精神，鼓励企业开展个性化定制、柔性化生产，培育精益求精的工匠精神。要使国家拥有更多的能工巧匠，需要多管齐下。调整社会评价体系、完善用工制度、做好不同层次的人才培养规划，从根本上化解技工"工资待遇差、工作环境苦、上升空间小、社会地位低"的尴尬处境。

第二章　中西方的工匠精神

(二) 关于"工匠"及"工匠精神"的误解

工匠精神的传承在中国具有悠久的历史。但不得不说，在当今短平快的工作节奏和多元化社会价值的冲击下，以上现象背后折射出的优质技术人才的流失，实质是工匠精神的缺失。我们缺乏主动做事、自我驱动的精神；我们缺乏把简单的事情做到极致的耐心；我们缺乏追求卓越、做出精品的长远愿景。传承千年的工匠精神，究竟去哪里了？造成这种现象的根源，可能需要从两个方面去考量：传统文化的局限性和客观现实的制约。

儒家"重道轻器"思想对工匠精神产生消极影响。所谓"重道"，即重伦理，"成教化，助人伦"，是形而上。所谓"轻器"，即轻视技术，看不起"百工"之类的手工业者，器，即器物、工艺，"低小下"，是形而下。"工"在古代被列在四民（士农工商）的第三位，地位不如农民；"工"所涵盖的制造业、工艺乃至于科技发明也被贬称为雕虫小技、奇巧淫技，对器物玩好的追求也被斥为玩物丧志。封建统治阶级出于巩固统治的需求，不断推崇儒家思想，反复强调"万般皆下品，惟有读书高"，让越来越多的人只想着通过科举考试进入上层社会，致使社会对工匠、制造技术、工艺技艺也越来越不重视。最终导致拥有四大发明，且在工艺制造领域领先于世界的中国，其工业制造、科技发明的水平和能力逐渐被世界其他国家赶上、超过并一度被甩在身后。

客观现实的制约则是影响工匠精神传承的另一个原因，这关涉到中国现今的社会大环境。毋庸讳言，快速获得经济回报的理念已浸透到今天国人和社会的每一个细胞。回首30多年来中国企业的发展之路，诸多企业强调经济利益至上的理念，出于快速盈利的动机，这些企业当然不可能在产品制造、生产方式和经营管理、质量品牌方面下硬功夫。而反观一些西方经济发达的国家，金钱只是财富的象征，并不意味着绝对的幸福与成功。而技术、艺术方面的成就才能提高生活质量、升华精神世界，这些领域的卓越人物才是推动历史进步的中坚力量，理应受到社会尊重，其工资待遇在整个社会阶层中也处于较高的水平。

相比之下，我国那些进入企业、研究院、高校中从事技术岗位的人员，即使有一些人短期内能够不计经济回报，但由于他们在单位所处的地位低下，缺乏公司技术方案的发言权和决策权，长此以往难免心灰意冷、兴趣大减、最终浑浑噩噩敷衍了事。因此，一些曾经对学术研究、技术工种充满热情的人，因现实利益或者其他种种原因，也往往另寻他途，最终选择离开。

这是一个日新月异的时代，很多工种都已被淘汰或将被淘汰，传统行业正在被互联网颠覆，追求创新、缩短研发周期、更早地将产品推向用户、快速迭代，这都是互联网从业者遵从的规律。挣快钱，快挣钱，成为很多企业的取向，"一生只做一件事"的工匠及精益求精的工匠精神在很多人看来，难以找到生存的空间。

对于一个兢兢业业的工人来说，如果其技术精湛、追求完美，每一件产品都耗费大量功夫打磨，但却只能被僵化的标准来评判。对于一个企业家来说，如果他投入大量资金研发的新品刚上市场便被仿冒；他的产品质量很好，却得不到市场的回应，而他的同行改变投资方向，立刻赢得高额回报，这时候，怎么能要求他们守住初心呢？

坚守工匠精神既苦又难，培育和弘扬工匠精神不是一朝一夕的事，让有工匠精神的工人活得体面、有尊严，让有工匠精神的企业拥有健康科学的市场竞争环境，让工匠精神成为一种社会共识与社会心理，实际上需要国家和社会全方位的共同努力。

在资源日渐匮乏的未来时代，重提工匠精神、重塑工匠精神，是企业生存、发展的必经之路。工匠精神以其大度、沉稳、浑厚的精神内涵为广大企业提供精神支持。戒骄戒躁，专注于自身素质与能力的提升，这才是企业和整个社会合理健康发展的正确方向。本书第一章我们已经详细阐述，我国的工匠精神和工匠制品在世界文明宝库中曾是一颗十分璀璨的明珠。近年来在国内国际市场上"中国制造"声誉受损，竞争力不够强，甚至在一定程度上成为廉价物品的代名词。

有迹象表明，那些在长达五千年的历史长河中让我们引以为骄傲的严谨、细致、钻研、精益求精的工匠精神越来越被大家忽视。而这种状况与我国正在崛起的大国地位，与人民群众不断改善的物质文化的需求，与经济转型、全面建成小康社会的任务，与实现现代化强国梦的目标都是极不相称的。

第二章　中西方的工匠精神

2016年1月4日，李克强总理在山西太原主持召开钢铁煤炭行业化解过剩产能、实现脱困发展的座谈会上举例说，我国早已成为世界第一钢铁制造大国，钢铁产量8亿多吨，占全球钢铁产量的一半，却仍不具备生产模具钢的能力，圆珠笔笔尖上的"圆珠"目前仍需要进口。

随着中国经济的崛起，人们物质生活水平的提高，以及庞大中产阶层的出现，中国人的消费结构、消费习惯发生了根本性的变化。消费者越来越重视产品的内在质量、科技含量乃至品牌形象，特别是在现今世界的信息时代，产品质量的好坏在"互联网+"的工业产销模式下被无限放大，信息传播的速度也是快到让人难以想象。如果一个企业的产品质量不好，用户体验不佳，甚至是设计不够人性化，很快就能反映到产品的口碑和销量上，进而导致一个品牌、一家企业的衰亡。

如果想要我们制造的产品与时代需求的变化齐头并进，如果想要国人放弃"海淘"和"海购"，企业需要重拾中国传统的工匠精神，国家和政府也应该予以引导，让整个制造业、整个工业、整个社会都养成良好的职业习惯，进而将职业习惯升华为工匠精神。

重塑中国工匠精神，重振中国工匠雄风，这既是时代的呼唤，更是我辈人的责任。我们应当树立起对职业的敬畏、对工作的执着、对产品的重视，不断追求完美和极致，将一丝不苟、精益求精的工匠精神融入每一个环节，拼尽全力树立中国产品的良好形象，努力将每一个"中国制造"都打造成世界同行业的"NO.1"。

(三) 时代呼唤工匠精神

2015年春节前夕，日本知名钟表企业西铁城在华生产基地——西铁城精密（广州）有限公司宣布清算解散，千余名员工被解除劳动合同，限期离厂。与此同时，微软则计划关停诺基亚东莞工厂和北京工厂，并加速将生产设备运往越南工厂。微软在东莞和北京两地的关厂，将总共裁员9000人。其他一些知名外资企业，如松下、日本大金、夏普、TDK等均计划进一步推进制造基地回迁日本本土。优衣库、耐克、富士康、船井电机、歌乐、三星等世界知名企业则纷纷在东南亚和印度开设新厂，加快了撤离中国的步伐。

在各大外企将自己的制造工厂不断撤离中国的同时,涉及庞大就业人数的劳动密集型产品的出口企业处境也不容乐观。纺织品、服装和鞋类是劳动密集型产品里出口占比最多的三大产品,这三大劳动密集型行业都面临着出口下滑的风险,而占比最大的服装业则下滑最为严重。中国海关发布的最新数据显示,2015年1月到11月,纺织品、服装、箱包、鞋类等7大类劳动密集型产品合计出口2.64万亿元,同比下降2.6%;其中占比超过七成的纺织品、服装和鞋类则分别下滑1.8%、7%、和14.8%。

外资中国工厂的关闭和国内劳动密集型产业的惨淡,预示着中国人口红利的结束,取而代之的是劳动力减少而导致的人力成本的增加。一方面,这些科技含量低、没有核心竞争力的制造业已经很难再在中国继续发展和生存;另一方面如果中国企业再继续依靠以生产要素的大量投入和扩张来实现经济的增长,其粗放型发展模式将难以为继。我们已经来到一个十字路口,是继续发展还是就此沉沦,取决于中国制造的转型升级,取决于产品品质和品牌形象的重塑,而这些都离不开打造精益求精、精雕细琢、追求极致和完美的文化,离不开工匠精神的支撑。

工匠精神是时代的呼唤,也是社会主义核心价值观的体现。对一个企业和社会而言,工匠精神既是黏合剂,也是驱动器。培育工匠精神重在弘扬精神,需要全社会各行各业祛除浮躁思想,培育精益求精、一丝不苟、追求卓越、爱岗敬业的品格精神。

当然,今天所谈到的"工匠精神"在时代性和侧重点上有所不同,体现在3个方面。

1. 新时代"工匠精神"强调的是"育人"

手工业时代,工匠的首要职责是"造物",他们大多独立完成并且直接决定作品的质量,所以手工业时代的工匠精神是以匠人为主体,重点是精益求精的"造物"过程;在当代,随着信息化和智能化的发展和普及,机器已经取代了大部分手工劳动,生产制造成为一个系统工程,工匠精神已不限于匠人的精神,其指向范围更广泛,重点也从"造物"转向"育人"。

2. 新时代工匠精神倡导的是"职业精神"

工匠精神是从匠人精工细作的生产方式中凝练升华的精神理念。在信息时代,时间被赋予了动态加速的能量,似乎是颠覆了"慢工出细活"的工匠精神传统理念。所以，在新时代倡导工匠精神，要扬弃具体操作性的内涵，而重点倡导工作态度和职业精神，引导人们树立职业敬畏感、秉持职业操守、恪守职业道德，同时在精益求精、确保品质的前提下，兼顾效率。

3. 新时代工匠精神滋养的是科学的工业价值观

在我国工业化进程中，一段时期内，传承和发扬工匠精神的环境和制度基础逐渐被忽视，部分企业过于追求规模效应和短期效益，重数量轻质量，重生产轻品牌，我们在成为工业大国的同时，也出现了产能过剩，高能耗高污染，发展不可持续等问题，可以说，正是这种错误的发展观在一定程度上导致了我国制造业大而不强的格局。现阶段大力弘扬工匠精神，提醒人们静下心来，脚踏实地，坚持"创新、协调、绿色、开放、共享"的发展理念，凝聚工业领域的价值共识，培育科学的工业价值观，使"工匠精神"成为新常态下推动中国制造"品质革命"的精神动力和力量源泉。

第三章　中国工匠精神的重塑

工匠精神的传承应该秉承遵循自然发展的原则，以言传身教的方式让其代代相传，这种传承不能用烦琐程序或文笔来传输。正如香奈儿首席鞋匠所言："一切手工技艺，皆由口传心授。"

第一节　工匠和具有工匠系企业的特征

在口传心授的过程中，更传递了耐心、坚持、专注的精神，而这些也正是手工匠人独有的特质。在技术落后的时期，制造业几乎都是以手工作业的方式进行的，传承千年的工匠鼻祖正是在这种看似落后、缓慢、低效率的生产方式中诞生的。然而到了现代，由于技术革命的冲击，大部分企业都沉浸在批量生产、追求利益、缺乏自主创新的生产模式中，虽然能够获取短时的利益，但在时代发展的进程中并不能长久生存；而那些始终坚守工匠精神的企业虽然少之又少，但坚持下来的都基本走在了品质的顶端，引领着整个行业的发展方向。

一、工匠的六大特征

（一）创新

可以把原来不存在的事物创造出来的人就是创造者，其最大的特征就是有意识地对事物进行颠覆、探索或革命。

"新工匠"不是甘心生活在破旧的房子里、踩着脚踏车的传统手艺人，也不是只知道辛苦劳作、鞠躬尽瘁，在已有技术路线上精益求精的熟练技工，"新工匠"是一群拥有独特个性、崇高人格，懂得时尚，从事创造工作的人。

新工匠有对工作负责任的态度，不断追求完美与创新，高度重视细节，哪怕只有1%的不足也要尽力弥补，尽可能做到百分之百的成功。他们从注重产品创新逐渐发展到注重市场创新、技术和组织形式的创新，最终达到全面创新的目的，并且从创新中寻找商机，做出打动消费者的高级产品。

在工作中，充分发挥自己的想法和创意，最终的目的是让工作成果更加令人满意，若是单纯地未来工作而工作，那么你交上的成绩单也就会埋没在千篇一律的成绩单之中，毫无闪光点可言，在事业上具有开拓性，是创新的表现，也是员工积极工作的体现。一旦锁定了自己的终身职业，懂得开拓的人，必定会把百分百的激情投入工作中，时不我待，越是不敢贸然前进的人，就越会错失掉许多机会。在职场上，优秀的员工不应该止步于眼下的利益，有选择地开拓进取，是寻找更多契机的前提。

(二) 精心，用心，专心

年轻人应该懂得寻找目标，积蓄力量，不怕暂时的寂寞，懂得"沉下去"，直到有足够的信心和能力再"浮上来"，即"厚积薄发"。保持住自己做人的基本原则，不随波逐流，不做随风倒的墙头草，坚定自己的立场，才能够赢得他人的拥护。

太早"浮上来"容易被周围的鲜花、掌声、金钱、欲望等迷惑心智，让自己慌了心智，乱了阵脚，如果再没有丰富的学识修养，早早"浮上来"的结果只能是"销声匿迹"。

应该静心养气，将每一件事都认真做到最好。切忌急于求成，自取灭亡。要将"工匠精神"牢记在心，只有这样才能让人生绚烂多姿。

匠心之作即把自己与作品融为一体，将整个身心都投入作品中，而不是将工作当成任务去做。作品心能够提高一个人的档次和水准。

常言道，作品即人品，一个人的行为怎么样就代表这个人怎么样，做的每件事都是自己人品的真实写照。有作品心的人对自己的所有作品都尽量做到完美，人要是有了作品之心，工作就会成为一种愉快的活动。

泥土可以算作最不值钱最让人不在意的东西了，然而一团泥土和清水混合在一起再加上人的智慧就创造出了中国古瓷，泥土、清水与智慧、创新相结合使得中国古瓷天下闻名。瓷器被大量生产，供人们使用。倾注了艺术家们大量心血的手工瓷器被当作艺术品供人们赏玩、珍藏。

瑞士手表世界闻名，要知道其制作过程是足以配得上其名气的。一块纯手工制作的瑞士手表需要一个工匠耗费一年的精力才能完成，这一年里的每一个日夜都倾注了工匠的心血，就是这样坚持不懈的努力才使得每一块瑞士手表都几近完美。在时间异常宝贵的时代，成千上万的工业品被批量生产出来，但即使生产再多的工业品也比不上一块倾注工匠全部心血打造出来的工艺品。这个世界是公平的，它用金钱价值给予了工匠及其作品以肯定。

只有心系目标，将自己少有的精力和时间都用到该用的地方去，才有可能创造出好的成果。专心致志，集中精力，不为他物所动，这便是匠人不可缺少的品质。生活在现代社会，就要专注于眼前的事情，脚踏实地，做一个趣味高雅而直率的人，不忘理想，面对诱惑不为所动，工作中兢兢业业，专心研究技艺。

（三）敬业

工匠精神其实就是敬业精神。对工作保持敬畏之心，而不是简单的赚钱养家。有了敬业精神才能很好地为艺术而努力，专心投入企业发展中，专心工作，不断寻求创新，为企业造福，让企业在市场中拥有独特的优势。

手艺人用自己勤劳的双手将物品创造出来，这是因为手艺人对工作一直保持敬畏之心；对待自己创作出来的产品如同艺术品一样珍惜；对待比自己高明的手艺人，更是抱有仰慕之情；而对待自己的技艺则不断寻求提升。

当一件精美的产品呈现在眼前时，带给我们的是美的享受，我们还会不由自主地想要触摸那精美的物品，然而在感受美的同时，人往往忽略那精美绝伦的物品背后工匠们日夜艰辛的付出，更没办法体会这创造艺术的过程。

工匠精神体现了一种生存之道，是一种人生哲学，而学手艺的过程其实也是学做人的过程，手艺体现的是一个人的人品。

天才其实是付出了超过常人的努力，坚持了常人无法坚持的梦想，才在不经意间创造出令人们惊叹的佳作，常人因为只看到艺术成品而没有看到他们背后的付出,所以才将这些人看作天才。

(四)修养正宗

劳动的目的不止在于提高业绩,还在完善人的内心世界。

一个人可以在工作中丰富自己的人格,也可以不断开发自己的大脑,让自己变得成熟稳重,还可以磨炼人的意志,沉静自己浮躁的内心。可见,工作的过程也是修行的过程,工作环境即修行场所。

凡是顶级的工匠,其人品都比技艺更有分量。作品即人品,不管是制作精美的工艺品还是发明改变社会的高科技,人品都很重要。因此塑造作品之前应该先塑造人品,培养一个高级工匠首先要培养其高级的人品。

"修养"一词,不仅包含着修身养性、自我反省等意思,更需要去陶冶自己的品行和提高自身的道德涵养。因此,想要修养正宗,就绝不应该去当赝品。俗话说:"玉不琢,不成器。"人之所以要进行修养,就是为了把自己培养成对社会有用的人才,由此才能够负担起众人的期望。

孔子云:"古之欲明明德于天下者,先治其国;欲治其国者,先齐其家;欲齐其家者,先修其身。"孔子把修身和治国、齐家放到了同等重要的位置,所以,能够在自我修养的过程之中锻炼出属于自己特有的道德品行,才是一个人最终的追求目标。不当赝品,是说不要成为其他人的简单复制品。一个人的修养如何,决定着他能够在自己的工作岗位上担当起多大的重任,决定着他在通往成功的道路上究竟能够走多远。

因此,选择学习的榜样,就要选择那些真正具备自我修养的人;努力做自己,就要把自身的修养水平努力提高起来;挑选后来者,就要选拔懂得学习并且具有一定道德水平的人。只有这样,才能让一个企业不断向前发展,让一个团队继续提高凝聚力,让每一个人都能看到一个更加光明的未来。

坚持修养正宗,是一个人不断促使自我愿望达成的表现。我们每一天都和各种成功与失败打交道,只有坚持不懈地提升自我修养才能帮助我们打破某一种陋习,帮我们赢得人生中每一个重要阶段的胜利。归根结底,自我修养更像是一种自我暗示,只有不断提高自我修养水平的人,才能把自身修养提升到一个比较高的水准,才不会跟在别人后面充当赝品。

(五)追求极致

人的一生不可能做太多的事情,因此做的每一件事都要尽全力做到最好。

执着的人善于倾听内心的声音。他们有自己的想法,而且很执着,凡事追求完美,拥有一颗强大的内心,不随意因为别人的夸奖而忘乎所以,也不会因为他人的冷漠而黯然神伤。

执着的人对梦想始终坚持,坚守自己的信念誓不放弃,认真对待工作,认真对待工作中的每一个环节,追求完美。

"差之毫厘也要计较"是一种认真谨慎的品质。计较细节的成败更容易将事情做到完美,做出令人赞叹的物品。反之,不在乎细节难出匠品,不在乎细节难以成就大事。

(六)格物致知

朱熹提出:"格物者,知之始。""盖致知便在格物中,非格之外别有致处也。"即"格物"乃认识之源。在朱熹看来,要认识事物的"理",就应该"应接事物""与物接"即去接触事物,原因有二:其一,"盖有是物必有是理,然理无形而难知,物有迹而易睹,故因是物以求之":意即说,必须通过接触有形的事物才能去认识无形的事物之理,必须通过接触具体事物才能认识事物之规律。其二,朱熹认为同万物一样,人心也是具有内在之理的,但它从形上向形下落实时,由于禀气的影响和后天外物的蒙蔽、欲望的搅扰,原本诚明的"天理"就变得晦暗了。所以,必须通过"格物"来认识"理",鉴于人心中之"天理"和万物之"理"本只是一个,人才可以通过"格"心外之事物来明白心中之"天理"。

在朱熹看来,格物包括"即物""穷理""至极"这三个要点。在认识的目的上,朱熹强调既要"穷理",又要达到对事物"至极"的认识。"格物"是"致知"的方法,"穷理"又是"格物"的内容和目的。而"穷理"的"理"是朱熹哲学的最高范畴。由此而知,"穷理"就是研究事物之理,探讨每一事物的内在规律。从目的上讲是要穷尽事物的所当然,也就是要探求事物的道德准则,从实现目的的手段上讲是要穷尽事物的所以然,也就是要探求事物的内在联系与规律，对事物做知识性的追求。所以，朱熹主张的格物穷理，就其终极目的和出发点而言，在于明善，而就格物穷理的中间过程所括的范围来说，又包含着认识事物的规律与本质。

关于致知的定义，朱熹将致知定位在"通过考究物理，使认识的知识得到扩充而所得的结果"上，在《大学章句》中，朱熹认为，人原本具有先知，但由于客观条件的限制和社会事务的闭塞而不可能达到通明，因而这就需要靠后天的努力学习才能达到。于是朱熹强调，不管人的资质如何，都要潜心向学、砥砺前行。在社会急速发展的今天，我们更应该去重新理解数千年前经书里提出的格物致知真正的意义。首先，要明白要想实现对事物客观的探索，寻求真理是唯一的途径。其次，在探索的过程中，应充分发挥想象力，摒除消极的袖手旁观的思想。祈愿社会中的新一代能不断研习格物致知，挖掘其新的内涵，将实践精神真正变为中国文化的一部分。

二、具有工匠系的企业的八大特质

通常来说，企业一般是指以赢利为目的，运用各种生产要素（土地、劳动力、资本、技术和关系等），向市场提供商品或服务，实行自主经营、自负盈亏、独立核算的具有法人资格的社会经济组织。对此，著名管理学家德鲁克先生在《公司的概念》中也曾说过："一个企业不是由它的名字、章程和公司条例来定义，而是由它的责任和任务来定义的。"在这当中，他强调企业是一个具有社会性质的组织，是一个支撑社会结构的组织实体，只有认识到了这一点，一个企业才会长久。"敬天爱人"是稻盛和夫在京瓷公司发展中一直遵循的社训。"敬天"就是遵循自然规律办事，尊重道德和人性。一些人为了追求短期利益去破坏自然生态系统，为了将利益最大化而失去人性最基本的道德底线。稻盛和夫的"爱人"涉及更广泛的利益相关者，特别强调员工和社会。

企业的价值观应当是经济性和社会性的统一，自利与他利的统一。换句话说，企业不仅要创造财富，还要为社会创造价值，承担社会责任。一个具有工匠系的企业。必然能够负起自身的使命，即客户价值、股东价值、社会价值的统一。

(一) 崇尚行动

大部分企业都懂得对公司做策略分析和必要的经营战略设计，懂得制定符合公司发展的各种规章制度，或者财务分析等，但是常常忘记制定了制度还要立刻执行的道理。一个卓越的大公司内部必定有着良好的执行力，对于管理者提出的任务能够立刻执行而不感到被制度束缚。中国自古就有这种觉悟，如陆游"纸上得来终觉浅，绝知此事要躬行"，近代的孙中山先生也说过"知易行难"。

(二) 良好的沟通

卓越的公司必定要求高效的执行力，如果缺乏良好的沟通，则很难有高效的执行力，可见良好的沟通对于公司迅速发展非常关键。为了保证沟通及时有效，卓越的大企业制定了"走动式管理"制度，从而改变繁琐的程序以避免其给沟通造成障碍，卓越企业注重的是沟通的实质而不是沟通的形式，提倡无拘无束的沟通环境。具体就是改变以往领导坐在办公室等待下属冗长汇报的被动状态，让管理者走出办公室，主动深入公司一线去和不同层次的员工进行实质性沟通，了解实际信息。而要达到这种目的，必须创造一个宽松、舒适不拘束的沟通环境，鼓励各个层次的员工相互交流意见，讨论解决问题的方法，让相关员工定期互换信息并沟通。

当然，有人的地方就会有矛盾，在管理过程中，领导的工作与下属个人发展难免形成冲突，因为下属与管理者所处的角度不一样，形成的看法也就不一致，而管理者与下属间的沟通不畅、与下属个性气质的差异都会导致误解的产生，比如某员工本来就对上司在工作中的一些做法感到不解，而此间这位员工又了解到其他同事对上司的这种做法也有不满行为，这个时候往往就会产生误解。再如下属脾气暴躁，对一些流言偏听偏信等，碰到这样的情况，领导者首先必须具有很强的忍耐力，也就是说在遭遇下属误解时要能经受得起误解，应该有这个肚量。然后及时分析误解产生的原因和导致的影响，看是否是自己的工作方式存在问题，如果是，那就得重新建立一条针对下属的信息沟通渠道。有的误解不影响到下属的业绩和个人进步，就不必去做过多解释。事实上，小的误解产生后，领导者事后进行解释和辩解也是一种开脱责任的表现,有时反倒会令下属产生反感。如果误解的确给公司和下属都带来了不利的影响,那就应该寻找合适的时间、地点,诚意邀请下属一起喝喝茶、聊聊天,在这种宽松的气氛下单刀直入把事情说开,误解自然也就很容易消除了。

如果误解是来自于工作上的,而且性质和后果可能会很严重,那么即便存在误解,下属也要无条件去执行管理者的指令,作为管理者要对下属体现出一种权威来。这就需要领导者有洞察下属心理的能力,只有这样才能更好地驾驭管理工作。当然,解决这样的问题,领导者一定要对下属表现出自己的诚意,尤其是在大是大非的问题上,领导者该向员工致歉就一定不要怕折了面子。

当误解升级为团队性质时,说明事态已经变得严重了,作为领导者,面对这样的误解时一定要冷静分析误解产生的原因,在任何时候都不能情绪化,即便是下属对你的人格产生误解也不要激动。通过与个人谈话,多了解倾听下属的意见和看法,进行沟通的同时用自己的行为去感化员工,用行动证实"你们最初对我的看法有失偏颇",这才是最佳的解决办法,同时在这些问题的处理上也能体现出作为管理者的心胸和气度。

总之,卓越企业的沟通系统有5大特质:①沟通系统不拘形式;②沟通密度异常频繁;③沟通系统能得到支持;④具有促进沟通的表现;⑤对非正式的密集沟通系统有严密的控制。除沟通外,创新还要有组织上的保证。卓越企业会进行组织变革,形成"小而美"的创新单位,譬如达纳的"工厂经理"、3M的"创新小组"、德州仪器的90个产品顾客中心等。

(三) 有效的组织和服务

在传统的经营理念和效益成本的理念之下,很多企业往往只重视追求扩大生产规模,这就造成大量的企业陷入一种僵化的行政体系里面。而卓越的大公司在面临这个问题时提出了一种"切割组织"的做法,意思是说,在卓越企业中会形成许多打破正式组织或者层次的小型团队。这个小团队组织灵活、弹性高、人数较少、自主性很强,他们以任务为航标,主张跨越部门采取措施,去解决问题。

另外,卓越企业一般都懂得根据顾客的需求,为顾客量身定做符合要求的产品,这正是卓越企业发现特殊利基的过程。他们善于对市场做精准的分析,根据不同顾客的不同要求提供产品和服务,从而提升产品的附加值,赢得更多利润。通过利基战略来贴近顾客的要求,通常具有五大基本特质:①具备敏锐的技术操作能力;②有定价的技巧;③市场分析准确;④以解决问题为导向;⑤愿意花钱进行市场细分。

卓越的企业有一种特色就是服务。他们把为顾客服务当成基本的经营理念,善于倾听顾客的需求,倾听顾客对公司所提供服务的意见,他们认为营销不是把产品简单地销售出去就完事,而是要得到顾客的认可,售后才是销售的开始。跟一般的企业不同,卓越企业不会把顾客当成找茬或者干扰工作的人,而是当成上帝。为此,卓越的企业在对员工考核的过程中会把顾客对员工的满意度当成其考评的重要标准。正如奥美广告创始人奥格威所言:"在最顶尖的企业里,不论要耗费多少精力和多少时间,只要是对顾客所作的承诺就一定要做到。"

由于企业各部门之间、同事与同事之间、上道工序与下道工序之间都存在服务与被服务的关系,所以他们也就成为了彼此的内部客户。内部客户包括水平线型、流水线型和团队合作型三种。外部客户指的就是消费大众,包括使用企业产品或服务的客户以及潜在客户。因此,一个企业要想取得最佳的客户服务效果,首先应服务好内部客户,要善待内部员工、制定完善和人性化的员工制度、为员工提供学习和晋升的机会等。毕竟,什么样的标准、制度和考核方式,就会获得什么样的员工。另外,还要不断提升和改善产品与服务的质量,不断创新商业模式,这样才能获得大量的高质量的外部客户。

(四)一流的质量

光有一流的服务态度并不能保证企业的成功,优质的产品才是企业强大的根基,这主要体现在产品的高质量和高适用性上。例如,被称为"零故障打字机"的打字机,开拓重工的前任董事长曾经说过,开拓重工生产的机械设备,不管是在世界的哪一个地方都能实现零件互换,不会让顾客使用的机械设备成为孤立品。可见,只有既为顾客提供优质产品又提供优质售后服务的企业才能有机会向"卓越"前进,才能真正让人们记住它。

第三章 中国工匠精神的重塑

(五) 利润为根

一切商业的本质都是价值交换。企业内部也不例外。企业是从事生产、流通、服务等经济活动,以生产或服务满足社会需要,实行自主经营、独立核算、依法设立的一种营利性的经济组织,所以企业的本质特点其实就是一种营利性的经济组织。一个企业要想得到持续不断的发展,就必须要追求一定的效益。企业聘用人才,就是为了稳定和提高企业效益。所以,为企业创造利润,是每个员工应尽的责任。只有把为企业服务当作一种使命去履行,为企业发展全力以赴,才有可能被企业看重,才有可能成就一番自己的事业。这一点在麦肯锡和华为这两家公司对员工的要求上得到了很好的体现。

不难看出,创造利润是企业得以生存和发展的根本,是企业运营的目的和意义。企业中的每一个员工,都被赋予了不同程度的价值责任,为企业创造利润,是每个员工的使命。

其实,市场营销最根本也是最大的挑战应该是如何为客户创造价值,若是你的产品和服务能给客户带来较多一些的价值,就一定能够得到客户的青睐,营销就变得轻松许多了。正如一位跨国公司的营销总裁所说:"如果你能为客户创造价值,客户就会打开大门欢迎你。"事实就是如此,付出同样的代价,没有人会拒绝价值多一点的东西。

正所谓"己所不欲,勿施于人",一个人要想生活幸福,就必须要考虑到别人的感受,学会从别人的立场去看待问题。这同样也适用于企业。一个企业要想获得收益,就必须首先为客户创造价值。市场上企业之间的竞争最核心的是为消费者、为客户创造剩余价值的竞争。谁能够使别人更舒服、更能够得到满足,谁才有生存的可能。

在市场竞争中,只有能够充分尊重别人自由和权利的企业,才能够得到消费者的支持,最终获得利益。另外,利润与责任总是相伴而生的,要得到利润就必须要承担一定的责任。一个企业的发展规模与其能够承担得起多大的责任有着密切的联系。如果能够为100个人承担责任,就可以管100个人,如果可以为10000个人承担责任,就可以管10000人。

一个伟大的企业一定不是只追求公司利润、产品利润,而是追求客户利润，就是客户得到的好处的多少、长短、真假，客户利益越多、越真、时间越长，公司利润就越多。

(六) 良好的价值导向

普通的人可能认为一个企业应该注重成本、技术、市场或利基的开发等，但实际上卓越的企业注重的并不是成本，而是以价值为导向的获利能力。对于大部分的卓越公司来讲，他们最看重的还是怎么去靠近顾客的需求，寻找获利的途径。关注顾客的反馈意见，学会倾听，对企业来说也是一门必修课，卓越企业会时刻努力让自己成为顾客信任的倾听者，为顾客服务。他们尊重并认真倾听顾客的要求，把这些建议视为他们创作灵感的来源，不仅如此，他们还注重和顾客建立良好的关系，甚至邀请顾客参与到产品的开发当中，因为他们深知只有深入了解顾客的要求，才能更准确地为顾客解决难题，满足他们的要求。

(七) 自主创新

创新在任何时代任何行业都是不可或缺的因素，是企业能够持续发展的重要条件，是企业成长的推动力，也是企业蓬勃发展的重要依据。卓越企业必定包括严谨的创新机制，这个机制包含创新推介体系、保障机制和推介人，它们支撑组织内部各要素的创新。

创新需要每个角色的相互配合与沟通，不是一个人就能完成的事，创新需要竞争来推动，创新需要将市场机制引入企业里，以内部的市场和竞争压力推动企业成长壮大。卓越企业会鼓励员工之间相互竞争，有竞争才有收获，虽然在内部竞争过程中会出现一些恶性竞争、产品重复等不良现象，使企业付出一些代价，但实际上竞争所带来的利益远大于企业为此付出的代价。

(八) 以人为本

"以人为本"包括很大范围，不仅包含组织外部的消费者、供应商和其他社会成员，还包含内部的员工。就组织内部来说，以人为本表现在信赖与尊重两个层面。

一个企业如果缺乏信赖则难以做到令行禁止,对员工持有偏见或不信任的企业制定出来的规章制度往往是禁令性的,直接告诉员工什么事情不能做;而有信赖的企业所制定的规章制度往往是倡导性的,提倡人们应该做什么。虽然都是制度,但产生的效果却有很大差别。

对员工还要有一定的保障机制。企业的现有活动常常与推介人的工作产生距离或存在矛盾,这就导致推介人的工作比一般员工的难度要大很多,而且容易受到攻击,因此必须要有稳健的支持体系。众所周知,在创新的过程中可能会遭遇失败,面对失败,卓越的企业不是躲避责任,而是给予支持,并不断鼓励他们继续努力。除此之外,还要恰当地沟通,沟通得当,即使遭遇失败,也不会给企业带来太大的损失;反之,如果沟通不到位,过度放权,任由他们自行研究,将会造成严重损失。

卓越公司的领导者一方面应该为内部员工塑造正确的价值观,创造美好愿景,激发员工的工作积极性;另一方面要把价值观落实到日常的工作中,使价值观成为员工的行为准则。也就是说领导者既要顾全大局,又要着眼细节,把握每一个机会,通过自身行动去感染员工,不能只说不做。因此,要重视公司的工作细节和文化理念。

在组织中,分权和集权的程度一直是管理人员需要重点把握的。在一个企业里,如果中央集权与个人高度自主权同时出现,卓越企业往往能做到既严密控制又给员工一定自主权,既保持高效率,又能获得创新,达到一举两得的目的,而这种成就是要靠价值观和企业文化来实现的。

第二节　工匠精神重塑的可能性

作为新物种实验计划的发起人,吴声在新物种沙龙上用"逆天而动的时候,就理解了顺势而为的初衷"来说明何为新物种的起源。他认为,新物种从来不是一蹴而就的,永远不会轻易获得,一定是九死一生,而那条最难的路往往是最好的一条路。

这个时代每天都在变化,不断形成新的生活方式和消费理念,对企业而言,只有专注勤奋的精神和充满想象力的脑洞,才能帮助企业到达成功的彼岸。

众所周知，调味品"老干妈"是著名的老品牌，拥有良好的口碑和市场，老干妈刚在京东上线时，不到一个月就卖出了 800 万瓶，通过两个小时的直播，这个普通调味品的销售量就高达 300 万瓶。

细节决定成败。《圣经》中说，通天塔可以支撑各种新物种的细节，无论这些新物种是平坦还是坎坷，换句话说，想象力可以带领人们去到不可能的远方，《圣经》中把这种"不可能的远方"称之为新物种。移动互联网技术不断发展，万物互联基础的设施也处在不断变化中，当柯达刚刚发明出来的时候，大家都会担心这种技术会损伤艺术，但今天我们在市场上已经看不到柯达的踪影。今天，数据已经变成一种重要的资源，如果一个品牌没有连接性，不能让大众转发、点赞、评论和分享，就很难成为一种持久的品牌[1]。

陈文胜先生是共济科技创始人，在人们心中，共济科技代表的是一种比云端还要云端的思维。同样的道理，熊孩子给予了儿童一个更广泛的天地，让大家知道什么是儿歌的梦瑶。骑达科技、FIIL 耳机等，都在企图改变人们的生活方式。由此可见，新的文化形态正在慢慢形成，每个新物种的背后都有一个强大的代表企业，这反映的是一种新的商业模式和企业魅力，彰显出企业新的组织管理方式、新的产品形态和更新的科技。

猫王曾德钧曾尝试让收音机和 DJ、播客产生化学反应，也确实收获了良好的效果。将这几种新元素结合，创造出新的产品形态，从而受到大众的青睐，猫王收音机被誉为一个人的音乐会，会带领收听者进入各种各样的场景。

无论是什么样的行业，什么样的领域，在谈到未来部署时，都拥有相似的逻辑，所有的企业都希望技术能越来越贴近人们的生活，也希望产业的成本能更加低廉，更加高效，而产品的附加价值更多。猫王收音机不仅为人们打开了新的生活方式，也让大家领悟到工匠精神的魅力。FIIL 耳机不仅仅是一款蓝牙耳机，更彰显了人们对新生活方式的探索和对个性化产品的需求。在谈到骑达科技时，用户除了关心它的人工智能设备和连接，

---

[1] 付守永. 工匠精神 [M]. 北京：北京大学出版社，2018.

第三章 中国工匠精神的重塑

更关心它有没有出现什么新的变化,如更加便捷或操作更加简单等。

技术带给人们生活的变化是不可预料的,VR技术在20世纪60年代刚刚开始,经过几十年产生了巨大变化。2016年已经成为VR技术成熟的元年,换句话说,随着时间的推移,新事物也可能慢慢变成旧事物,企业要想保持永恒的生命力,就需要不断提高自己迭代的能力。

滴滴、易道、神州等为客户提供了不同的出行方式。但值得一提的是,骑达自行车用自己先进的技术,在城市中占据了很大的空间,自行车不仅是简单的出行工具,更通过精准的算法和高超的技术对人们的生活方式产生了潜移默化的影响。由此可见,企业只有想办法创造未来,才能收获良好的效果,解决产品的痛点固然能帮企业获得效益,但只有对人们的生活方式进行认真观察,在此基础上对产品进行创造,才能收获一个新品类的红利。

在20世纪60-70年代,日本有一大批创新者纷纷出现,无论是在现代艺术、服装行业,还是在建筑行业都能看到他们的身影,这些创新者用自己的力量引领日本文化的崛起。我们不禁思考,这些人出现在20世纪六七十年代是什么有原因呢?日本的商品在20世纪50年代中后期被人们称为黄货,以物美价廉为主要特征。从经济角度来说,日本在20世纪60年代的中期已经正式步入一个中产阶层的社会,以1964年东京奥运会为例,这时候很多中产阶层的人开始思考什么是日本。在20世纪40-50年代,很多日本人都去美国留学,学习先进的技术和物质文明,等他们学成归来时,逢人便说,"我是美国人谁谁的学生",并以此作为炫耀的资本。通过东京奥运会,很多日本人开始对东方文明进行思考,日本的工匠精神也由此崛起,换句话说,日本的工匠精神并没有100多年的历史,而仅仅是在那40年间发生的事情。

中国现在就处于日本那样的年代,在中国人口中有超过1亿以上都是中产阶层。很多中产阶层在物质上获得了满足,于是他们的意识形态和文化领域也出现了转变,不禁思考什么是中国?在这样的时代背景下,中国和日本一样,也对自己的文化和媒介产品进行了新的定义,甚至思索能不能在自行车、椅子等产品上寻找中国特征。但和日本不同,我们在对这些问题进行探索的时候,又恰巧处在互联网不断发展的时代,互联网时代让我们的更新迭代的能力跟日本相比,又有了更多的可能性。

　　我们所说的新物种不能只是用来代表医疗革命、虚拟现实和新能源这些东西,换句话说,这些东西只跟少数的人或少数企业有关,甚至为这个世界新的产业革命指明了方向,但另一方面又并不代表大多数人。有90%的人都没有办法快速迭代自己的能力,他们可能在自己的行业中已经工作10年、20年或者更久的时间,他们对自己的行业有热情,也拥有一定的专业能力,当他们的工作环境遭到了生态性的破坏,对他们而言,整个世界也就破坏了。在这种情况下,仅仅是依靠技术革命或改变商业模式让大家进入一个新的世界,几乎是不可能的。

　　无论是智能手表,可穿戴设备,还是智能手环等产品,都是运用技术的手段,把人们所不了解的概念转化为实质性的产品,又通过市场环境和互联网语境得以传播。

　　相比于"不明觉厉"的技术,我们更需要深入简出的感知。对企业而言,技术并不是成为新物种的核心,企业要真正理解时代内容,把握用户需求,理解消费精神,掌握互联网知识,把晦涩难懂的概念、语言、技术等通过手段转化为大家能够接受的产品。而应对世界的千变万化,"工匠精神"永不过时。"万变不离其宗""以不变应万变",是为要旨。

第三节　工匠精神重塑的途径

一、要"工匠精神",更要"工匠体系"

　　"斗拱"是中国古代木构建筑中最重要的结构,一个标准"棋"的高度为一"材"。所谓的"不成材",就是说一个人连做"棋"的资格都没有,更不要提做栋梁了。北宋主管皇家工匠的将作监李诫在《营造法式》里详细描述了这种建筑构件模数系统。最小的单位为"分",1材为15分,1足材为21分。一个标准棋宽10分,高15分。棋之上有架,高6分,宽4分。棋和槊加起来的高度为21分。对材料和零部件尺寸的分类、分级与标准化,使工匠们在动工之前就能列出一份详细而准确的用料表。

第三章 中国工匠精神的重塑

此外，工匠们对工作量也有明确规定，如从日出到日落为1功，也就是说一个标准工匠需要花费1个工作日来完成工作。再如，制作一个六等材的标准栌斗需要0.5功。每降低一等，则工作量减少0.1功。在计算工作报酬时，三个临时雇工的工作量相当于两个职业工匠的工作量。

工匠式的生产模式在现代企业中仍然适用。现代企业可以通过标准化的生产流程确定每一件产品需要多少原料和成本，然后按照规定的模式生产产品，这样可以让企业更高效地运转。我们可以来看一个建筑界的奇迹——辽代应县木塔。这座塔建于1056年，是我国现存最古老的木塔，距今已近千年，依然屹立不倒。建筑学家对这座塔进行研究，发现这座塔上没有一根特别珍稀的木材，全部都是普通的木材。建造这座塔的工匠们将普通的木材分解成不同的零部件，然后按照一定的规律组合在一起，制作出来异常坚固，简直就是建筑界的奇迹。

中国工匠的智慧不仅影响了一代又一代的中国人，还影响了外国友人。英国工业革命时期，涌现出很多优秀的商业家。乔赛亚·韦奇伍德一开始只是一个小陶工，并没有获得英国社会的关注，但是他不断地经营完善自己的小企业，最终建立了高档瓷器的商业帝国，获得了社会的尊重。乔赛亚·韦奇伍德的成功并不是偶然的，一开始，他致力于提升陶瓷的外在品质，制作出来一批精巧的瓷器，深受皇室青睐。后来，乔赛亚·韦奇伍德不满足于只改变陶瓷的外观，他又开始探索新的技术，希望制作出独一无二的陶瓷作品。经过数年的努力，乔赛亚·韦奇伍德生产出独一无二的碧玉陶瓷。俄国女皇听说了乔赛亚·韦奇伍德高超的制作陶瓷的技术，还专门订购了一套白色的餐具，上面画着精致的英国风景图。乔赛亚·韦奇伍德的陶瓷逐渐走向上流社会，成为一种身份的象征。

乔赛亚·韦奇伍德的成功恰与我们国家伟大的工匠智慧有关。中国景德镇制造瓷器的技艺非常高超，并且已经形成了一套完整的体系。乔赛亚·韦奇伍德偶然读到中国景德镇制作陶瓷的技艺，惊奇地发现原来制作陶瓷的工序如此多，每一道工序都可以分解开来，让不同的人去完成。很快，乔赛亚·韦奇伍德建立了欧洲第一条生产陶瓷的专业生产线，并且仿照中国景德镇陶瓷的式样，绘制出了一套精美的纹路。凭借着从中国匠人处学到的智慧，乔赛亚·韦奇伍德生产的陶瓷获得了巨大的成功，成为欧洲市场的老大。

成功的案例还有很多,再来看一个咖啡椅的例子。我们都知道,欧洲人非常喜欢喝咖啡,他们喜欢一边喝咖啡一边聊天,往往一坐就是好几个小时。传统的咖啡椅坐久了会让人觉得很累,米歇尔·托纳发现了其中的商机,生产出了一种贴合人体线条的咖啡椅,一上市就被抢空了。米歇尔·托纳生产的咖啡椅获得了巨大的成功,不仅仅缘于它优质的质量,还与它简单的生产运输模式有关。优质的产品不仅要俘获消费者的心,还需要便于生产与运输,只有这样才能占领市场。

中国传统的工匠智慧对生产过程中的成本一直有严格的规定。我们可以发现,每一次新的技术革新都需要几代人付出心血,只有这样,人类才能向更好的方向前进。同时,我们要认识到这样一个问题,没有人可以依靠个体的力量获得成功,只有团结起来,形成强大的凝聚力,才有可能获得最终的胜利。因此,工匠精神也可以说是一种集体的精神。

(一)"工匠"是一种组织化的职业

秦始皇兵马俑是中国人民伟大的智慧结晶。陕西的一位农民无意间发现了一块陶片,考古学家认定这些陶片背后肯定有更大的发现。考古队经过几十年的探索,终于在地底下发现了伟大的兵马俑工程。兵马俑出土以后震惊了世界,有的人认为中国的兵马俑和古希腊的雕塑同样伟大。当然,也有人有不同的意见,美国的雕塑家认为中国的兵马俑全部是一模一样的复制品,而希腊的雕塑都是独一无二的。

实际上,美国的雕塑家提出的看法有一定的道理。古希腊时期的雕塑家们雕刻出来的雕塑都是名垂千古的艺术珍品,但是中国的兵马俑大多数是按照一个统一的流程组合出来的,与希腊的雕塑还存在一定的差距。"物勒工名,以考其诚。工有不当,必行其罪,以穷其情"(《吕氏春秋·孟冬》),这些工匠有严格的分工和等级划分。一名"工师"大概指导10名工匠。有的负责制坯,有的负责彩绘,有的负责组装,然后他们在成品上署上自己的名字,这样是为了方便质量控制和追责而不是为了留名。

古代欧洲也非常重视工匠教育。随着时代的发展,很多古代的工匠学校已经消失了,但是传统的工匠教育模式并没有消失。圣地包豪斯学校就

第三章 中国工匠精神的重塑

遵循着古今融合的办学理念,将古时候的工匠教育理念与现代技术相结合。圣地包豪斯学校不同于传统的学校,它将不同的学生分在不同的工作坊里。每一个工作坊都配有完善的基础设施,学生可以按照规定使用这些设备。圣地包豪斯学校非常重视学生的动手能力。一般情况下,每年开学,圣地包豪斯学校的教师都会布置一些最新的工作任务,然后将班里的学生分成不同的团队。每一个团队领取的任务都不同,团队与团队之间还可以形成竞争与合作关系。我们可以发现,圣地包豪斯学校的这种教学模式非常好,既能让学生感受传统的工匠魅力,还能拉近彼此的距离,形成良好的学习氛围。学期结束以后,教师会根据学生的表现给出相应的评分。只有将传统和现代结合起来,才能形成科学的教育模式。

欧洲的设计学科的教学模式和普通的学科设计模式不同,欧洲的教育家们认为设计学不是一门单独的学科,如果依靠单一的知识构建是无法完成学业的。设计学科的实践性非常强,如果没有强大的动手能力,仅仅依靠书本上的理论知识无法设计出好的作品。欧洲一些学校的设计系会将教室改造成古代工作坊的样子,这也可以帮助学生找到设计的感觉。教师与学生的关系非常亲密,相当于古代的师徒关系。学生入学以后就要学习大量的知识,然后在实践的过程中不断吸收、完善这些知识。等到学生到了高年级时,就可以帮助老师教低年级的学生学习了。这样一种良性的学习关系才能保障这门学科发展得越来越好。

我们可以发现,工匠其实就是一种特殊的职业,而我们口中的工匠精神可以和职业精神划上等号。当然,也有的人认为所谓的工匠精神难免有自欺欺人的嫌疑,这和雇工有什么区别呢?实际上,雇工和工匠的区别还是非常大的。工匠一般是有组织、有纪律的,而雇工一般是比较闲散的。我们来看一个简单的例子。

一家新开业的设计公司接了一个景观设计的单子,因为是新的公司,还不太了解市场行情,于是给出了一个极低的报价,没想到对方的老板听到这么低的报价还是觉得很不满意,认为不过是一张图纸的事,哪里值得那么高的价格,还不如找几个临时工来做呢。从这个故事中,我们可以发现,专业的设计团队就是工匠,而临时工就是雇工。国内大多数人认为设计这个行业谁做都可以,设计没有门槛。想象一下,如果政府想修建一栋政府大楼，却舍不得请工匠，而请来雇工，结果设计出来的东西特别差。长此以往，工匠都不能正常生存了，还何谈精神。

近年来，我们国家也开始重新重视工匠精神。尤其是互联网迅速发展，工匠精神也获得了广泛的传播。真正的工匠精神不应该挂在嘴边，应该落实到行动中。工匠精神也不单单是个人努力的结果，而是一个团队共同努力的结果。日本的寿司之神非常火爆，我们看到的仅仅是小野二郎一个人的身影，但是他的身后还有一支庞大的队伍。小野二郎经营的寿司店完美地体现了现代工匠精神。尽管众多媒体将焦点集中在小野二郎一个人身上，但是我们应该要挖掘出其背后的力量。一位90多岁的老人制定了一套严密的制作寿司的工序，然后将这一套工序一代一代流传下去。我们可以发现，要想经营这样一家好口碑的寿司店，需要技艺精湛的店长，需要勤奋好学的学徒，还需要很多后勤人员的帮助。如果只有一个小野二郎的话，哪怕他制造寿司的技艺再高超，也无法达到如今的高度。目前，市场上多数成熟的企业都离不开团队的策划与支持。因此，我们现在提到的工匠不仅仅是一个简单的手艺人，更多的是一个强大的集体。而工匠精神的内涵就是集体主义。

(二)"工匠"肩负教育、传承和创新的责任

工匠的重要特性就是组织化和职业化。如何才能维持这种特性呢？还需要依靠一代又一代工匠进行创新和传承。传承与创新已经不是一个新鲜的观点了，工匠精神要想在现代社会发扬光大，必须要扎根于传统与创新这块肥沃的土地。欧洲国家的迅速崛起离不开工业革命。工业革命爆发的过程中，大部分欧洲人都没有完全舍弃旧时的制作工艺，而是将这些工艺进行改造，大部分的工艺都做到了传统与现代完美融合，这样才能换来欧洲的繁荣。

包豪斯国立建筑学校的建立就体现了传承与创新相融合的特点。包豪斯国立建筑学校的创始人在创办这所学校的时候就确定了目标，一定要培养出优秀的现代设计人才。沃尔特·格罗皮乌斯曾经提出这样的宣言："我们将要建立起一个全新的组织，这个组织里面没有阶级观念，也没有职业歧视。不管工艺技师还是艺术家，都是伟大的存在。我们要将建筑、绘画、

雕刻这3种艺术形式结合起来，只有这样才能将我们的艺术才能发挥到极致。我们致力于让更多的艺术家出现在世人的眼前。"

在包豪斯国立建筑学校就读的学生都要接受一套完整的训练体系。新生首先要接触到的是基础教育，接着，学校会根据新生的表现将他们分到不同的地方进行实习。实习阶段要经历3年，在这期间，新生可以接触到各种不同的工艺类型，他们还要接受严峻的考验。实习结束后，通过考验的学生就可以获得一张能力证明书，随后就可以出去找工作了。当然，有的学生不满足于这张能力证明书，还可以继续接受高等教育，经过考察，成绩优异的话就可以获得包豪斯国立建筑学校的文凭。

我们可以从包豪斯国立建筑学校的办学历史中吸取一些有用的经验。工匠精神不能变成一句口号，要实打实地落实下去，只有这样才能让技艺得到更好的传承。比如，优良的师徒关系就值得我们一直传承下去，尤其是在功利化的社会中，纯粹的关系更容易制作出好的产品。

"工匠体系"是振兴中国制造业、中国设计乃至现代中华文化的关键。它除了包括前面说到的科学组织、认真创造、精明经营等，更重要的是要有保障，即有一个保护"工匠"，保护"创意"，保护"创造"的机制。说的再明确一点，就是保护知识产权的法制基础。

(三) 法制保障下的"工匠体系"，才是国之重器

意大利是一个设计大国，拥有很多家引领时代潮流的大公司。我们可以发现这样一个现象，意大利是一个重视知识产权的国家。2010年，意大利的专利商标保护局专门在同济大学举办了一场关于知识产权保护的展览会，引发了很多人的思考。我们国家的专利意识比较薄弱，侵犯知识产权的现象也是屡屡出现。意大利举办了这场博览会以后，让国人明白了很多风靡全球的作品都是有版权的，不可以随便盗用。意大利的成功离不开对知识产权的保护，只有保护每一位设计师的心血，才能出现更好的作品。

意大利除了重视设计师的知识产权，还非常重视设计师的酬劳，意大利的设计师工资很高。设计师如果推出了一项新的发明或者是一样新的设计，就可以在法律规定的年限里获得丰厚的酬劳。纵观意大利设计行业的发展历史，我们可以发现，只有重视对知识产权的保护，设计者才能设计

出更多优秀的作品。工匠精神的发展也离不开法律的支持。当社会开始重视知识的力量，尊重知识的创造者，并且用法律来维护知识创造者的权益时，我们期盼已久的工匠精神才会真正出现。

二、用"工匠精神"唤醒职业意识

"中国制造"曾是每个中国人都引以为豪的标签，也是我们中国享誉世界的名片。李克强总理曾在两会上呼吁，"我们要用大批的技术人才作为支撑，让享誉全球的'中国制造'升级为'优质制造'"。总理的呼吁为中国制造业的长远发展指明了方向，更是对"大国工匠"型人才的真诚召唤。随着社会高新技术的发展，标准化、机械化大生产也越来越普遍地应用于制造业，但机器并不能完全替代人。十九大报告中也指出"建设知识型、技能型、创新型劳动者大军，弘扬劳模精神和工匠精神，营造劳动光荣的社会风尚和精益求精的敬业风气"。从中国制造到优质制造的升级，需要的不仅是科学技术的更新，更需要一大批能够坚守传统技艺，钻研高新技术的"大国工匠"。

关于职业意识，简单来说，职业意识就是人们对于职业的各种看法的总和。职业意识在人的成长过程中起着非常重要的作用。无论是个人职业素养的形成，个人品德的发展，还是个人职业生涯的规划都与一个人的职业意识有关。正确看待职业意识，我们可以从这两方面入手：首先，从心理层面入手。职业在心理层面上强调的是个体的意识，包括个体对自身从事职业的看法、态度，也包括个体在从事职业的过程中出现的竞争合作意识、创新创业意识还有追求效益的意识等。其次，可以从社会层面上来看职业意识。从社会层面上看，职业意识已经脱离了个人的层面上升了到了社会的层面，成为全社会普遍认可的意识。社会层面的职业意识包括爱岗敬业、奉献社会、服务群众等。职业意识的觉醒与升华就是大国工匠的本质精神。2015年"五一"期间，央视推出了一档全新的系列节目——《大国工匠》，这档节目一推出就受到了全社会的关注。《大国工匠》系列主要由8名劳动者的事迹组成，这8名劳动者用自己的双手创造出属于中国的职业奇迹。胡双钱将自己的一生奉献给了中国的航天事业，虽然他只是一名普通的工人，但是他在制造航天飞机的团队中拥有重要的地位。胡双钱主要负责处理加工飞机上的零部件，别看这些零部件非常小，每一个零件都需要耗费大量的人力物力才能制成。胡双钱需要钻36个大小不一致的孔，这些孔的精度必须要达到0.24毫米。尽管面对严峻的挑战，胡双钱只借助一台简单的机器和自己灵巧的双手在一个小时内就可以顺利地完成任务。他证明了自己是一名优秀的飞机制造高级技师。高凤林被誉为中国火箭"心脏"的焊接人，30多年来，他只做一件事，那就是认真、仔细地焊接火箭发动机的喷管。尽管他是中国航天科技集团第一研究员中211工厂的发动机车间的组长，但是他仍然奋斗在一线岗位上。曾经有人请高凤林到北京工作，承诺给他两套住房还有高额的薪水，但是这些条件都没有打动他，他只希望为中国的火箭行业做出一点小小贡献。高凤林焊接发动机的火箭已经顺利升空，中国也已经成为了航天强国，高凤林认为，他的人生价值已经实现。孟剑锋是我们国家的錾刻大师，他制作的纯银丝巾果盘作为国礼，让全世界都为之倾倒。孟剑锋之所以可以纯熟地掌握錾刻工艺，与他坚韧的意志和追求极致的决心分不开。孟剑锋的手上都是厚厚的老茧和水泡的疤痕，只有吃得了这样的苦，才能制作出令世人惊艳的杰作。张冬伟是一名在LNG船上制作钢板的焊工，宁允展是一名普普通通的高铁研磨师，顾秋亮是"两丝钳工"，周东红是有名的捞纸大师，而管延安是港珠澳大桥上一名普通的钳工。这8名劳动者都在自己的工作岗位上奋斗了几年、十几年甚至是几十年，他们都代表了中国制造的水平。这8名劳动者彰显的是大国工匠的风范，他们朴实、敬业，他们在自己的工作岗位上脚踏实地工作，他们是自己行业中的完美主义者。《大国工匠》系列受到了国人的欢迎，因为我们在这些劳动者身上看到了中国民族特有的精神品质，我们也看到了只有在工作中精益求精的人才有可能获得成功。透过《大国工匠》这个节目，我们应该思考工匠精神未来的发展趋势。

要想成为一名顶尖的劳动者，就一定要拥有崇高的职业意识。

首先，国家应该营造一种良好的社会风气。国家应该提倡爱岗敬业、精益求精、格尽职守的职业精神，让大国工匠精神成为人们的导向。只有社会风气变了，人的心才会跟着改变，当每一位劳动者都能树立起正确的职业意识时，中国制造的春天就到来了。《大国工匠》中8名优秀的劳动者应该成为我们的榜样，国家不仅要重视工匠的榜样作用，还要提高工匠的地位，只有这样才能营造出良好的社会风气。

其次，国家要重视传统，加大对传统工艺的扶持力度，同时也要注意传统与现代相结合。国家要鼓励民族实业发展，可以出台适当的优惠政策，让民族企业和国有企业都可以得到良好的发展。只有宽松的环境才能造就优秀的工匠。国家为了扶持中小企业的发展，还提出了一些优惠政策，中国的制造业应该抓住这个时机，展现风采[①]。

最后，国家要重视职业技术教育，同时还要努力完善教育体系。国家应该要加大学校和企业的合作力度，培养出更多的技术型人才。职业学校的教育水平也有待提高，职业学校的教师不应该脱离实际、照本宣科，应该到企业中了解最新的技术，只有这样才能为学生带来有效的资讯。同时，职业学校也不应该放松对学生道德品质的培养，要让工匠精神进入学生的思想，要让学生形成良好的职业意识。

工匠精神是大国工匠百炼成钢的信念，拥有"工匠精神"是广大劳动者不断追求的永恒目标，传递工匠精神是时代赋予我们的光荣使命。让更多的劳动者获得职业意识的觉醒和升华，将更多的劳动者培养成为"大国工匠"的接班人，发展中国职业教育，振兴中国制造业，为实现民族复兴的中国梦，职业教育工作者正在贡献着一份力量！

---

① 付守永. 工匠精神 [M]. 北京：北京大学出版社，2018.

第四章 工匠精神创新与文化厚植

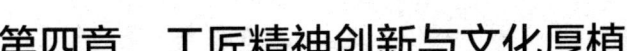

在政府工作报告中写入工匠精神,有利于在全社会树立一种健康的职业观念,同时也将加速我国制造强国、创造强国的建设。工匠精神的回归,势在必行。从个人层面,在更加注重个人价值的当今社会,传承工匠精神,有助于提高职业素养,回归匠人本质。在企业层面,从企业发展战略和塑造企业文化的高度,需要重点关注公司战略、企业文化、组织结构、人力资源和生产运营等,在企业内部培育工匠精神。在文化层面,重视培育工匠精神,弘扬工业文化,有助于提升工业软实力,助力制造强国建设。

第一节 工匠精神的回归

一、工匠精神的个人回归

工匠,精雕细琢、追求完美、挑战自我。从这个角度看,工匠精神的回归首先关乎工匠自我的追求。当我们在获取、使用、欣赏一件产品的时候,我们和工匠通过他们的产品获得了联接。我们看到的产品背后,浸透着工匠们心无旁骛的投入和坚如磐石的稳定。我们并不总能知道谁是作品的创造者,这意味着工匠们必须得能承受这份寂寥。他们还需要在这种寂寥中耐着性子,不断打磨自己的技艺。在这个喧嚣的年代,这种精神显得尤为可贵。

(一)扎根价值创造,钻研作品细节

对工匠而言,执着于工匠精神,首先是一种扎根价值创造,钻研作品细节的意愿。这种意愿可以来自钻研过程的成就感,可以来自传承使命的责任感，还可以来自获得长期收益的欣慰感。钻研生产制造的过程，本身就能够带给钻研者无尽的成就感。通过每一次对材料的雕琢和修饰，工匠为这个世界创造了一个个优秀的作品。通过每一次听取用户的意见并修正设计和产品，他们为社会提供了更多人性的关怀。通过每一次思索和调整生产流程，节约了宝贵的资源和能源。在旁人看来，这些时刻似乎无足轻重，但对工匠而言，这些是他们生命中闪光的时刻，带给他们成就感和乐趣①。

就像哈佛大学的心理学家奥尔德弗讲的那样，除了维持生存和建立人际关系，人类不可或缺的一种根本需求是获得成就感的需求。人们愿意谋求改变环境，获得成长，从而获得自我价值的实现。

有记者曾经采访过来自瑞士的制表师，他表示为了让自己的产品能够降低0.001的日差，他必须和其他技术娴熟的"制表工程师"一起将每个零件打磨得更加精准。尽管这会花掉大量的工作时间，但他们仍然乐此不疲。他说："我们在制造过程中获得的乐趣远远超过你们的想象。每一个细微处的改造都是全新的体验，我们赋予了这一系列机械零件以生命，从而使它们可以一直持续到时光的尽头。当人类登上其他星球，我们的手表依然可以为他们准确地带去地球的时间。"就像这位制表师一样，工匠们充分理解自己雕琢钻研的价值。不管经济回报如何，在制造的过程中，人一点一滴地改造了自然，赋予了材料意义乃至生命，这确实能够带来莫大的成就感。

秉承工匠精神的意愿也可以来源于对于传统和对自身责任的尊重。产品制造者的一丝不苟和坚持不懈不仅仅是他个人的行为，更是一种香火延绵，几代人共同的追求。中国的瓷器、造纸、篆刻、建筑，不一而足，都是师傅传承给徒弟整个制造的过程。就像在很多文艺作品中展示的那样，徒弟在拜师学艺时，必须要向祖师爷画像和授业恩师行叩拜大礼。这一仪式能让尚未学艺的徒弟明白自己肩上的责任和使命。师傅的活动是"传道授业解惑"，替祖师爷传道放在第一位。徒弟心里有了"道"，在从事具体的技术制造过程时，便带着几代长辈的叮嘱和期盼，自然会更加卖力②。

---

① 陈立平. 高职学生工匠精神养成教育的路径研究[J]. 职业教育研究，2016(10).
② 苑梅香. 用心培育大国工匠[J]. 黑龙江教育学院学报，2017(10).

第四章 工匠精神创新与文化厚植

纪录片《舌尖上的中国》里，陕西的张世新老人15岁时从自己的父辈那里习得了制作空心挂面的技艺，做了一辈子挂面。他会仔细地筛选制作的时间，1次和35千克的白面，进行3次发酵，并在随后完成一系列极为复杂的流程，并没有人监督他的每个生产步骤，靠的全是他自身的责任感。纪录片把他的手艺解释为"心传"，是"流淌在血脉里的勤劳和坚守。"现在的张世新老人已经人到暮年，走动不便，他的儿子张建伟接过他的衣钵，继续把这份手工生产挂面的责任传承下去。耳濡目染，子孙们也明白长辈的心意，反复练习，日积月累，必有所成。

扎根价值创造，钻研作品细节的意愿还来自从在更长的时期获得收益的欣慰感。那些愿意沉下心来，执着乃至于固执地追求产品品质的制作者，几乎不可避免地降低生产的速度。他们需要将每个细节做到准确，花更多的时间和精力检查产品，更频繁地聆听使用者的反馈，更多地思考怎样改进用户体验。相同时间内，坚持工匠精神的工匠们很有可能生产更少但也更好的产品[①]。

如果市场上的顾客没办法当即区分产品的好坏，在短期内，他们会损失一定的财务收入。他们的心态可能会有波动，特别是看到有些同行采取投机取巧的办法快速博取财富。能够支持工匠们继续坚持不懈的一个重要原因是他们对于长期回报的预期。长期内，用户能够更准确地判断产品的质量，更加青睐工匠精神驱动下制造的产品，其所代表的品牌和声誉能够不断地积累，最终带来长期稳定的经济回报。因此，钻研制造技术过程中获得的成就感，传承工匠传统的历史使命感，和获得长期收益的欣慰感，可以共同促成工匠精神价值观的形成。拥有这种价值观的制造者有强烈的意愿成为一名好工匠。

(二) 提升工匠的技术能力

除了拥有意愿，对工匠而言，执着于工匠精神同样需要不断提高自身技术能力，从而能够制造出更完美的产品。这对工匠提出了3个技术层面的基本要求：精雕细琢的习惯、了解用户需求的能力、学习与创新的能力。

---

① 陈立平.高职学生工匠精神养成教育的路径研究[J].职业教育研究，2016(10).

对于产品的精雕细琢和不断改进，既是一种意愿问题，又是一种能力问题。如果没有形成良好的工作习惯，空有一腔热情，也难以把工匠精神落到实处。一位优秀的厨师会在他烹饪之前，把所有的原材料准备好，并且有规律地码放。这样，在他烹饪之时，就可以像事先编好的程序一样，把所有步骤有效率地完成。一位优秀的实验物理学家会在一天工作的开始阶段预热他所要使用的机器，并将其调整到最佳状态。一旦实验开始，他可以非常顺利地展开他对物理实务的实验探索。以泰勒和加尔布雷斯夫妇为代表的早期管理学研究就侧重于生产车间中如何提高工匠的生产效率。在20世纪早期，管理学家和企业家就共同意识到良好的工作习惯和工作惯例能够很大程度上改变工匠们的最终产品。

精雕细琢的工作习惯会直接影响到所制造产品的细节，而产品的细节会直接改变产品的市场价值。我们生活中有这样的经验：高档服饰和皮包在制作细节上远胜过做工一般的同类产品，即使他们使用了完全相同的材料。曾经有记者去一家高档手工皮鞋生产商那里观摩过老工匠的工作过程，发现整个过程异常复杂。制鞋师为了避免遗漏繁冗的生产步骤，在每一步结束之后都会在自己制作的表格上画上一个对勾。这一习惯伴随他工作多年，虽然增加了额外的时间消耗，但却直接保证了产品的质量。在随后的访谈中，工厂经理以巴黎的时装业为例，强调了他们对品质的追求。事实上，巴黎之所以成为世界时尚之都，不仅是因为拥有这个世界上最好的设计师，还因为他们有最为认真细致、经验最为丰富的裁缝。西方有句谚语："上帝存在于细节之中。"这句话对工匠尤为适用，精雕细琢的习惯能够让工匠精神获得完全的体现，产出最好的产品[①]。

持续地了解用户需求是对葆有工匠精神的制造者又一个重要的要求。工匠制造产品的最终目的是提供给他人使用，工匠和用户之间是人与人的交互关系。工匠醉心于改造自己的产品乃至作品，实质上是人和物发生了关系。只有产品被顾客所购买和使用，被改造的物才能再次和人发生关系。如果工匠不能了解用户的需求，即使他对物的改造再彻底，也难以带给用户真正的享受。

---

① 陈立平. 高职学生工匠精神养成教育的路径研究 [J]. 职业教育研究，2016(10).

第四章 工匠精神创新与文化厚植

在商业环境持续动态变化的今天,对客户需求的了解和尊重显得越发重要。一个年轻的工匠学徒立志"十年磨一剑",打磨自身的技术和工艺。如果他不能追踪最新的行业进展和流行趋势,很可能在十年之内,他所磨练的技艺就变得不合时宜,没办法在市场上博得一席之地。

作为中国最负盛名的工匠,景德镇的陶瓷工匠不仅在制造技术上长期领先,他们还是客户需求的聆听者和引导者。历朝历代的景德镇陶瓷都有独特的美学意蕴,反映了当时人们的审美取向:宋代的影青瓷温润如玉绰约典雅,是宋代文化繁盛,思想自由的投射;元代的景德镇瓷器开始向彩瓷转向,缤纷异常,是元代民族融合,文化汇集的反映;明代的景德镇瓷器吸收了舶来文化的精华,造型与装饰获得极大丰富,是明代瓷器出口关注更广阔顾客需求的表现。景德镇陶瓷工匠因时而动的历史经验启示当代工匠吸纳用户诉求的重要性。

学习与创新的能力是将工匠精神转化为工匠成果的必要条件。优秀产品的打造不是一蹴而就的。工匠们需要反复迭代产品,学习他人经验,推陈出新。一位我国本土汽车行业的高级管理者曾经表示,他们的工程师希望通过自主研发的六代产品的迭代以追赶上国际汽车制造的主流水平,以每一代产品周期5年计算,这一过程长达30年。第一代产品的研发建立在对国外技术基础的学习之上,这需要汽车工程师们对西方技术进行充分学习和吸收内化。同时结合我国具体的文化传统、使用情景、审美偏好进行客户导向性创新。在此思路指导下的产品投入市场之后,汽车制造者要吸收市场的反馈,修正产品设计。同时,当国际上有更为优秀的制造技术和制造理念时,随时派遣人员进行学习,快速缩小本土产品和领先产品的技术差距。

在中国的特定市场需求还可以启发制造者在特定的领域改进技术,做出渐进性的技术创新。在第二代产品中,将上述知识成功纳入到产品中。在随后几代产品中,伴随着制造工匠们不断的学习过程和创新成果积累,该企业在制造上同西方领先企业的技术差距会不断地缩小,并最终获得超越的机会。

当今时代,创新和学习的能力对于工匠精神所能起到的作用,已经被东西方的实业家们所充分认识。通用电气的首席营销官在接受《哈佛商业评论》采访时，直言不讳地指出了该公司选择人员的第一标准——能够通过学习和调动资源，搞定各种新出现的问题。真正有能力的工匠能够了解他们的产品是怎样融入顾客的生活与工作中的。通过针对性的产品服务和以客户需求为导向的反复改进，工匠们能够适应这个需求越来越多变的时代[①]。

在更广阔的意义上，工匠精神并不仅仅是制造业者的专利，工匠精神同样适用于每一个普通人。当每个社会成员都能够从他们的事业里获得成就感、使命感和长期受益，他们就会拥有充足的意愿去发挥自己的工匠精神、精益求精、追求完美。同时，他们也会不断提升自己的职业素养来改善自己的工匠能力。一个拥有良好职业素养的人同样也能培养出良好的工作习惯——教师一丝不苟地确定问题的正确答案，医生在诊疗时充分了解病人情况，司机出发前仔细检查车辆状况等，不一而足。同时，职业素养高超的人不会只是埋头工作，他们通常会抓住一切机会与自己产品的服务对象进行沟通，并基于此进行持续的学习和创新，以期在未来更好地服务用户。

总之，通过培养精雕细琢的工匠习惯，不断了解用户需求，持续学习和创造性思考，工匠们建立起了优秀的技术能力。这些能力同他们坚持工匠精神所获得的成就感、历史使命感和长期收益相结合，共同促成了工匠精神在工匠个人层面上的回归。

二、工匠精神的企业回归

随着现代经济的不断发展，生产过程也日益分化。工匠的生产活动地点，从过去的个体手工作坊逐渐演化为现代的企业。身处现代组织的个体工匠，其行为必然会发生变化。企业的管理者和创业者需要从公司战略、企业文化、组织结构、人力资源和生产运营等方面着手，激发和保持制造者的工匠精神。

（一）工匠精神，企业更易获得差异化竞争优势

从公司战略角度考虑，拥有工匠精神的企业更容易获得差异化的竞争

---

① 陈立平.高职学生工匠精神养成教育的路径研究[J].职业教育研究，2016(10).

优势。"个性化定制"和"柔性化生产"的核心就是强调企业的产品要依据用户的不同需要进行差异化生产,做到规模少量化,品种多样化。这种差异化需要不断提高水准,从而对"精益求精的工匠精神"提出了要求。最终,差异化的产品能够"创品牌",形成了与众不同的良好声誉,从整体上有助于增强中国产品的国际竞争力。

战略大师麦克·波特曾将公司的竞争战略分为三种主要类型:成本领先战略、差异化战略和聚焦战略。聚焦战略是在特定的利基市场上选择成本领先战略或是差异化战略,所以企业对竞争战略的选择主要是在成本领先战略和差异化战略之间展开的。在波特的经典分析框架下,分析低成本和差异化的根本差异,得出企业难以二者兼得的结论。

在改革开放三十多年中,蓬勃发展起来的我国大量制造业企业,主要选择了成本领先的战略。这一战略能够充分利用人口红利和改革开放的政策红利,以及承接发达国家产业转移的机会窗口期。采用成本领先战略促成了企业的快速发展,但也留下了产品差异化程度不高、客户满意度不足的缺陷。随着国际竞争的加剧和人口红利的减少,继续成本领先战略的发展模式难以为继,企业需要在差异化路上寻找自身的优势。

制造者的工匠精神能够为组织所用,精益求精地雕琢产品,从而长期为公司提供价值。由于长期采用成本领先战略,钻研技艺的工匠代表了一种高度稀缺的人力资本,对工匠技艺的模仿难以在短期内实现。依照资源基础观的"价值—稀缺—可模仿性—组织性"标准来看,工匠精神是组织得以保持持续性竞争优势的一种重要的战略性资源。企业的管理者应当充分认识工匠精神的战略价值,并在日常运营中注意充分使用这种战略性资源。

(二)认同并形成精益求精、追求完美的价值观

企业文化是指企业在生产经营活动中所形成的一种共同意识和价值观念。企业并不是一架理性机器,而是由生活在社会中的人所组成的,组织成员不可避免地形成一些相似的价值取向和思考方式。企业文化能够引导组织成员的行事方式,能够软性地约束组织成员的行为,还能够将目标不同的组织成员整合在一起。在日本经济的崛起过程中,日本企业的学习文

化受到广泛瞩目。近年来风头正劲的苹果公司也以其创新和设计的文化著称。中国制造业企业的再发展，可以通过建立工匠文化来实现[①]。

企业层面的工匠文化是指整个组织的成员认同并实践精益求精、追求完美的价值观。每个组织成员都在各自的组织位置上不断地挑战自我，进行创新，从而达到让社会和客户更为满意的状态。拥有工匠文化的企业、组织成员会因为雕琢产品的需要而凝聚起来，拒绝短期的诱惑，制造更为负责任的产品[②]。

要建立起独特的工匠文化，企业的管理者可以参考如下3种基本思路：

1. 高层管理者的承诺和践行

孔子所说的"其身正，不令而行"就启示企业管理者通过自己的行为，而非强行施加的命令来引导组织成员的行为。西方组织学的前沿研究也指出，高层管理者的价值观会直接影响组织成员的价值观。如果企业的高层管理者能够首先做到对产品精雕细琢、严控质量、关注细节，就为整个组织的工匠精神氛围奠定了基调。

2. 借助正式仪式和活动

与工匠文化有关的正式仪式能够提供帮助组织成员认识到组织文化变化的时间节点，从而更为严肃认真地对待手头的工作。同时，通过经验分享会、研讨会、技术比武、文体比赛等形式的活动，组织成员能够更加切实地体会工匠文化的具体表现，为今后的工作提供参考脚本。

3. 提供物质和精神激励

企业的管理者要敏锐地观察组织成员的行为。对于符合企业工匠文化的行为，要在短时间内进行正面激励，甚至是将其树立为典型。正面激励既可以是物质性的，也可以是精神性的。如同纪录片《我在故宫修文物》里的文物修复师王津师傅那样的先锋人物，如果能够得到持续性奖励，将会带动整个组织共同进步[③]。

[①] 陈立平. 高职学生工匠精神养成教育的路径研究 [J]. 职业教育研究，2016(10).
[②] 苑梅香. 用心培育大国工匠 [J]. 黑龙江教育学院学报，2017(10).
[③] 苑梅香. 用心培育大国工匠 [J]. 黑龙江教育学院学报，2017(10).

第四章　工匠精神创新与文化厚植

(三) 组建专业化和创新型组织

组织结构对于企业培育工匠精神作用也非常重要，即使企业的管理者能够充分认识到工匠精神的战略和文化意义缺乏组织结构和制度安排上的支持，工匠精神的践行仍可能落空。从组织结构的角度看，专业化组织和创新型组织最有利于工匠精神的实现。

专业化组织是一个基于制造者技能标准化的组织结构，组织最关键的部分是他们的基层操作者。它不同于传统的机械型科层制组织，接受过专业化培训的专业技术人员在组织中处于支配地位。

例如医生在加入医院这个组织之前就已经接受了大量专业训练，获得了基础性的技艺。进入组织之后，通过大量实践中的钻研和探索，进一步提升了自己的技艺。组织赋予他的成员相当大的权力，从而有助于后者充分发挥自身的优势来完成工作任务。这种结构对于制造业同样适用。今天的景德镇瓷器生产就采用了类似的模式：陶瓷制造师在进入企业之前就从陶瓷学院和美术学院等地接受了专业的训练。进入组织之后，他们被赋予了较大的自由权力，直接利用自己的经验进行产品制造。

创新型组织尤为适用于现代动态且复杂的企业运营环境，方便具有工匠精神的制造者以较为复杂的方式进行创新。创新型组织的突出特点是"项目结构"——把不同专长的工匠融入一个运转良好的创造性小组之中。项目领导者起到教练的作用，负责将整个团队整合起来。项目中的工匠有各自擅长的部分，从而获得了较大程度的授权。为了保证项目的顺利进行，组织需要提供技术娴熟、经验丰富的后勤保障人员。

纪录片《我在故宫修文物》就为我们展示了创新型组织的基本模式。为了修复已经严重受损的文物"万寿紫檀屏风"，项目组同时囊括了青铜、木器、漆器等方面的工匠。每个工匠在其所负责的部分都是专家，拥有进行创造性操作的权限。为他们提供支持的后勤保障人员也是身经百战，能够提供及时有效的技术支持。这种创新型组织结构支撑了整个复杂项目的运转。

管理实践中的组织结构调整殊为不易，并不总能保证工匠在专业化组织和创新型组织中工作。对于在短期内力图塑造工匠精神的制造业企业，提供强有力的后勤保障人员和较高程度的授权是可以参考的两条基本原则。

（四）做好人力资源的管理规划

个人是工匠精神的载体，企业层面上工匠精神回归的基础是组织成员一举一动中显露出的工匠精神。如果企业无法通过其良好的人力资源实践留住并激励好工匠，即使一个曾经很有工匠精神的个体也可能无法制造出优秀的产品。通过人力资源实践来促成工匠精神的回归，管理者需要成功地识别和甄选潜在的优秀工匠，随后还需要向所选择的组织成员提供必要的知识和技能培训。培养出合格的工匠之后，企业还需要通过适当的激励制度来留住他们。

因为工匠精神是一种隐性的特征，对人力资源部门来说，识别和甄选潜在的优秀工匠难度较大。企业的人力资源部门首先需要根据企业战略，做出人力资源规划，确定组织工匠需要完成怎样的工作，需要具有的技能和性格特征。参考微观组织行为方面的研究，具有优秀工匠潜质的人员需要有较强的自我激励倾向，能够从精益求精的过程中获得足够的成就感。同时，潜在的工匠需要有较高的自信心。

工匠在探索技术前沿时，需要经常面对不确定性。只有自信的工匠才能够更好地适应这种不确定性，从自己的工作中获得更高的满足感。甄选工匠时应该做到不拘一格。具有工匠精神的人通常观察力敏锐，动手能力强，从转换行业而来的工匠也应该得到更多的重视。例如一个曾经在手表制造公司工作的制表师，在经过有效的培训之后，可以转行成为一名优秀的飞机机械师。

拥有成为优秀工匠的意愿并不等同于成为了优秀工匠，工匠们还需要不断提高自己的技能来适应用户的需求。提供持续的知识和技能培训是人力资源部门工作的又一个重要组成部分。对未来工匠的岗前培训，公司应该侧重于"工匠文化"的灌输，使之充分理解工匠精神对于组织的重要意义。定期在岗培训有助于工匠们在短期内弥补自己技术上的短板，从而提高制造的水平。也有一些企业选择了比较传统的师傅带徒弟的办法。这种方法的好处是徒弟能够在很多细微之处受到师傅的指点，减少摸索的时间。但它的适用范围相对狭窄，只有市场需求和生产技术没有发生根本性变化

的行业，师傅的经验才能够继续有用武之地。

当企业培养出了杰出的工匠，管理者还需要通过一系列正确的措施留住这些组织的宝贵人力资源。企业首先需要设定一个能够准确估算工匠绩效的评估和薪酬系统。对于从事高技术含量工作的工匠而言，以计件工资为基础的薪酬方式很可能低估工匠的实际劳动成果。有些企业采用了基于技能的薪酬系统，尤为适用于制造业组织。在这一体系下，工匠的收入由技能水平决定，他的行政头衔并不会对收入产生影响。除了财务回报，企业还可以考虑定期嘉奖杰出工匠，授予荣誉称号，在精神层面上提供正面激励。

(五) 关注基层管理者和技术创新

工匠精神的承载者往往是处于生产一线的操作人员，激发他们的工匠精神实际上也是一个企业生产运营的问题。在这里，企业的高层管理者需要尤为关注基层管理者和技术创新三个方面。

首先，基层管理者需要和具有工匠精神的产品制造者频繁互动。基层管理者应该给予工匠们充足的激励和足够的尊重。基层管理者首先要树立新的绩效观，改变过去以产量压倒一切的传统思维。工匠生产的差异化产品凝结了大量的心血，如果只以产量论英雄，势必会低估其贡献，从而产生负面的激励效果。

其次，基层管理者需要给予工匠更多的尊重，培养融洽的关系。在服务业中，管理者通过让自己的雇员满意，间接改善了服务业从业者对顾客的态度。制造业企业也可以从中获得启示。获得尊重的工匠更有可能积极地钻研技术，改进产品。

最后，基层管理者需要培养对不确定性的承受能力。在过去成本领先战略的时代，企业大干快上，产量指标能够提供给基层管理者很强的确定性。但在讲求工匠雕琢的时代，基层管理者必然地会面对无法确定产量的焦灼。他们应该调整自身的心态，更加坦然地面对生产制造过程。

技术创新是工匠在制造过程中提供的另外一个重要成果。工匠之所以不同于普通工人是因为他们对自己的产品有高度的责任感。这种责任感驱动工匠们精益求精，刻苦钻研，不断通过学习充实自己，甚至创造性地采用新的技术和方法。在这个技术创新的过程中，企业需要提供充足的学习机会。这种学习机会可能来自企业内部工匠们的相互交流，也可能来自同其他企业合作时的互通有无。对于工匠们的新尝试要提供充足的保护，即使有些尝试在最开始看上去并不能奏效。企业的后勤部门也需要随时待命，满足工匠们的需要。

世界上最具有创新能力的企业恰好在他们的运营过程中做到了以上三点。谷歌公司提供了大量源代码，方便组织的成员和外部开发者互通有无；明尼苏达矿业公司将工匠们的创造过程制度化，不断提供进行试验的机会；苹果公司为他们的员工提供了一系列支持性措施，保证了创新过程的顺利进行。

综上所述，企业管理者需要在战略上思考工匠精神的意义，树立一种工匠文化，同时选择适当的组织结构，辅以良好的人力资源实践和生产运营过程，这样有助于企业层面上的工匠精神回归。

三、工匠精神的文化回归

无论是工匠个人，还是制造业企业，都是广阔的社会文化环境的一部分。如果我们能在全社会弘扬工业文化，重视培育工匠精神，塑造有助于工匠创新的社会氛围，那么每个社会成员和企业组织都会从中受益。在社会文化的范围内呼唤工匠精神的回归，既需要弘扬工业精神文化，还需配合制度化的思路，将"工匠精神"长期保留下来。

（一）弘扬工业精神文化

工业精神文化包括工业科技与技能、宣传展示活动、价值观念和规范、文艺作品和历史典籍等，是与工业化社会相匹配的精神文化，是目前人类社会最为先进的一种文化元类别。工业精神文化具有与时俱进的特征，有很多子类别，凸显出地域性和时代性。例如，在英国工业革命之后，随着工业化生产方式的快速扩展。人们逐渐形成了强烈的竞争意识，这就是工业精神文化的一个子类别，这种价值观能够影响社会公众对于日常生活和现实事物的具体理解。类似的，工业化风暴在德国兴起之时，配合工业化生产方式，德国形成了讲求细节严谨、持续创新技术的工业精神文化，影

第四章　工匠精神创新与文化厚植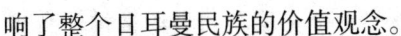

响了整个日耳曼民族的价值观念。

同其他国家相似，工匠精神也是在我国工业发展过程中逐渐形成的一种工业精神文化。我国的工业化进程带动了社会分工的全面深化，而社会分工的进程又直接带来了经济的增长。在这一过程中，行业利益分化、科技不断进步，工匠们得以在所从事的领域不断深入进行专业化发展。制造的专业化和精尖化的过程正是工匠们不断精益求精，塑造产品的过程。从这个视阈来讲，讲求工匠精神本身就是弘扬工业精神文化。

弘扬工业精神文化的好处是多元的。

首先，工业精神文化可以直接为工业发展提供精神动力。当整个社会都拥有工业精神，制造业将被高度重视，处于优势经济地位，从而直接提升社会生产力。

其次，从工业发展中诞生的工业精神文化具有与时俱进的特征，能够推动工业发展方式的变革。现代经济越进步，人们越倾向于选择科学、人性化和可持续的发展方式。工业精神在吸收了这种社会观念之后，会直接作用于生产过程，促成发展方式的演进。

再次，工业精神文化的发展能够增加工业软实力，从而提升综合国力。当今社会，国家之间的竞争不仅仅是硬实力的竞争，更是文化软实力的竞争。作为最先进的文化和价值体系，国际之间的工业精神文化同样存在竞争。如果工匠精神能够实现社会回归，这将是我国工业精神文化的一支强心针，会在与其他国家的竞争中为我们带来竞争优势。

最后，工业精神文化能够直接提升制造业产品的经济交易价值，打造更有世界影响力的中国企业。以工匠精神为代表的工业精神文化驱动下的产品能够更好地满足用户需求，从而通过差异化优势占领市场，获得更高的经济价值。中国企业走向国际化的道路离不开这样有市场竞争力的产品。

工业精神拥有很多子类别，弘扬其他类型的工业精神也能够直接促成工匠精神的社会回归。"筚路蓝缕"的创业精神本身意味着对于事业的艰苦奋斗、奋勇开拓，这种承诺和责任感会激发工匠精神的再发展；"日新月异"的创新精神包含着对于更高水准产品的期待和准备，拥有创新精神的制造者更愿意雕琢产品，从而发扬了工匠精神；"物勒工名"的担当精神强调分工协作、各负其责的合作制造方式，这正符合工匠们对于自己工作极端负责的现实情况,从而与工匠精神殊途同归;"千金一诺"的契约精神孕育了诚信观念,要求人们竭尽全力尊重契约与合作关系。拥有工匠精神的制造业者对于自己产品的使用者做出了高于合同的承诺,所以能够秉承工匠精神的个体通常能够保持诚信。

总之,工匠精神是工业精神文化的重要组成部分,工匠精神在社会层面上的回归本身就是对工业精神文化的弘扬,弘扬工业精神文化本身也有助于工匠精神的社会回归。在工业化发展过程中,社会对制造的要求是不断提升产品水准和人性化程度,满足更多社会成员的切实需要。技术性工人和操作者的工匠精神恰好符合了这种时代潮流。工匠文化既托体于当前的工业精神文化,同时又能激发工业精神文化的持续发展。

(二)制度化手段是工匠精神回归的路径和桥梁

我国工匠身上承载的工业精神文化是工匠精神文化回归之源,建立制度化手段是工匠精神回归的路径和桥梁。通过一系列制度安排,工匠精神的持续和发扬才能成为现实,从而继续推动中国制造业向未来发展。

1.将重塑的工匠精神纳入到更为宏大的国家发展战略层面上

事实上,李克强总理关于工匠精神的报告和批示已经显示了我国领导层对于工匠精神和工匠文化战略意义的判断。工匠精神本身就是制造强国战略的题中之义。通过制造强国的"三步走"战略,我国将在2025年缩小差距,迈入制造强国行列,并在2045年实现跨越,迈入制造强国"第一方阵"。

制造强国不仅需要资金的投入和技术的创新,还需要操作一线的工匠们的精益求精和不断探索。这也就是为什么"制造强国"的八项战略对策中涵盖了"人才战略"。事实上,具有工匠精神的制造业者本身也是技术创新的排头兵。工匠们通过仔细钻研产品,能够准确地理解技术和产品之间的互动关系;工匠们通过充分了解用户需求,能够深刻把握产品与用户的交互方式。所以,融合了技术与现实,工匠精神成为未来制造业发展不可忽视的催化剂。

2.建立更有效率的信息分享机制,为工匠提供更多有益的参考

工匠们"十年磨一剑"是一个漫长的过程,会使用大量的社会资源。但

是现代社会科技发展极为迅猛,市场的需求瞬息万变,工匠的技艺有可能刚刚磨炼完成就面临过时的窘境。如果我们能够建立起有效的信息分享机制,将市场现有的和未来的需求传递给工匠,从而保证工匠们能够在未来获得足够的回报,能够大大激励工匠们继续钻研技艺。这种信息分享机制既可以包括企业、科研机构、培养机构之间的频繁互动,也可以包括与国外同行的定期交流,还可以包括权威机构发布的预测报告,形式的多样会带动信息内容的多样。

3. 健全社会保障体系,为技术性工人提供系统性的支持

促成工匠精神在社会层面上的回归需要在物质层面提供系统性支持。类似于我国部分地区为海外留学归国人员提供的人才支持计划,社会保障体系应该给予技术性工人额外的关注。

专注于某一特定行业的技术性工人有时候会面临产业转型带来的失业,通过健全的社会保障体系,为他们的转行过程减轻财务压力,并提供潜在的新岗位,能够减少工匠们的后顾之忧。在收入制度安排上,优秀的技术性工人能够得到更优厚的税收政策,从而获得额外的物质待遇。对于特别接触的顶尖人才,地方政府部门可以建立特殊津贴,直接增加其收入。在职称评定过程中,技术性人才可以享受特殊优待。通过综合社保、收入、税收、晋升等手段,技术性工人能够享有系统性的制度化优待。

4. 引导社会公众改变"重学历,轻技能"的观念,鼓励年轻人培养自身技能

当前,我国社会公众心态倾向于认为高校等教育机构提供的学习经历最有益于青年人成长,而往往忽视务实有益的技能训练的重要性。事实上,每个人的天赋和成长经历不同,有些适合成为优秀工匠的人才未必能够在学术领域有所斩获。同时,现代经济对于人才的需求也是多元化的,大量操作性职位更需要拥有精尖技术、经验丰富且训练有素的工匠。

个人特征和经济发展共同要求社会公众改变其观念,更加重视"技能"而非"学历"。我们社会的年轻人正处于接受训练,积累个人人力资本的时期。如果能够形成重视技能的价值观念,有助于他们在未来更好地为社会服务,加入到"制造强国"的参与者行列中。

5. 完善社会诚信体系建设，有效保障工匠和企业的劳动成果

工匠在自己的产品上不断投入精力，本身就拥有很强的利他精神。为了保护他们的奉献精神和利他主义行为，世界各国的实业家都竭尽全力。100年以前，亨利·福特为了保护他雇佣的工匠们，打破行业惯例，主动将工资提高到原有的两倍。工匠们深感自己的工作得到了充分的认可和欣赏，更加投入地进行生产制造。但是，在我们现实生活中，仍有部分工人在认真投入之后没办法足量地获得自己应得的收入，他们精益求精的积极性为此而受到损害。只有我们的社会诚信体系能够更加健全和完善，工匠和企业的合法利益能够得到充分的保护，工匠和企业的劳动成果才能在社会范围内获得充分的尊重。

6. 通过定期的仪式与活动，塑造一种对于工匠高度尊重的社会文化氛围

正如前文所讨论的国际经验，在美日德等国家，拥有技术能力的工匠有非常高的社会地位，受到人们尊崇，直接促成了工匠们不断打磨自己的产品，精益求精。如果能有更多类似《我在故宫修文物》的纪录片，人们就会更多地发现生活中默默无闻的杰出工匠。如果能对产品制造者有更多的奖励和荣誉授予仪式，工匠们会更乐于分享自己的故事，传承精湛的技艺。这些活动、仪式、奖励、纪录会共同促成全社会对于工匠的尊重，实现达成工匠精神的文化回归。

7. 建立非物质文化遗产保护制度来传承历史悠久的传统技艺

伴随着现代技术的进步和商业的持续发展，许多传统的工匠技艺失去了生存的空间。这类工匠技艺虽然在效率上已经落后，但作为非物质文化的活化石，有其独特的文化和历史意义。建立起非物质文化遗产的保护制度，在帮助这些技艺实现继续传承的同时，能够给社会公众一个强有力的信号——我们的社会充分尊重工匠们的创造，并愿意持续地保留它。此外，过去的制造技术很有可能在未来的某个时段继续启发工匠们的创造。从这个角度看，保留工匠们的非物质文化遗产既有文化历史意义，又有现实经济意义。

总之，工匠精神的回归并非仅仅是工匠个人和工匠所在企业组织的目标。整个社会文化环境也需要找回工匠精神。传承我国历史上绵延至今的工匠精神传统，同时吸收其他国家保留工匠精神的正面经验，使工匠精神的文化回归成为有源之水。为工匠精神的保留建立支持性的制度保障体系，将工匠精神落实到具体之处，让工匠精神的文化回归成为有曙光之路。当我们加快培育工匠精神，弘扬工业文化，为实施"中国制造2025"提供强大的道德支撑、价值引领和精神动力时，才能更加有力地撑起"中国制造"的强国梦。

第二节 工匠精神与创新创业

在现代经济进入新常态的大背景下，创新驱动已经成为我国经济发展不可忽视的内在要求和关键因素，如何依托创新提质增效？如何借力创新转型升级？不仅考验"纷繁世事多元应"的运筹智慧，检验"击鼓催征稳驭舟"的能力，更需要"百尺竿头更进一步"的精神，来驱动创新发展。

我们经常看到，许多人高谈阔论创新创业，把创新、点子看作是成功的敲门砖，却又不肯真正认真地去做产品，这种失败是可以预见的。创新创业来不得浮夸，"互联网+"也必须脚踏实地，需要以工匠精神为之添动力、增活力，用可靠的技术和实干的精神来扎扎实实地解决中国经济发展的难题、制造业由大变强的瓶颈，这些才是创新驱动发展的内在核心和根本保障。唯有如此，我国的创新驱动发展的能力才会得到真正提高，我国制造强国建设的道路才能顺利推进。

一、创新发展是国运所系

创新发展，是发展形势所迫，是国际竞争大势所趋，是中华民族复兴的国运所系。创新驱动发展是相对于生产要素驱动发展而言的。我国长期以来主要依赖劳动力、土地、资本、自然环境等生产要素进行配置、消耗和整合发展经济，这种经济发展方式在发展初期取得了一定成效，但是随着发展速度的加快，很难长久维持，同时弊端逐渐显现。

世界发达水平人口全部加起来是10亿人左右，假如我国13亿人口全部进入现代化，那就意味着世界发达水平人口要翻一番还要多。如果所有人以现有消耗资源的方式来生产和生活，全球现有资源根本无法支撑得住，那么我们发展的新路在哪里?

(一)创新:经济持续发展的"金钥匙"

2015年,习近平总书记在华东七省市党委主要负责同志座谈会上的讲话中提出:综合国力竞争说到底是创新的竞争。要深入实施创新驱动发展战略,推动科技创新、产业创新、企业创新、市场创新、产品创新、业态创新、管理创新等,加快形成以创新为主要引领和支撑的经济体系和发展模式。

用创新驱动代替生产要素驱动是经济持续发展的"金钥匙",因为创新是各个生产要素的整合,从而避免了单一生产要素的消耗,实现了各生产要素的可持续发展。而且创新本身是可再生资源,创新一旦成为发展的原动力,就会源源不断地发展壮大。同时,创新还可以产生高附加值,由创新转化的生产力呈现级数效应,相对于生产要素的加数效应和乘数效应,具备超乎预测的放大功能。创新驱动发展就是依赖创新,使生产要素高度整合、集聚,可持续地创造财富,从而驱动经济社会健康、稳步地向前发展。

如果说我国改革开放的历程是一部厚重的辉煌史诗,那么科技事业的发展则是其中荡气回肠的一章。30多年前,邓小平同志就提出了"科学技术是第一生产力",而后从"科教兴国"到"建设创新型国家",从"自主创新"到"创新驱动发展",我们不难发现,创新对中国而言不仅是时代的选择,更是历史的传承。在2016年5月30日的全国科技创新大会上习近平也提出,到2020年时使我国进入创新型国家行列,到2030年时使我国进入创新型国家前列,到中华人民共和国成立100年时使我国成为世界科技强国。习近平指出,不创新不行,创新慢了也不行。如果我们不识变、不应变、不求变,就可能陷入战略被动,措施发展机遇,甚至错过整整一个时代。

2012年11月,党的十八大报告明确了实施创新驱动战略,强调科技创新是提高社会生产力和综合国力的战略支撑,必须摆在国家发展全局的核心位置。这是我们党放眼世界、立足全局、面向未来作出的重大战略决策。

根据2014年发布的《二十国集团国家创新竞争力发展报告(2013—

2014）》，在G20成员国中，中国的国家创新竞争力已经开始获得认可，在G20中排名第8位，成为唯一进入前10名的发展中国家，美国、日本、德国位列前三。作为发展中国家中排名最高的国家，说明我国创新发展取得了一定的成效。几十年来特别是近10年来，我们在基础研究领域捷报频传，杰出人才、重大成果不断涌现。科技创新更强有力地支撑着产业升级，形成新的产能、新的动能。战略高技术更加贴近民生，进入市场。区域创新更加活跃，形成了创新创业的生态。

在航天领域，我国相继掌握了卫星回收和一箭多星等高端技术，自主研发的"神舟"系列航天飞船，特别是载人航天飞行的圆满成功，实现了里程碑式的突破。"嫦娥"一号成功探月之旅则标志着我国首次月球探测工程圆满成功，中国航天成功跨入深空探测的新领域。

在高端装备制造领域，自主研发的新一代高速铁路技术世界领先，高铁总里程达1.9万公里，占世界总量55%以上；新能源汽车年产销均超30万辆，居世界第一。蛟龙号载人深潜器创造世界同类潜水器最大下潜深度纪录，带动海洋资源勘探技术和装备实现跨越发展。国产大型客机C919正式下线，摘下了这颗"工业皇冠上的明珠"。

在信息技术领域，银河系列巨型计算机研制成功，量子信息领域避错码被国际公认为量子信息领域最令人激动的成果，纳米电子学超高密度信息存储研究获突破性进展，6000米自制水下机器人完成洋底调查任务，每秒峰值运算速度10万亿次的高性能计算机曙光4000A系统正式启用，首款64位高性能通用CPU芯片问世。TD-LTE完整产业链基本形成，4G用户数超过2.7亿。

在生物科学领域，解决了亿万人吃饭问题的杂交水稻技术取得重大突破，首次完成水稻基因图谱的绘制，完成人类基因组计划的1%基因绘制图，首次定位和克隆了神经性高频耳聋基因、乳光牙本质Ⅱ型、汉孔角化症等遗传病的致病基因，体细胞克隆羊、转基因试管牛以及重大疾病的基因测序和诊断治疗技术均取得突破性进展。

此外，三峡工程成功完成，水库蓄水成功、永久船闸通航、首批发电机组全部投产，许多指标都突破了世界水利工程的纪录；青藏铁路全线通车，成功解决冻土施工的世界性难题；秦山核电站、大亚湾核电站成功建

工匠精神与职业教育

成并投入使用；材料科学、工程技术科学、地球系统科学、原子能技术、高能物理等各个新老学科均涌现出了一批较有影响、意义深远的重大成果。

2015年3月，《中共中央国务院关于深化体制机制改革加快实施创新驱动发展战略的若干意见》发布，确立了到2020年，基本形成适应创新驱动发展要求的制度环境和政策法律体系，为进入创新型国家行列提供有力保障，同时出台的还有《国务院办公厅关于发展众创空间推进大众创新创业的指导意见》，在神州大地翻开了大众创业、万众创新的新篇章。

由此可见，无论从国家层面还是产业层面、企业层面还是个人层面，贯彻创新驱动发展战略都有着深远的重要意义，既关系到个人、产业甚至整个制造业的未来发展，从一定程度上也决定着中华民族的前途命运。我国制造业应该敏锐把握世界科技创新发展趋势，紧紧抓住新一轮科技革命和产业变革的机遇，以实施创新驱动发展为己任，进一步解放思想，打通从技术强到产业强、经济强、国家强的通道，为国家强盛、民族复兴提供有力的科技支撑和动力源泉。

(二) 创新创业正当时

个人是我们社会结构体中最基本的细胞，也是社会创新的基础。正如诺贝尔奖获得者费尔普斯在其《大繁荣》中所说，一个社会的兴盛繁荣取决于这个社会民众是否有参与创造、探索和迎接挑战的愿望。大多数创新并非少数科学家、发明家所带来的，而是由千百万普通人共同推动，正是这种大众参与的创新带来了社会的繁荣兴盛。

意念控制假肢、聋哑人"开口"说话、安全衣自动报警……这些如同科幻电影未来世界才存在的神奇发明，在现实世界里被一个90后的年轻人发明了出来。

这个年轻人名叫张江杰，从小学到初中，张江杰先后发明了"海陆空多栖玩具""电子蜡烛"等小玩意儿，这也让他信心倍增，越战越勇。上了高中之后，张江杰提出要休学回家专门搞研究，开公司。此后，张江杰先后发明了森林防火系统，地震生命探测机器人，刀枪不入的智能衣服等产品，接二连三拿到大奖，成立的长沙市崛起电子科技有限公司年年盈利。

2014年，张江杰发明出了一套"脑电波控制假肢系统"，并在当年5月举办的第113届巴黎国际发明展上，凭此发明获得了金奖。2015年张江杰又和团队成员耗时数月，研发出了一种"哑语转换系统"，可以帮助特殊人群"开口"说话，让他们与正常人之间零障碍交流。这套系统通过连接一个打火机大小的3D扫描仪器，将聋哑人的手语扫描到系统里，实时翻译成多国语音，而且系统处理速度非常迅速，不论手语打得有多快，它都可将其准确翻译成语音，而且根据手语的幅度和速度，语调也会有所不同，还带有情感。张江杰携此发明参加了2015年的第114届巴黎国际发明展览会，并再一次荣获了金奖！仅半个月之后，就有法国经销商订购了1000套哑语转换系统，法国当地的大学、电信公司也都有了与之合作的意向。

如今，张江杰已经拥有10多项科研发明专利，且多是以挽救生命为出发点的科研成果，21岁的他也因此被誉为"中国最牛创客"！

如果说目前我国个人创新大多依托于技术上的发明创造，企业创新的内涵则要更为丰富。按照管理大师熊彼特的理论，创新是生产要素的重新组合，包括5个方面的内容：一是引进一种新产品，二是采用新的生产方式，三是开辟新的市场，四是开辟和利用新的原材料，五是采用新的组织形式。同时，创新还应包括观念和思维的创新等。纵观现代企业，唯有不断创新，才能在竞争中处于主动，立于不败之地。许多企业之所以失败就是因为他们未能真正做到这一点。

20世纪初期，福特以黑色经典款式轿车独领汽车工业风骚数十载，但随着时代变迁，汽车消费者的需求在不知不觉中发生了变化，人们希望有更多的品种、更新的款式、更加节能的轿车。而福特汽车公司的产品，不仅颜色单调、而且耗油量大、废气排放量大，特别是已经不符合日益紧张的石油供应和日趋严重的环境保护需求。此时，通用汽车公司等几家汽车公司则看到了这一市场变化，紧扣市场脉搏，制定出正确的战略规划，生产节能省耗、小型轻便、款式新颖的汽车，面对20世纪70年代的石油危机，不仅后来居上，甚至一度逼得福特汽车公司濒临破产。福特公司前总裁亨利·福特因此发出了"不创新，就灭亡"的感叹。2013年2月份，奥巴马政府承认新能源汽车规划已经失败，美国电动汽车制造商因此纷纷倒闭或陷入困境。然而，特斯拉却凭借IT和传统工业设计的完美创新集合，以销售业绩和股价双重优势成功逆袭美国新能源汽车市场。特斯拉在乔布斯开创的 iphone 销售奇迹即将褪色之际，成功地接过了美国创新精神的接力棒，有望成为像苹果一样，引发所在行业一场颠覆性的革命。2015 年，《福布斯》公布的全球最具创新力企业榜，特斯拉以 52% 的 12 个月销售额增长率和 84.82% 的创新溢价问鼎榜首。2016 年 4 月 1 日，特斯拉公司正式发布 Mode13 特斯拉新车。之后不到 1 个月，Mode13 的预订量已经达到了 40 万，粉丝们纷纷表示即使是要再等 3 年，也心甘情愿掏钱耐心等待，这也让我们感受到了创新的巨大力量。

对于中国制造企业来说，创新同样是我们摆脱山寨式发展，迈向更高阶段的重要途径。手机是移动互联网时代每个人的必需品，曾几何时，国产手机总是和贴牌、山寨、堆硬件、拼参数等词汇联系到一起，同质化非常严重，基本上谈不上设计感和美感，导致民众对国产手机信心并不是很高，大部分人在购买手机的时候，都会首选苹果或三星等国际品牌。但近两年来，国产手机发展有了很大的突破，而华为手机无疑是其中最突出的代表。

2016 年 4 月，华为 P9 手机在伦敦进行全球首发，售价高达 599 欧元，和同期发售的苹果 iPhoneSE 以及三星 Galaxy 相差无几。华为之所以能够在手机高端市场中取得突破，技术上的自主创新无疑是关键性因素。数年磨一剑，华为成功在中高端智能手机市场获得了芯片自主权，成为和三星、苹果一样具备手机处理器自主研发能力的极少数厂商之一，目前华为旗舰机型上全部采用的是海思半导体出品的麒麟处理器。不仅仅是华为，国产厂商在全球手机市场上越来越有底气直接与三星、苹果进行竞争，以 OPPO 为例，截至 2015 年 10 月，其在国家知识产权局公开可查的专利申请共 5276 件，已经获得的授权专利共 1349 件。

利用创新走向高端，走向世界，价格逐渐提升还备受热捧，国产手机正走出了一条创新驱动的发展之路。

从更高的层面看，创新还是推动国家持续发展的不竭动力。在创新驱动、转型发展的今天，经济发展从"制造"到"智造""质造"，深化改革向"供给侧"发力，都离不开创新实践。"中国制造 2025"战略的提出，不仅是国内产业结构转型升级的需要，也承载着中国从制造大国迈向制造强国的民族复兴使命。

第四章　工匠精神创新与文化厚植

东北地区曾经是中国重工业发源地，被誉为"共和国长子"。而如今的东北地区，却面临经济增速严重下滑、经济结构失衡、部分城市资源走向枯竭、人口增长几近停滞、高技术人才不断外流等多重困境。如何用创新理念开拓东北振兴新路子，实现新常态下东北经济的新突破，成为摆在东三省面前的首要任务。对此，习近平总书记指出，"振兴东北老工业基地，要向高新技术成果产业化要发展，要向选好用好各方面人才要发展。"机器人产业，是制造业未来发展的重点。伴随劳动力结构性短缺以及劳动力成本的急剧上升，我国劳动力红利时代即将结束，再加上工业化进入到后期，必然带来自动化、智能化的要求，而且用户对产品质量一致性和品质可靠性的要求变得极为迫切。哈尔滨工业大学机器人技术在国内一直处于领先地位。我国第一台弧焊机器人、第一台爬臂机器人、第一台空间机器人等众多国内机器人领域的第一，都诞生在哈尔滨工业大学，30年来哈工大在机器人领域积累了300多项发明专利和核心技术。

为推动哈工大技术及人才优势转化为产业优势，加快推进黑龙江省机器人及智能装备产业发展，黑龙江省提出以机器人和智能装备产业为依托，到2020年实现高新技术产业增加值占GDP比重达到10%的发展目标。2014年12月，省政府、哈尔滨市政府和哈尔滨工业大学共同组建了哈工大机器人集团。仅一年半时间，集团就吸引各类人才1200余人；2015年营业收入突破3亿元；并与瑞典利拉伐集团、瑞士HOCOMAAG公司等签署战略合作协议，在技术、产品、市场等领域展开合作。

从面向航空航天、核电、船舶等行业系统的装配、焊接等尖端数字化设备，到餐饮、迎宾等商业、生活服务机器人，哈工大机器人集团（HRG）一直紧盯市场，围绕机器人和智能装备领域，将各类与机器人相关的优秀技术有效整合，促进技术向产品转化、产品向商品转化。

二、创新是工匠精神不懈的追求

我国古代科技名著《考工记》里的一段文字："知者创物，巧者述之守之，世谓之工。百工之事，皆圣人之作也。"在这句话中的"知"通"智"，"知者"就是研究者、创造者，"巧者"就是制造者，也就是工匠。这句话准确地说明了普通工匠和真正的大师之间最重要的差别，工匠擅长于重复和复制，真正的大师则善于创新求变。

在任何的时代和国家，总有些人能够突破自身和时代的限制，勇于创新，完成向大师的蜕变。重复是创新的土壤，创新就寓于繁琐单调的工作之中。所以，工匠精神从不意味着因循守旧，它是在传承基础上追求卓越和勇于创新的过程，实际上可以看成是传承与创新的并存。

(一) 百尺竿头更进一步的古代工匠

有人认为，在中国传统文化背景下，创新和工匠之间的关系并不密切，一些学者在谈到中国"工匠文化"和"匠人心态"时，认为在我国古代严格的师徒传承体系下，学徒在师傅的指导下，小心翼翼、按图索骥、照章办事，加之中国社会固有的封建性和保守性，禁锢了很多人的思想和天性，在此基础上形成了普遍的"匠人心态"，重视承袭前人，但创造意识薄弱，不敢超越，不敢反叛，从而窒息了创造的灵气。但实际上，我国古代工匠的创造奇迹不断涌现，不仅仅是工匠们的经验结晶，更大程度是依靠工匠精神提供动力与支持。

中国古代工匠的代表，人们最先想到的肯定就是鲁班了，他不仅是一位出色的工匠，更是一位杰出的为后世所敬仰的创造发明家，被称为"机械之圣"。

鲁班生活的时代距今2000多年，正处于楚越争霸的时期。鲁班发明了一些非常实用的武器，比如钩拒。钩拒是一种舟战工具，当敌船后退时能将其钩住，敌船进攻时又能进行阻挡，使己方处于能攻能守的状态，非常有威力。云梯则是鲁班为楚国改进的一种攻城武器，云梯底部装有车轮，可以自由移动，梯身可以自由升降，梯顶端有钩用以钩援城缘，云梯还能够依云而立，以瞰城中之敌。而我们今天消防和抢险中所经常使用的云梯，便是在古代云梯的基础上改进演变而来的。

鲁班在长期的木工实践中，还非常注重对于客观事物的观察与研究，从中得到灵感进行创造发明。相传鲁班便是观察到了草叶的边缘生满锯齿而异常锋利，从而受到启发，并利用更为坚硬牢固的铁片作为材料，制作并发明了世界上第一把锯子，极大地节省了砍树伐木时的工期和劳动强度。而墨斗的发明，也是鲁班在观察到其母裁衣服时用一个小粉袋和一根线打印出大概要裁制的形状，而受到启发创造出来的。

我国古代工匠的工作是集发明、创新、设计、生产于一身，因此创新都是古代工匠秉持精益求精的工匠精神，针对在工作中遇到的实际问题进行的改进和创新，这些创新不仅仅提高了工匠的工作效率，有些甚至对整个社会和人类的发展都起到了推动作用。

宋代工匠毕昇生活在雕版印刷的全盛时代，雕版费工、存放不便等缺点使人力、物力和时间都很不经济。他通过长期的亲身实践，在世界上首先创造了活字印刷。据宋代著名科学家沈括的《梦溪笔谈》记载，宋仁宗庆历年间，毕昇用胶泥刻成单字，用火烧硬。先在铁板上敷上松脂、蜡和纸灰，放上铁框，然后排字。满一铁框就置于火上，松蜡稍化，再用平板一压，就可以印书，通常准备两块铁板，互相更替，印刷极为神速。这种方法节省了雕版费用，缩短了出书时间，既经济又方便，在印刷史上是一大革命，影响深远。现在盛行的铅字排印的基本原理和最初毕昇发明活字的排印方法是完全相同的。

尽管在封建社会的大背景下，工匠一直处于被剥削的社会底层，可是在行业中，凡是拥有娴熟技艺、具有行业经验、勇于创新的工匠却一直为劳动人民所推崇和尊敬，"行行出状元"这句话恰恰反映了能工巧匠在老百姓心中的地位，而在较为复杂的技术逐渐取代原有相对简单的技术时，掌握复杂技术的操作者也因此获得较为特殊的社会地位。而且，工匠在传统生产进程中的竞争是非常激烈，只有百尺竿头更进一步，制造出更优质产品，方可争取市场。所以，个人皆有绝招，各地皆有特产，特种工艺辈出，这对中国古代科技的发展史具有划时代意义。[①]

被西方学者赞不绝口、誉为世界窑炉史上一大典范的景德镇窑，是明末清初景德镇制瓷工匠在综合此前使用的各种窑型优点基础上逐步创新而定型的。它具有较高的热利用率，能够同时烧制不同档次的瓷器，而且经1300℃以上高温烧炼，全窑竟然不用一块耐火材料，其对负压及窑外冷空气的利用堪称一绝。沈嘉征《窑民行》诗云："景德产佳瓷，产瓷不产手；工匠来八方，器成天下走。"可见，景德镇瓷业之所以能在当时全国制瓷业

---

① 陈立平. 高职学生工匠精神养成教育的路径研究 [J]. 职业教育研究，2016(10).

工匠精神与职业教育

中独领风骚,最关键因素不在于景德镇的高岭土,而在于来自八方的产瓷高手。

通过上面的一个个鲜活的实例我们发现,尽管工匠主体在技术创新中存在这样和那样的局限性,但他们依靠自身的摸索创造,迈着永不停息的步伐为我国技术进步与创新勇往直前。

(二) 当代工人的重要贡献

在网络上曾经流行过这样一则笑话,某日化企业引进了一条香皂包装生产线,结果发现经常有空盒流过,厂长请一个博士后花了200万设计出了自动分检系统。另一家企业也遇到同样问题,于是工人花了90元买了一个大的电风扇正对着生产线吹风,有空盒经过便会被吹走。这虽然是一则笑话,但它也从侧面说明了一个问题,尽管科学技术的发展日新月异,但工作在第一线的劳动者仍然是我们社会生产中重要的创新力量。

在机械化生产日益发达的今天,流水车间工人机械地重复同一个动作,固然生产效率的提升能够促进经济效益的增长,但是这些产品终究是少了些文化与精神的沉淀和凝练,而今天我们所提倡的工匠精神实际上就是要为制造业注入内涵和底蕴,把蕴藏于工人阶级和广大劳动群众中的无穷创造活力焕发出来,把工人阶级和广大劳动群众智慧和力量凝聚到推动各项事业建设上来。

2015年劳动节期间,央视新闻频道推出8集系列主题报道《大国工匠》,聚焦8位行业顶级的普通技工,讲述了他们立足岗位、追求卓越的感人故事,从中挖掘我国火箭、高铁、国产大飞机、科考船等领域代表中国制造水准的"国宝级"技工的故事,反映当代中国对传统"匠人精神"的传承与弘扬。透过这些故事我们发现,在追求技艺的完美之余,勇于创新也是这些"大国工匠"的共同特征。

孟剑锋是北京工美集团的一名錾刻工艺师,从业多年来他创作出大量的贵金属工艺摆件作品,得到了同行业的高度认可。孟剑锋技术的广度和深度都达到了行业内极高的水平,但是他并不止步于此,把目标瞄准了高科技新技术,将高科技新技术应用于工艺美术制造业。经过长期不懈自学,他逐渐掌握了奖章模具的绘图与雕刻,为公司模具制造工艺的进步做出了

第四章 工匠精神创新与文化厚植

卓越贡献。

北京 APEC 会议期间，在国礼中有一件是在金色的果盘里盛放了一块柔软精美的丝巾，看到的人都会情不自禁地伸手去拿，结果没有一个人能抓得起来，原来这块丝巾是用纯银錾刻出来的，而它就出自錾刻工艺师孟剑锋之手。

要錾刻一个精美的图案，第一步要开好錾子，每开一个錾子都是一次创新。在制作丝巾果盘的初期，他反复琢磨、试验，为了突出果盘的粗糙感和丝巾的光滑感，亲手制作了近30把錾子。在这个厚度只有0.6毫米的银片上，有无数条细密的经纬线相互交错，在光的折射下才形成了图案。在3D打印等高科技逐渐普及的今天，传统工艺美术的发展，越来越需要有更多敢为人先、勇于中流击水的工美匠人，只有通过创新才能赋予传统的工艺以持续的活力。

一个个鲜活的实例告诉我们，一线工人是创新的基础，他们也能大有作为，成就梦想。现代产业工人不能只靠力量，要学会动脑子、勤思考、敢创新，只有把苦干、实干、巧干结合起来才能更好地实现自己的价值。无独有偶，2016年一部反映文物修复的纪录片《我在故宫修文物》经央视和网络传播后迅速走红，与纪录片一起走红的还有主人公——故宫文物修复师。

55岁的王津师傅是他们的代表，他已经在故宫修复文物39年，早八晚五，日复一日，几十年坚持不懈与文物打交道，打磨出深厚扎实的基本功和精益求精的工匠精神。让一件件历经百年，有些甚至是破旧不堪的文物焕然如新，这不仅需要扎实的基本功也需要有勇于创新的精神，因为王津们所面临的工作很多是无先例可循的，传统修复手段所需要的软硬件条件在当下可能也无法满足。

故宫库房待修钟表大多年久失修，破损严重，大多为孤品，没有资料，没有零件，只能自己琢磨。片中，王津师徒修好一组铜镀乡村音乐水法钟，令人印象深刻。铜镀乡村音乐水法钟是乾隆皇帝所藏，钟顶是一个"农场"，有房子、有农户，有成群家禽、家畜及模拟流水，各个部件均能活动，构造极复杂。但刚出库房时，这座钟非常残破，零件散落，"能看出，多年前有人修过，但没成功"。"齿轮的咬合，就是几毫米的事儿，差一点都动不了。"修复中,每个自造零件都得和原配件吻合。为自制一个齿轮,王津需要用小细锉慢慢在齿上"找",以求精确。

相比自己的师傅,创新在亓昊楠身上体现得更加明显,他利用摄像、摄影、多媒体技术等收集修复技术,进行对比分析,形成一套更适用的修复办法。在清洗零件时,他尝试使用国外进口专业药液,引进专业清洗机,代替传统使用的煤油、手工清洗,效果好,又不伤手。此外,亓昊楠经常通过外出考察、交流,找到一些新的材料,学到一些新的技术,冒出一些新点子,修复工作变得更高效。

三百六十行,行行出状元。任何一名劳动者,要想在百舸争流、千帆竞发的洪流中勇立潮头,在不进则退、不强则弱的竞争中赢得优势,在报效祖国、服务人民的人生中有所作为,都要孜孜不倦学习、勤勉奋发干事。所有劳动者,只要肯学肯干肯钻研,练就一身真本领,掌握一手好技术,就能立足岗位成长成才,就能在劳动中发现广阔的天地,在劳动中体现价值、展现风采、感受快乐。

(三)创新——西方工匠精神的核心

由于历史文化原因,中西方对于工匠的理解也存在差异。相较中国,西方社会更重视工匠的创新精神。美国当代最著名的发明家迪恩·卡门曾说:"工匠的本质——收集改装可利用的技术来解决问题或创造解决问题的方法从而创造财富,并不仅仅是这个国家的一部分,更是让这个国家生生不息的源泉。"简单来说,任何人只要有好点子并且去努力实现,他就可以被称为工匠。

福奇说:"美国的工匠们是一群不拘一格,依靠纯粹的意志和拼搏的劲头,做出了改变世界的发明创新的人。"从中我们可以看出,"发明创新"是西方工匠精神的核心。

在西方,工匠的创新精神伴随着文艺复兴而觉醒并不断传承与发展。在文艺复兴之前,工匠们学习技艺一般要进入作坊,当时工匠们所做的都是迎合购买者兴趣的产品,不停地重复生产相同产品以满足多数购买者的兴趣和大订单的需求,工匠成为生产商品的机器,很少能容纳工匠的个人创造和情感在里面。在师傅眼里的学徒其实都不过是在充当廉价的劳力,

第四章 工匠精神创新与文化厚植

师傅传授给学徒的只是制作技法，而无暇顾及创新精神。

文艺复兴时期，工匠的地位有了很大的提升，宗教机构和宫廷贵族为了达到各自的目的给了匠人很大一部分资金资助，有了资金资助的匠人逐渐摆脱贫困，在相对宽裕的生活环境中有独立时间和想象空间发挥自己的个性，展现自己的才能。随着文艺复兴运动的发展和工匠技艺水平的日益提高，他们逐渐不满于自身的工作现状，希望以新的创作方法打破常规。通过不停探索和尝试，加上文艺复兴人文主义理论的熏陶和指引，工匠们开始在绘画等艺术形式中表现自己的个性，这与作坊时代无可奈何的千篇一律形成鲜明的对比，工匠在人本主义的影响下体会到了自身作为独立个体的非凡意义和社会价值，他们将思想、情感、精神和灵魂融入自己的创作中，伟大的艺术家时代在文艺复兴运动人文主义思潮的影响下到来了，这也奠定了西方工匠精神中重视创新的传统。而工匠们的创新不仅仅可以改变自身的处境，反过来又推动了社会的进步甚至是历史的发展进程。

英国兰开郡有个纺织工詹姆斯·哈格里夫斯，一天晚上回家，开门后不小心一脚踢翻了妻子正在使用的纺纱机，当时他的第一个反应就是赶快把纺纱机扶正。但是当他弯下腰来的时候，却突然愣住了，原来他看到那被踢倒的纺纱机还在转，只是原先横着的纱锭变成直立的了。他猛然想到：如果把几个纱锭都竖着排列，用一个纺轮带动，不就可以一下子纺出更多的纱了吗，哈格里夫斯非常兴奋，马上试着干，第二天他就造出用一个纺轮带动八个竖直纱锭的新纺纱机，功效一下子提高了八倍。1764年制成以他女儿珍妮命名的纺纱机。因此，也有学者戏称影响世界历史进程的英国工业革命，是被一个男子"一脚踢出来"的。

近现代工匠的创新精神的典型是美国的"车库文化"。车库文化起源于20世纪20年代末，在美国经济大萧条时期的堪萨斯城，一位年轻人找了一份在教堂画画的工作，勉强维持生计。因为没有画室，年轻人只能借用父亲的车库。在那里，他与车库里老鼠混熟了，经常给老鼠喂面包。后来，他以这只老鼠为原型，创造了一个动画形象，给它起了一个名字叫米老鼠，还开了一家公司，就是迪士尼。从那以后，世界上许多如雷贯耳的公司，从惠普到苹果，从亚马逊到Google，都诞生在车库里，形成了独特的"车库文化"，成为美国文化的重要一部分。美国"车库文化"的本质是创造和创新,以及对未知世界的好奇和渴望。

(四)创新路径的选择

第一,是激励企业创新。支持企业建立研发设计中心和与高校、科研、设计服务机构合作开展自主创新产品的开发、研制。强化品牌意识,树立百年传承思想。不断以创新产品的品种和高品质的制造来延续企业发展。政府要坚决打击侵犯知识产权的违法行为。改革高新技术企业认定标准,高科技企业应授予自主创新企业,而不只是那些现代科技产品的生产加工企业。加工电子、新能源产品的并非就是高科技,生产生活消费品并非是低技术,不以时髦和传统评判企业,而以是否有创新能力来评判。

第二,鼓励基础性研究。为制造企业自主创新提供支撑。大力支持科研院所、设计机构、大专院校开展社会经济、国际趋势、人的生活需求和行为方式研究,开展技术应用研究、生产标准研究、工艺过程研究。作为企业创新产品设计开发的基础,还要加强人类文化发展的社会科学研究,强化人文、宗教、生产、生活方式的研究。不断挖掘消费者的潜在需求,为制造业企业产品研发设计指明方向,提供咨询。研发设计不同品种的商品,引导消费。

第三,加强科技研发、测试分析、质量监督、服务交易、设计贸易、知识产权、金融服务、中试基地、原型制造等公共服务平台的建设。强化其共用性、公共性,突破现有的机构所有、部门所有带来的服务瓶颈。鼓励平台建设市场化、公用化,让资源社会化,通过"互联网+"、大数据等信息化平台,形成公共的共用社会服务体系。认真研究、科学建设创新创业产业园区和孵化基地。转变传统工业园区和经济开发区的建设模式与理念,即简单的土地开发和房东管理机制。要从创新创业的特点出发,充分认识到运用设计方法的创新制造业是智慧产业,要尊重其规律,产业园区建设应具有"八大要素":

(1)专业化的园区运营团队,而不是政府的管委会;

(2)具有人性化风格的创业空间,而不是"九通一平"的厂房;

(3)创新设计服务交易市场,而非传统的"科技成果交易中心""技术转移平台";

（4）展示推广中心，而非展览大厅。从供给侧结构性改革角度，推出新品种，引导消费趋势；

（5）公共技术支撑平台、中试基地，而非"大型仪器协作中心"。科技创新支撑产品创造；

（6）知识培训学院，而非设计技工学校。培育掌握跨界知识，具有工匠精神的人才；

（7）知识产权、金融等服务体系，而非官僚机构；

（8）基本生活空间，而非宾馆、饭店、百货店。

2015年9月，国务院印发《关于加快构建大众创业万众创新支撑平台的指导意见》，其中明确指出：全球分享经济快速增长，基于互联网等方式的创业创新蓬勃兴起，众创、众包、众扶、众筹（以下统称四众）等大众创业万众创新支撑平台快速发展，动力强劲，潜力巨大。要加快构建大众创业万众创新支撑平台，推进四众持续健康发展。构建制造业创新发展的公共支撑平台已成为国家战略发展主题。

第四，实现中国制造迈向中国创造，育人是关键。传承工匠精神，实施制造业的供给侧结构性改革，关键是要拥有一批具有集成创新能力和精益求精工作态度的人才。李克强总理指出：所谓"大众创业、万众创新"，就是要调动社会方方面面的积极性和创造力，就是要使中国经济发展方式从过度依赖自然资源转向更多依靠人力资源。长期以来，我国制造业的发展一直基于扩大再生产来满足消费者的基本生活需求。要素投入结构问题表现在资源能源、劳动力、资金等一般因素投入比重偏高，人才、技术、知识、信息等高级要素投入比重偏低；培养优秀的具备工匠精神的创新人才，是一个国家在当今世界竞争力的体现，也是制造业供给侧结构性改革和创新驱动发展对人才能力水平的要求。要想培养出具有国际领先水平和能力、具有工匠精神的创新人才，关键在教育。

教育是培养人才的基础，教育的指导方针决定了一个国家人才培养的方向和结果。中国几千年来形成的传统教育理念是培养治国平天下的人才，今天教育重点更加关注进入到信息化的创新驱动时代，人类从发明工具、利用自然资源、创造技术来弥补自身的力量和适应力的不足以促进生产力的发展，转变为依靠人的智慧去设计集成知识进行创造来推动生产力发展。

在被动向主动的转化进程中，人才的教育培养已从专业知识的纵向解决问题的能力培养，向多学科、多知识、多领域的集成创新人才的培养转化。具有工匠精神的人才所需掌握的是集成科学、技术、文化、艺术、社会和经济等广泛知识，创造满足使用者需求的商品和服务的创新方法的人。这是一个与任何时代所不同的人才培育方向。

要形成创新人才、工匠精神的不断教育和知识的补充，需要通过各类宣传推广活动，向国民普及创新知识和工匠精神，树立精益求精的思想意识与工作态度。建立创新人才的继续教育机制，让创新创业者在实践中学习提高。强化创新人才的实训教育，让企业、设计公司、设计院所、社会组织和行业协会成为实践教学和实战学习的主战场。通过教育改革，促使创新人才不断涌现，才能实现创新驱动战略，全面拓展我国制造业的产品品种、提高品质和品牌竞争力，为实现"中国制造2025"的战略目标奠定雄厚的人才基础。

无论古今中外，创新一直是工匠迈向卓越的必由之路。从农业社会到工业社会再到后工业社会，创新不断地推动着人类文明的进步，以互联网为代表的新技术是当下人类最重要的创新形式，工匠精神在互联网时代有什么新的内涵，工匠精神和互联网精神之间的关联如何，我们在下一节将对这些问题进行分析。

三、"互联网+"与工匠精神

"互联网+"和工匠精神是中国供给侧结构性改革进程中的两个关键词。

对于二者之间的关系，李克强总理在出席2016中国大数据产业峰会时指出：大数据新业态代表的创新理念要和传统行业长期孕育的工匠精神相结合，推动虚拟世界与现实世界融合发展，重塑产业链、供应链、价值链，促进新动能蓬勃发展、传统动能焕发生机，打造中国经济"双引擎"，实现"双中高"。如果说工匠精神解决的是供给侧结构性改革的态度问题，那么"互联网+"解决的则是供给侧结构性改革的方向问题，两者缺一不可。

第四章　工匠精神创新与文化厚植

(一)"互联网+"引领数字化的革命

"互联网+"代表一种新兴的经济形态,即充分发挥互联网在生产要素配置中的优化和集成作用,将互联网的创新成果深度融合于经济社会各领域之中,提升实体经济的创新力和生产力,形成更广泛的以互联网为基础设施和实现工具的经济发展新形态。

"互联网+"行动计划的重点是促进以云计算、物联网、大数据为代表的新一代信息技术与现代制造业、生产性服务业等的融合创新,发展壮大新兴业态,打造新的产业增长点,为大众创业、万众创新提供环境,为产业智能化提供支撑,增强新的经济发展动力,促进国民经济提质增效升级。

"互联网+"行动计划的关键词是互联网,它是"互联网+"计划的出发点。"互联网+"计划具体可分为两个层次的内容来表述。一方面,可以将"互联网+"概念中的文字"互联网"与符号"+"分开理解。符号"+"意为加号,即代表着添加与联合。这表明了"互联网+"计划的应用范围为互联网与其他产业,它是针对不同产业之间发展的一项新计划,应用手段则是通过互联网与传统产业进行联合和深入融合的方式进行;另一方面,"互联网+"作为一个整体概念,其深层意义是通过传统产业的互联网化完成产业升级。互联网通过将开放、平等、互动等网络特性在传统产业的运用,通过大数据的分析与整合,试图理清供求关系,通过改造传统产业的生产方式、产业结构等内容,来增强经济发展动力,提升效益,从而促进国民经济健康有序发展。

近年来,以物联网、移动互联网、大数据、云计算为代表的新一代信息技术,以3D打印、机器人、人机协作为代表的新型制造技术,与新能源、新材料和生物科技呈现多点突破、交叉融合,智能制造技术创新不断取得新突破。2016年是我国"十三五"开局之年,也是我国系统推进智能制造发展元年,智能制造将成为实施《中国制造2025》的重要抓手,推动我国经济发展保持中高速增长,助力产业完成中高端升级。

(二)工匠精神在"互联网+"时代并不落伍

"互联网+"时代的到来,有力地促进了经济社会的发展,给人们的生活带来了极大的便利。很多人提出疑问，在互联网时代，到底还需不需要被认为是传统时代代名词的工匠精神？答案毫无疑问是肯定的，其实把工匠精神视作落伍的表现，本身就是一种落伍。美国著名社会学家和思想家理查德·桑内特在其专著《匠人》中，通过考察西方历史上匠人的社会地位、劳动生活状况以及错综复杂的社会关系，指出：在高新技术主导工业生产的今天，工匠精神显得尤为宝贵，而且科技越是发达，工匠精神越发重要。工匠和简单的体力劳动者不同，他们具有创造性和开拓性，往往面向特定的消费对象，提供个性化、定制化的产品。

工匠精神不是守成和守旧，更不是一味地恪守传统而裹足不前。恰恰相反，如果善于用创新的精神去对产品精雕细琢、反复对比，找到最好的结果，体现出最大的价值，创造出最完美的产品品质，这本身也就是一种创新精神。但是创新也不是凭空而生，不是奇思怪想，而是建立在认真周密、严谨踏实、细致专注基础之上的思想飞跃和灵感迸发，这样所打造出的产品和服务，就如同金字塔一般，精致、持久、缜密、坚固，成为上品中的上品，精品中的精品。

所以，在互联网时代背景下，工匠精神非但不过时，反而更突显了其重要地位，它与这个时代追求的创新、创造的精神是一致的，二者有着高度的融合性。工匠精神追求极致，以开放的视野吸收最前沿的创新技术，创造最顶尖的新成果，成为互联网时代工匠精神的最新特质和最新形态。从这个意义上说，在互联网时代倡导工匠精神，与创新、创造精神在本质上也是一致的。同时，如果说互联网思维表现为开放、创造、创新，工匠精神表现为严谨、精致、专注。那么，二者的融合，所产生的必然不是一种简单相加的物理效果，而将会是一种具有倍增作用的化学反应。

许多时候，我们拥有世界一流的技术、一流的设备、一流的规范，却因为缺少工匠精神，导致缺少一流的产品和一流的品牌。

海尔公司是中国制造业的代表，多年来一直以工匠之心打造高质量的电器。公司从濒临倒闭到获得全世界认同的跨越发展中，对产品精雕细琢、一丝不苟的工匠精神发挥着决定性的作用。这其中最让人津津乐道的就是当年张瑞敏砸冰箱的故事了。1985年12月的一天，时任青岛海尔电冰箱总厂厂长的张瑞敏收到一封用户来信，反映工厂生产的电冰箱有质量问题。

第四章　工匠精神创新与文化厚植

张瑞敏带领管理人员检查了仓库，发现仓库的 400 多台冰箱中有 76 台不合格。张瑞敏随即召集全体员工到仓库开现场会，问大家怎么办？当时多数人提出，这些冰箱是外观划伤，并不影响使用，建议作为福利便宜点儿卖给内部职工。而张瑞敏却说："我要是允许把这 76 台冰箱卖了，就等于允许明天再生产 760 台、7600 台这样的不合格冰箱。放行这些有缺陷的产品，就谈不上质量意识。"

他当场宣布，把这些不合格的冰箱要全部砸掉，谁干的谁来砸，并抡起大锤亲手砸了第一锤。砸冰箱砸醒了海尔人的质量意识，砸出了海尔"要么不干，要干就要争第一"的精神，至此走向辉煌。2009 年 4 月，当年张瑞敏带头砸毁 76 台不合格冰箱用的大锤被中国国家博物馆收藏为国家文物。这把砸毁不合格冰箱的"海尔大锤"虽然不会说话，但是它活生生地反映了中国企业、中国企业家对工匠精神的不懈追求，为后来者树立了典范，是一个划时代的标志。

在互联网时代，将互联网精神和工匠精神完美融合，将会进一步推动我国工匠精神创造性转化，展现出时代日新月异的创新精神，共同成为推动我国企业不断发展的不竭动力。

早在 2012 年，海尔就开始了数字化互联工厂的规划建设。到了 2015 年，海尔已建成沈阳冰箱、郑州空调等四个全球领先的示范互联工厂，初步搭建起互联工厂的雏形。张瑞敏说："海尔的互联工厂，通过信息互联，实现了从大规模制造向大规模个性化定制的转型，全球用户可以在任何地点任何时间定制个性化产品，全流程参与设计、制造过程，满足用户最佳体验。"

2015 年 3 月，全球首台用户定制空调在海尔郑州互联工厂下线，空调的主人是一位年轻用户裴先生。裴先生一直喜欢网购产品，最近因为筹办婚事、布置新居，想购买一台空调，但在网上却找不到一款满意产品。后来裴先生通过海尔商城，定制了一台适合需求的、带智能 wiFi、健康除甲醛模块的空调，裴先生的爱人则为空调挑选了一款自己喜爱的个性化面板。收到空调后，裴先生非常满意，开心地说："这台空调是我们爱情的见证。"

在空调产业引入互联网技术，消费者可以实现根据个人喜好自由选择空调的颜色、款式、性能、结构等，定制专属产品。订单提交后实时传到工厂，智能制造系统自动排产，并将信息传递给各个工序生产线及所有模块商、物流商。在这一过程中，变的是技术，不变的是工匠精神。

如果说以海尔为代表的制造企业是以工匠精神为根基，积极拥抱互联网新技术，实现在"互联网+"时代的华丽转身。那么，以腾讯为代表的互联网公司则凭借自身强大的技术基础，将工匠精神转化为对产品、对用户体验的极致追求。正如两位登山者，虽然在山的两边，登山路径不同，但最终都会相聚于山的顶峰。

在人们印象中，中国互联网公司的BAT三巨头中，腾讯总是"一直在模仿，一直在超越"。其实，这种评价是有失公允的。显然，腾讯在十几年时间能够发展成市值千亿美元的企业，光靠模仿是不可能做到的。通过梳理腾讯公司的发展轨迹发现，同样也是工匠精神的内涵使得公司的产品能够在用户体验上优于其他同类产品，从而在竞争中占据优势。

1996年，ICQ诞生，瞬间风靡全球。1998年，这款软件已经垄断了中国的即时通信市场。1999年，腾讯推出了QQ，相比强大的对手，QQ更加重视用户体验，在技术及使用上做出一系列的改进。

当时，ICQ的全部信息存储于用户端，一旦用户换电脑登录，以往添加的好友就会消失，而QQ的用户资料存储于云服务器，在任何终端上都可以登录聊天。ICQ只能在好友在线时才能聊天，QQ则首创了离线消息发送功能，隐身登录功能，可以随意选择聊天对象，可以有自己的个性化头像。在营利模式上，ICQ通过来自给企业定制的即时通讯软件获利，而QQ坚持通过面向消费者的免费服务寻求商业化机会。可以说，QQ之所以能获得成功，在于腾讯，它是中国互联网公司中具有工匠思维的企业。

其实，腾讯的很多产品都不是出现最早的，但往往是用户体验最好的。所以，QQ群、QQ空间逐步取代了聊天室成为最流行的社交产品，腾讯游戏后来居上成为最大的游戏平台。2010年，移动互联网呼啸而来，腾讯又在所有互联网巨头中第一个转身，从2011年1月推出微信到现在，不断进行自我突破。

在微信开发过程中，曾发生过这样一个小故事，负责产品开发的腾讯副总裁曾就微信3.1版本会话列表的修改，专门询问产品经理。但实际上，微信3.1的会话列表比之3.0，每行的高度仅仅减少了两个像素，这在普通手机使用过程中用肉眼很难分辨，但他看出来了并且亲自过问，这是一种

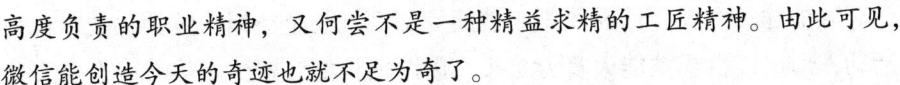
第四章 工匠精神创新与文化厚植

高度负责的职业精神，又何尝不是一种精益求精的工匠精神。由此可见，微信能创造今天的奇迹也就不足为奇了。

海尔和腾讯的案例说明，互联网和工匠精神如同鹰之双翼、车之双辐，相辅相成。互联网技术赋予工匠精神以新的内涵，工匠精神则让互联网更加充实。要使工匠精神在互联网时代大放异彩，我们需要少一点急功近利，多一点细心缜密，无论是互联网的实体企业，还是虚拟产品，只有将工匠精神贯穿其中，才能真正具有一种品质的精神，一种品质的品位。同时，只有每一位员工都能自觉地将工匠精神作为一种追求，并将这种精神作为一种做人、做事的态度，成为一种生活、工作的方式，摒弃"差不多"思想，凡事都去追求99.99%，甚至100%，才能打造出"互联网+"时代下中国制造业的标杆，才能使"互联网+"战略真正成为中国制造的助推剂。

(三)"互联网+"时代工匠的培养

"互联网+"时代，工业转型升级，产业发展一定要有人才支撑。在这个战略机遇期，国家对高素质技术技能人才的需求比以往任何时候都更为迫切，技能人才尤其高技能人才将成为"中国制造2025"一种重要的核心力量。如何建立健全科学合理的选人、用人、育人机制，加快培养制造业发展急需的大国工匠，建设具有一丝不苟、精益求精工匠精神的高技能人才队伍，是摆在我们面前的一项重要而紧迫的任务。对此我们应该做好以下几方面的工作：

一是改革评价制度，打通技能人才成长之道。当前，学历文凭仍然是人才评价的主要标准，对技能人才存在不平等待遇问题。因此，要进一步解放思想，坚决破除不合时宜、束缚人才成长的体制机制障碍。当务之急是健全技能人才评价制度，加快职业资格证书制度改革进程，进一步突破年龄、学历、资历和身份限制，健全以职业能力为导向、以工作业绩为重点、注重职业道德和职业素质，管理科学、运行规范、基础扎实的评价标准和体系，完善社会化职业技能鉴定、企业技能人才评价和院校职业资格认证相结合的技能人才多元评价机制。

二是以技能竞赛为舞台，促进优秀技能人才脱颖而出。技能竞赛是培养和选拔技能人才的重要方式，是促进优秀技能人才脱颖而出的最直接、最有效的途径。要广泛开展职业技能竞赛，推动企业岗位练兵、技术比武活动，形成以世界技能大赛为龙头、以国内技能竞赛为主体、以企业岗位练兵为基础的职业技能竞赛体系，激发技能劳动者学习业务、钻研技术、提高技能、岗位成才，提升我国技能人才的水平。

三是提高待遇水平，加大表彰激励力度。进一步完善收入分配政策，推动技术、技能等生产要素按贡献参与分配，着力提高技能人才的待遇水平，使广大拥有一技之长的"蓝领"工匠成为我国中产阶级的主体。制定高技能人才激励办法，使其在聘任、工资、带薪学习、培训、出国进修、休假、体检等方面享受与工程技术人员同等待遇。总之，要通过完善收入分配政策、加大表彰激励力度，让技能人才享有体面、令人羡慕的待遇，让全社会的人都认识到：职业有分工，地位无高下，技能人才受尊重。

四是强化舆论宣传，营造良好社会环境。充分利用各类新闻媒体大力宣传国家关于高技能人才工作的重大战略思想和方针政策。弘扬工匠精神，树立职业英雄，形成广泛重视和支持技能人才工作的良好局面，将"行行出状元"的理念播撒到全社会，让"劳动光荣、技能宝贵、创造伟大"成为时代风尚。

当前，"中国制造"正在向"中国创造"转轨，主动适应经济新常态需要强化创新驱动，大众创业、万众创新正在掀起热潮，这一切，都需要中国的劳动者追求品质提升，需要广大创客们能够匠心独具，在技术、工艺、创新等方面不断取得突破，来托举国家梦想与民族未来。

第三节　工匠精神的文化厚植

一、用工匠文化支撑工匠精神

"工匠精神"的传统色彩十分浓厚，但并不代表着这是一种落后文化，相反，在科技不断进步的现代社会中，"工匠精神"被看作是提升产品价值的重要武器，对我国从制造大国转变为制造强国发挥着十分重要的作用。众所周知，"工匠精神"讲究对产品精雕细琢和追求卓越，但这并不是工匠

第四章 工匠精神创新与文化厚植

精神的全部内涵，工匠文化才是支撑工匠精神长盛不衰的重要因素。

随着时间的流逝，人类的历史被慢慢掩埋，但当我们认真回顾时，我们会发现工匠的踪迹，他们凭借古老的手艺和作品在历史长河中留下了不朽的印记。

鲁班有一个徒弟，他跟着鲁班学习，总觉得自己可以学成出师了，但也不敢在师傅面前表露出来。有一天，他就偷偷地走了，没有惊动师傅。后来，他觉得自己的技艺不错，就开了一家木匠铺。有一次，他想起师傅在拉锯前会做一个木头人当下手。于是，他就凭着自己的模糊的印象，也做了一个木头人。可是做出来的木头人，就是不像师傅做的那样会动。无计可施，他只好又去找师傅鲁班。鲁班听他说完，就问他："你量它的胳膊了吗？"徒弟说："量了。"鲁班又问："你量它的腿了吗？"徒弟说："量了。"鲁班接着说："你量它的心了吗？"徒弟赶忙说："哎呀！我没量心！"鲁班说："这就对了：因为你没良（量）心，所以它不会动。"生活留给人类很多财富，工匠文化无疑是其中最重要的一笔财富。

有一位工匠，他培养徒弟有自己独特的规矩，他告诉自己的徒弟，"修业报告"是每天下班后必须要做的事情，他提倡大家用"修业报告"来反思自己一天工作中的好坏得失。利用这样的方法，不久之后，木匠的徒弟就很快成长起来了。

由此可见，工匠文化不只是对技术的一种追求，而且是一种被传承的生存规范，和技术一样具有重要的价值。换句话说，艺境和心境是相互连接在一起的，所以在民间有一句古话：通过技艺就能看清楚一个人的人品。想要洞悉工匠文化的特征并不难，我们肉眼看到的每一个令人难忘的艺术品和技术，他们背后都有非常深刻的故事和回忆。

作为"海派首饰"的始创者的老凤楼银楼，之所以百年品牌屹立不倒，就在于其有着海派文化的创新之魂，坚持走不断探索首饰业新材料、新产品、新技术和高附加值的"三新一高"之路，消费者称之为"牌子老，款式新，工艺精，信誉好"。而冠生园的大白兔奶糖，长时间以来成为中国首屈一指的糖果品牌，行销国内外，周恩来总理于1972年曾将大白兔奶糖作为国礼馈赠访华的美国总统尼克松，目前的销量仍有增无减。这也由于受到海派文化的滋润，坚持质量，重视创新，在传承中发展，其口味和包装不断与时俱进。可见，匠心需要文化孕育，工匠精神有赖工匠文化的支撑。

我国的很多作品中都对"工匠精神"给予了很高的赞赏，也彰显了工匠精神的漫漫发展之路。在现代生活中，我们要想开拓辉煌的文化领域，就要返本开新，从古老的文化源头出发，厚植工匠文化。

2016年3月5日李克强在政府工作报告中指出："质量之魂，存于匠心。要大力弘扬工匠精神，厚植工匠文化，恪尽职业操守，崇尚精益求精，培育众多'中国工匠'。"费尔巴哈也说过：文化的最终成果是人。人的国籍、肤色、地位、职业不同，但是其"文化构成"绝对是独具特色的。只有工匠文化的土壤才能培育出工匠精神的花朵，消费者信奉德国制造、美国制造、日本制造的原因，是因其把产品制作与个人信仰和荣辱观念结合在一起，世世代代的坚持努力才成就了今天的品牌口碑，匠人不仅有着高超精湛的技艺，还代表着所有文化艺术领域的艺术家及艺匠们，他们甘愿为自己从事的事业淡泊名利、不断创新。

要厚植工匠文化，第一，要构建支撑工匠精神的良好的物质文化。如今，供给的极大丰富和市场竞争的激烈，将自动驱使企业追求品质和品牌。培育精益求精、消费者至上的工匠精神，关键在于厚植市场竞争的土壤，加快市场化改革进程，打破市场壁垒和垄断。如果行政垄断格局依然存在，甚至在某些领域日益盛行，工匠精神就很难普遍出现。

第二，构建支撑工匠精神的行为文化。一方面要鼓励消费者的"挑剔"行为。美国管理学家波特指出，日本产品精细化的原因之一是日本妇女在购物时非常挑剔，这在无形中促使生产者不断改进产品质量。压力也是动力，而"马马虎虎""差不多"的消费行为会间接纵容企业在构建"工匠精神"上的不作为。另一方面，要教育和鼓励人们养成良好的个人习惯。只有讲究，才会有精神，如果处处"将就"，"工匠精神"中的"讲究"将难有立锥之地。

第三，构建支撑工匠精神的管理文化。精益求精、消费者至上的工匠精神，应该成为企业管理中最具体的、最核心的目标和信念。只有把顾客放在第一位，才能真正实现为企业创造价值的目标；只有把商品和服务做到极致，才能把附加值做到最大。为什么我们的工匠精神还不够，可能我们过于注重变通，而忽略了专注的重要性。过于灵活其实很难生产出那种具有高精尖质量的产品。很多时候，固守某种程式，看起来也许傻，有机械的地方，其实大智若愚，而且那些生产过程是不可复制的。"四川郫县老工匠修葺杜甫草堂茅屋20年"的杨明富，从17岁开始学艺，盖了一辈子茅草屋，他坚守每一道工序的传统性，包括选料、季节考量、用料等都严格把握。工艺本身往往是"只可意会不可言传"，一旦得到真传，则"文化"便随之而来。

在工业时代，想要更好地培育工匠精神，还需要对相应的经济政策进行调整。进行柔性化生产、提高产品品质、创造令消费者信赖的品牌……这些都是不得不提的政策目标：在过去，我们在生产衬衫、袜子、打火机等一些产品的时候，大多采用的是产品单一和低成本的生产模式。这其实是一种"福特主义"的生产特征。早期时候，中国在进行此类生产时确实发挥了其中的一些优势，但与此同时，一些弊端也展露在大众面前，比如资源浪费和产品低端等。如今，这是一个互联网时代，"福特主义"的生产模式很显然已经不适应现代生活，因此，"后福特主义"将取而代之。那么如何更好地创造"后福特主义"呢？技术和工人技能是不可被忽视的重要因素，甚至是整个生产的核心。由此可见，工匠精神是互联网时代进行个性和创造性生产的灵魂。就日本而言，它之所以能快速地突破美国的福特主义，创造出丰田生产等一些进步的生产模式，恰恰是传承了"工匠精神"。

第四，构筑支撑工匠精神的体制文化。政府对市场体系的管理规范才能促成工匠精神、工匠制度的确立。比如，如果市场秩序混乱，侵犯知识产权的情况没有得到处理，假货制造商没有得到应有的处罚，就可能纵容这类行为再次发生。最后市场中可能充斥着假冒伪劣产品。所以，政府必须严格地监管市场竞争者。功利心的多寡是"工匠文化"厚薄的试金石。中国的很多行业应该整合政府、企业、社会的力量，尽快形成制假必重罚的机制；摒弃"重利轻义、重量轻质"的思维，建设支撑工匠精神的良好的体制文化。

第五，构筑支撑工匠精神的价值观文化。工匠精神的价值观是层次最高的文化形态之一，它需要国家进一步肃清"学而优则仕"观念的影响，给予所有工匠最高层面的大力鼓励和实质性的长期激励，尤其是那些一线劳动者，应在精神上与物质上都给予他们应有的奖励。"工匠文化"里应充满着平等意识与快乐理念。中国人缺少工匠精神和工匠文化，与制度设计中长期轻视动手能力的培养、轻视技术技能人才的地位和作用有直接的关系。

2016年，中共中央出台《关于深化人才发展体制机制改革的意见》，指出探索建立企业首席技师制度，试行年薪制和股权制、期权制。让工人技师也有地位及不俗的身价，是鼓励实体经济复苏、抑制社会浮躁、恢复崇尚实业和技术技能的良好风气的开始。

现在工匠精神强调主观能动性，与此同时，也强调开放性和共享性，这和传统的工匠仅仅强调技术大不相同。秋山利辉的《匠人精神》就十分明确地指出了信息共用的重要性，他认为信息共用不仅能够让大家顺利工作，而且能够让大家放心。在互联网时代，制造技术与数字技术相结合，开放参与和大众参与相结合，这是两大不可逆转的趋势。近日，通用技术公司（GE）公开表示，会把predix平台对所有的工业互联网开发者开放，这样一来，无论是厂商还是个人开发者，都可以利用这个平台进行自主研。除此之外，这个平台可以帮助大家对复杂的系统进行更新和开发，也可以帮助大家将复杂系统的开发和个体创新的贡献相互连接在一起。这就反映了一种开源精神，表现了对个人贡献的认同。在斯蒂文·韦伯创作的《开源成功之路》中，他对开源精神进行了一番精彩的描述。把开源精神和匠人精神对照起来，我们不难发现，在工业化时代，这两种精神对于我们都很重要，而开源精神对于我们理解工匠精神的文化和内涵也起着重要的作用。"匠心独运"是"工匠精神"在文化上的反映，在古人眼里，"文心"就是一种"匠心"。

信息化社会，人们的要求越来越高，以精细化为主要特征的工匠精神逐渐成为文化创造的主要思想。对于文艺创作也是一样的道理。习近平总书记在文艺座谈会上就曾指出，我们的文艺创作者只有具备精益求精的精神，才能够打造好的文艺作品。由此可见，工匠精神和文艺精品是相互连接在一起的。同样的道理，社会中的各行各业也都应该秉承工匠精神的观念。罗振宇是一个大家熟知的自媒体红人，他在总结互联网时代的工匠精神时，用了一个词——死磕。换句话说，工匠精神就是对完美永不放弃的追求。

除此之外，想要更好地继承工匠精神，少不了在生活中的浸泡和淬炼。

纵观历史，我们可以发现，著名的能工巧匠大都是来自坊间，他们经过很长时间的锤炼，才能够拥有熟能生巧的技艺，对于文化创造也是同样的道理。文化创造，不能够只是闭门造车，这会让他们的作品缺乏生活色彩；也不能只是走马观花地体验生活，这会让文艺作品显得空洞无味。我们提倡文艺作品要接地气，换句话说，文艺工作者要像工匠那样沉下心去，注重观察生活细节，从生活中获得文化和艺术的感悟。

二、发扬"工匠精神"，从爱岗敬业做起

工匠精神，顾名思义，得先讲究一个"工"。换句话说，发挥工匠精神的前提必须是成为一名劳动工人。从广义上来说，工匠精神是一种工作态度，但它最终是要通过普通的工作岗位去实现的。无论是教书育人的老师，及时报道新闻的记者，还是让城市更加美观的清洁工，抑或是救死扶伤的医生，只要能够在自己平凡的岗位上做出不平凡的工作，就能被称为是传承了工匠精神的。

工匠精神还讲究一个"匠"。从"工"到"匠"，并不仅仅是一种名称上的变化，更代表一种质的飞跃。人们常说没有哪一种工作是平庸的，有些人的工作之所以平庸是来源于平庸的工作态度。工匠精神强调的正是一种工作态度，一个"匠"字告诉我们，想要在自己平凡的岗位上做出不简单的成绩，就要有认真负责的工作态度，努力地提高工作效率，成为一个真正的"匠"。

工匠精神和爱岗敬业之间存在着密切的联系。爱岗敬业是职业道德中的重要内容之一，对于爱岗敬业，我们可以从两个方面来理解。爱岗，顾名思义，就是热爱自己的工作岗位。而敬业则是指用一种恭敬的态度来对待自己的工作。除此之外，我们又可以把敬业分为两个小的层次，即功利层次和道德层次。无论哪行哪业，爱岗敬业都是最基本的职业规范，也是对人们工作态度的一个重要要求。爱岗敬业具有非常重要的价值，它是推动人类进步的精神财富。在我国古代的典籍中，有很多著作对敬业精神做了论述，如"素其位而行，不愿乎其外""凡百事之成也，必有敬之，其败也，必有慢之"等。敬业不仅仅能帮助我们更好地成就自己的事业，也是我们为人处事的基本准则。

在现代生活中，如果一个人想要生存和发展，那么工作岗位就是他的基本保障。同样的道理，如果社会想要生存和发展，那么工作岗位的存在也是必不可少的。总的来说，爱岗敬业不仅关乎个人的生存和发展，也对社会生存和发展起着重要作用。

爱岗就是热爱自己所从事的工作，除此之外，更强调一种负责的工作态度。人们只有热爱自己的本职工作，才能够以正确、热情的态度来对待自己的职业工作，才能在工作中收获幸福感和提升自我价值。一个人如果想在平凡的岗位上做出不平凡的成绩，首先就得热爱自己的职业。除此之外，敬业讲究的是一种严肃的工作态度。这要求人们要尊重自己的职业，忠于职守、勤勤恳恳地做事，只有这样，才能够让别人对自己的工作也充满敬意，从而让自己的职业充满意义。"全国五一巾帼标兵""全国三八红旗手"关改玉用8年时间步行1700千米，检测8000多个焊头，其准确率高达95%。

在别人看来，利用8年时间去做探伤岗位，这无疑是一种特别乏味的工作，但是在关改玉看来，8年时间还远远不够。在她的心中，她热爱自己的工作，所以她也享受改进探伤工艺的过程，因此，无论是克服恐高登上20米高的桥墩，还是黑夜独自前行，她都没有后悔过。正因为热爱，所以她才愿意在自己的工作上花费大量的时间和精力，才能够让准确率高达95%。这个数字反映的并不仅仅是她对自己工作发自内心的尊重和热爱，更反映出她精益求精的工作态度和爱岗敬业的精神理念。

火会燎是一名普通的农民工，他靠着自己敬业奉献的精神，成功地扭转了自己的人生，让自己从一名普通的农民工成长为世界500强公司的中层管理者。他的敬业精神表现在哪里呢？有一次，他正在对100吨的钢筋进行尺寸和规格的测量，当他用粉笔把清点的数量刚刚在钢筋上写好时，一场大雨突然降下来，把钢筋上的粉笔痕迹冲刷得一干二净。此时，火会燎没有就此放弃，他果断地脱下了身上的毛衣，然后把毛衣剪成一截一截的线头，绑在钢筋上做记号。

除此之外，火会燎目测数量的绝活也让大家十分敬佩。起初大家并不相信他有这项本事，于是想考验一下。大家推来两车水泥，让他预测数量，火会燎观察了它的方位及高度之后说，一车是14吨，另一车是16吨，经过

第四章　工匠精神创新与文化厚植

清点之后大家发现他说的完全正确。

如今的火会燎已成为中建三局料具站负责人，手下有500多名员工，其中不乏"211""985"名牌院校毕业的大学生。在我们身边，其实这样的人还有很多。如环卫工王莉，用个人的"脏"换来城市的干净，成为湖北省"三八红旗手标兵"；"电黄牛"方华志，几十年如一日奋斗在一线，成为全国劳动模范……他们脚踏实地、爱岗敬业，让平凡的岗位绽放出绚丽的色彩，自己也获得了不断的成长。无论在哪个时代，哪个地方，爱岗敬业都有它的深刻内涵。在现代生活中，更加重要。爱岗敬业并不是我们挂在嘴上的口号，它是需要我们在工作当中去实践的一种工作态度，这种工作态度决定了我们的工作能否被别人所认可，也决定了我们能不能把手头上很小的工作做好，甚至决定了我们能否在工作中创造出更好的成绩、能否实现更高的人生价值。

三、创新发展是国运所系

追随历史的脚步，我们不难发现，创新能力是一个国家昌盛与否的风向标。时至今日，全世界都兴起了一股创新浪潮，无论是产业变革，还是军事演变，创新都渗透其中，成为各国取得竞争优势的重要筹码。

从我国目前的发展状况来看，传统的人口红利不断减弱，旧的生产模式日渐式微，整个社会正逐步迈入经济发展的新常态。创新已经成为新的经济增长点，然而产业升级仍旧落后，核心技术还无法全面掌握，健全的创新驱动发展机制亟待建立。当前国际竞争日趋复杂和严峻，我们要想取得优势，就必须寻找全新的发展动力，培育新的经济增长点，坚定不移地走创新发展道路，深入挖掘创新动力，占领科学技术发展的制高点，走出一条从人才强、科技强到产业强、经济强、国家强的发展新路径。

互联网时代的世界，千变万化，发展迅猛，我们也在积极求变，然而却很少有真正意义上的创新之举。一个创新总是很快被另一个创新所替代。求变简单，创新却异常困难。我们不难发现其中的原因，产品如果脱离了广泛的实践基础，注定只是一个畸形儿。许多人打着创新的旗号，随便组建一支团队，抑或一个创新研发部门，毫无经验和技术，所生产出的产品也往往是集约化的指标，缺乏真正的革新，这样的产品是根本站不住脚的，更谈不上什么创新了。

值得注意的是，商业化的社会中，人们更倾向于使用一次性产品，小到钢笔、饭盒，大到手机、鞋子，一旦遭遇毁坏，大家并不是考虑如何去维修，而是购买一个新的。在他们看来，购买一件新商品的成本远远低于维修所需要的花费。而从商家的角度来看，如果产品的质量过硬、方便修理，那么新的产品如何能够推销出去？这就形成了一个可怕的循环。在这种社会氛围之下，生存成本无形增大，人们所面临的压力也越来越重。东西只使用一次，这在无形之中抹杀了人们的创新思维。大家只需要批发生产、重复买卖，根本没有创新的余地。

当前时代已经急切呼唤包括工人、工程师、科学家在内的创新性工程。1962年6月，美国科学家普莱斯发表了著名的"小科学、大科学"演讲，当中就提到了现代科技发展的重要特征，归纳起来就是：主体参与多、学科交叉广、投资强度大、工程系统性增强。联想到我们今天的大型强子对撞机、人类基因组计划、国际热核能聚变实验计划等，都是这种工程式的科学研究。这当中，需要每一个参与主体的"工匠"自觉，对待自己负责的部分一丝不苟，精益求精，决不允许失误。在这种情况下，"工程"才能预研、设计、建设、运行、维护等，走过一系列环节，最终获得成功。

这其中，有着火箭"心脏"（发动机）焊接人之称的高凤林就完美演绎了"工匠精神"。在长征五号发射工程中，他用一连串数字——0.1秒，焊接允许的时间误差；0.16毫米，火箭发动机上每一个焊点的宽度；38万千米，"嫦娥三号"从地球到月球的距离，体现出一个"匠人"的精确程度，对于每一个焊接点的轻重、角度、位置，他都慎之又慎。

在长征五号工程当中，火箭发动机需要数百根几毫米的空心管线。然而管壁的厚度却只有0.33毫米，这就需要焊接技师进行3万多次的精密操作，将它们编织在一起。这些焊缝细到只有头发丝的大小，却需要绕足球场两周。实际操作当中，一个呼吸就很可能影响到焊缝，"一道工序需要10分钟不眨眼"的情况时有发生。

众所周知的是，在长征五号火箭发射成功之前，现役的主要火箭型号无论是长征二号F火箭、长征二号丙火箭，还是长征三号甲火箭和长征七号火箭，它们的最大直径都不超过3.35米，就是因为火箭在运抵发射场

第四章 工匠精神创新与文化厚植

之前,要考虑到隧道宽度、火车会车、铁道轨距等的影响,所以火箭直径必须小于3.35米。长征五号能够突破5米是因为中国航天科学家从创新的"社会性"角度考虑,发明创造了火箭海运船,用全新的海运模式突破传统的"瓶颈"。

物理学家霍金称,21世纪是复杂性科学的世纪。法国哲学家、科学家帕斯卡也指出:"我认为不认识整体就不可能认识各个部分,同样不特别地认识各个部分也不可能认识整体。"在一个科技创新的系统工程中,每一个技术环节,都要先放在一个整体的框架下进行设计、实施和要求,与此同时,该技术环节本身的要求也要与整体之间相辅相成。

先秦时期的庖丁在宰杀牛的时候,刚开始也是"所见无非牛者",三年之后,他已经达到了"未尝见全牛也"的境界。这中间与庖丁不断发现规律,掌握规律,再利用规律是分不开的。庖丁能做到"依附天理",这也正是工匠精神的内涵之一。科技创新的复杂性特征,要求每一个参与主体都能做到胆大心细,注重细节,像庖丁那样在自己的专业水平上追求极致,从而不断寻求整体的超越与成功。

当今时代,科技创新不再仅限于科技工作者,它的社会性特征要求来自不同行业的各种人才共同努力,在这种情况下,科技创新常常以项目工程展开。就这一点而言,其核心内涵与工程活动的内在逻辑不无相似。追求极致和卓越是"工匠精神"的内在要求。然而除此之外,更需要团队的协作与配合。作为一项巨大的"项目工程",科技创新也需要考虑原材料、环境、资金、工艺、效益等各方面的因素,合格的原材料是项目开展的基础,资金的持续供应是科技创新的保障,缺其一,便称不上是一个优秀的科技创新项目。同理可推,如若一个科技项目有可能对环境造成巨大的不可逆转的伤害,便需要及时做出改进甚至是暂缓推进。不为创造而创造是"工匠精神"的一个重要特征,创造性活动必须要和现实生活紧密联系到一起,这种交融,可以是经世济民的,也可以是附庸风雅的。

中共中央、国务院印发的《国家创新驱动发展战略纲要》中提出:"坚持双轮驱动、构建一个体系、推动六大转变。"抓创新,首先就要从科技抓起,让科技创新的轮子更好地转动起来,从而不断提高员工的自主创新能力。另外,要努力改善一切不利驱动创新发展的生产关系,把体制创新的轮子也转动起来,这样"双轮驱动",以科技创新带动组织、管理等全面创新,从而在发展方式、发展要素、产业分工等6个方面实现根本性转变,不断构建新的发展动力系统。

  创新之路,漫漫无期,这当中需要制度基础、体系支撑和环境滋养,否则便不能实现跨越式发展。要想防患于未然,就要从这些问题出发,建立健全法律制度,营造良好的社会氛围,创建创新激励机制,改革创新治理体系,只有这样,才能最大限度地激发出国人的创新活力。同时,我们还需要根据全球创新资源重新配置和我国经济不断提升的现状,"海纳百川",全方位地展开我们的创新改革,积极参与到全球创新活动当中,博采众家之长,赢得创新资源配置的机会,为我国创新打牢基础,拓宽深度,取得优势。

四、工匠精神离不开专注与坚持

  我们可以把世界上的人分成两种,一种是喜欢和人打交道的,而另一种是喜欢和事物打交道的。从这个分类来看,工匠无疑是属于喜欢和事物打交道的人。一般而言,专心做技术的人往往性格较为沉闷,这是因为,相比较和人打交道,他们更愿意把自己的热情投入钻研事物中,其实这也是提高技术的重要条件。

  钻研技艺,并不是每个人都能做到的。钻研技艺往往讲究工匠精神,而这种精神需要几十年如一日地重复同样的工作。日本的小野二郎被称为寿司之神,工作中,他永远认真对待食材和所有细节;而工作之外,他永远戴着手套来保护自己做寿司的双手。在他的店里,我们看到的一个简单蛋卷,却往往有可能是他的徒弟失败了几百次之后才成功做成的。因此,相比于其他的餐饮行业,小野二郎做寿司的精神更像是一种修行。由此来看,同样的工作,有些人把它当作是谋生的手段,而有些人却把它当作是生命的修行,态度不一样,最终的结果也会有天壤之别。

  有人说,重复是人生的一个重要特征,如何对待重复是区别平庸和卓越的一个重要指标。很多人并不喜欢重复的生活,甚至对自己的工作和生活环境常常感到厌倦,于是他们不断地更换自己的环境和工作,但这其实并不是解决问题的根本办法。不懂得专注、不能忍受枯燥的人,是注定无

第四章 工匠精神创新与文化厚植

法在自己的行业中做出成绩的。而学会专注，则会让我们的学习能力和领悟能力大大提升。所谓的专注就是先专心致志地研究一个点，在这个基础上把这个点无限地放大，让自己从中获得更多的知识，这样一来，我们就像被打通了任督二脉，也会对其他的技术和知识有更深的感悟，那么获得成就也就是自然而然的事了。

除了专注外，还有坚持。修心、修技、修身，这是每一个做技术的人每天都需要做的事情，整个修行的过程是很无聊且乏味的。在这个过程中，有很多人都会感到彷徨，甚至还会退缩，直至一度想要放弃，这都是很正常的心理，最终决定大家会不会成功的主要因素就在于坚持。想要做好技术就不能贪图捷径，技术拼的就是过硬，在做技术的过程中，我们要把握每一个随时都会出现的灵感，也要对自己的技术做到熟能生巧，只有这样才能够苦尽甘来，才会迎来令人兴奋的创意。

想要拥有卓越的成果，就必须要忍受别人难以忍受的付出，一项精彩的作品，它的背后不光需要灵感，还需要日复一日年复一年的练习。在技术工作者不断钻研的过程中，常常要面临思想上的较量，安逸和偷懒对大家充满了诱惑。我们常说要拒绝诱惑，坚持初心，其实这真要做起来可没那么简单。惰性也是人的天性，如何在工作中克服这种惰性呢？这就需要在作品中收获快乐和成就感。当一件精美的作品成功展示出来的时候，你会感到十分开心，那些曾经的付出和辛劳都不算什么，正是这种成就感能够让工作者满血复活，投入下一场战斗中。

秦始皇是第一个统一中国的皇帝，他的陵墓在西安城东30千米处。1974年2月，当地农民在秦始皇陵东侧1500米处打井时偶然发现了兵马俑。从此，一个埋藏了两千多年的地下军阵被挖掘出来，并建成博物馆。被称为"世界第八大奇迹"的秦兵马俑展示了古长安往日的辉煌，正所谓"秦王扫六合，虎视何雄哉，刑徒七十万，起土骊山隈"。

史载，秦始皇为造此陵征集了70多万名工匠，建造时间长达38年。

秦始皇嬴政13岁即位时便开始营建陵园，由丞相李斯主持陵园的规划设计，大将章邯监工。经过38年的修筑，气势宏伟的秦始皇陵终于建成。陵园动用了当时秦朝的1/3人口，所用黄土取自距陵园以南2000米的三刘村，在当时的社会条件下这项工作只能全部依托人力；修陵园所用的大量石料取自渭河北岸的仲山、峻峨山，全部依靠人力运至临潼，工程之艰难不言而喻。这座耗费巨大人力、财力的陵园开创了历代封建统治者奢侈厚葬之先例，它也因雄伟神奇而被称为"世界八大奇迹之一"。秦始皇陵园的规模令人叹为观止，现今所呈现的兵马俑，只占秦始皇陵总体部分的3.5%，其余的绝大部分，依靠现在的科技水平，我国尚无能力开发和保护。可见，这座两千多年前的皇陵着实称得上是建筑史上的奇迹。位于陵园东侧1500米处的秦始皇陵兵马俑坑是秦始皇陵的陪葬坑。它坐西向东，每三个坑呈一个品字形排列，一号俑坑最早被发现，东西长230米，南北宽62米，深约5米，总面积14260平方米，形状为长方形，四面有斜坡门道。在一号俑坑的左右两侧又各有一个兵马俑坑，被称作二号坑和三号坑。

秦始皇兵马俑陪葬坑布局合理而缜密，结构奇特，让人惊叹。在深5米左右的坑底，每隔3米架起一道东西向的承重墙，兵马俑便排列在墙间空档的过洞之中，放眼望去，气势盛大。秦始皇兵马俑陪葬坑也被称作是世界上最大的地下军事博物馆。

秦始皇陵的陵区由陵园区和从葬区两部分组成。陵冢位置在陵园南部，建有内外两重城，占地面积达8平方千米。秦始皇陵的封土呈四方锥形，陵基近似方形，形状如同覆斗。顶部平坦，腰部略微呈现阶梯形，封土的原始高度大约有115米，历经千年风霜，现存高度达76米。秦始皇陵土陵冢筑有内外两重夯土城垣，以此象征都城的皇城和宫城。它高达43米，底边周长1700余米。外城是一个周长为6294米的长方形，东西南北均开有一门。内城是一个周长为3890米的方形，东、西两面各开一门。

秦始皇陵的建成，是70多万名工匠38年的专注与坚持的结果，栩栩如生的秦兵马俑是其高超技艺和工匠精神的再现。不愧是"世界第八大奇迹"和民族的骄傲。

王凯明被称为汽车神医，这是因为他几十年如一日地将自己扎根在汽车维修的第一线，将自己的全部热情都投入汽车制造品质和汽车故障的诊断和维修中。在他的工作过程中，他始终把汽车设计开发和汽车维修相互结合。工资低，环境差，因此汽车行业是一个一度不被大家看好的行业，但王凯明并没有因为大家的眼光而放弃自己的事业。他凭借着坚定的信念，一直默默坚持。

王凯明的这种精神就是一种传统的匠人精神。无论外在世界多么嘈杂，但匠人的内心始终是平静安宁的。这份内心的平静源于他们对技艺的专注。王凯明用毕生的时间去传承和发展汽修工艺。近年来，他在全国各地也开办了各种培训课程，录制了大量的培训视频，这给很多学汽修的年轻人提供了宝贵的经验。

瓷器行业是中国的一项传统行业，在这个行业当中有一个专门的行当被称为画线条，也叫作打料箍：很多青花瓷器上都会有手绘青花线，这些线条匀称干净，精确无误，不仅勾勒出了生动的图案，更让人称赞的是运笔的痕迹几乎不会让人发现。这种"起笔无落墨，收笔不拖尾"的境界实在是妙。

在画线条的过程中，往往需要将瓷器放到转动的轮盘上，创作者一手拿着笔，一手转动坯体，这个过程看似很容易，其实并不简单，它需要创作者两手配合稳当。除此之外，对于坯体的干湿程度、颜料的黏稠程度等都要有所掌握，而这全要依靠经验。

"精华在笔端，咫尺匠心难"，画线条这样一件看似简单的事情仍需要创作者日复一日地重复做，只有花费大量的时间和精力才能够成就青花瓷之美。

工匠精神讲究的是一种创造精神，它不只是为了把作品做好，而且是讲究如何做得更好。作品的好是无止境的，这需要我们勇敢去探索，勇敢去创造新作品，对待作品持续保持专注与坚持的态度，以此来延续生命的长度和创造自身的价值。

五、工匠精神是把细节做到极致的过程

天下大事必做于细，天下难事必作于易。其实现实中，大部分人的智商相差不大，为什么有的人、有的企业却如此成功呢？答案：把细节做到极致。

对一个优秀的企业而言，制定战略至关重要。但与此同时，关注细节也同样重要，根据消费者的需求提供相应的细节服务，这不仅能帮助企业树立良好的形象，而且能从根本上留住消费者。

简单而重复的事情往往才不存在难度，因此也是每个人都能做到的，

但能不能把这些事做好做细往往能体现一个人的能力。很多人都一心想着做大事，想要一步登天，想要马上就成功，但他们不知大的成功也是从小事做起的。如果我们能认真对待自己手中的小事，能把手中的小事做到完美，就能为成功打下坚实的基础。

专注细节，体现的是一种认真的工作态度。这是一个精细化的时代，无论是产品还是服务，人们更加关注细节。因此能把小事做好、把细节做透的人，往往能获得更多成功的机会。在同样的市场当中关注细节，把小事做到位，往往能在细微之处发现投资的机会和成功的奥秘。同样做企业，为什么有的企业可以发展得很好，而有的企业则停滞不前？对于发展快的企业，他们往往能够更加注重精细化生产，关注消费者的消费需求，严格把控产品的质量，对产品的细节要求更加苛刻。换句话说，企业只有让自己的服务得到消费者的认可，才能够树立良好的口碑和品牌，才有望在同等的市场条件下成为佼佼者。

一次，有一个顾客在商场中买了一台果汁机，但是没用多久，这台果汁机就出现了问题，于是这位顾客带着小票和机器来到这家商场询问情况。没用多久，营业员就友好地拿出了一台新的机器给他，并递给他一张5美元的钞票，顾客很是不解。营业员便跟他解释，这是因为果汁机这几天降价了，所以要退还给顾客5美元。

还有一次，一个企业老板在店里巡视时，偶然发现一个店员在给顾客包装产品时随手把多余的包装纸和包装绳子扔掉了。于是这位老板慢慢蹲下来，捡起地上的包装纸和绳子，他走到这位店员面前，笑着说："其实我们卖的商品并没有多少利润空间，我们赚的钱都来源于这一点包装纸和绳子的钱。"

这两个故事的主人公就是曾有"世界500强之首"之称的沃尔玛。沃尔玛超市十分关注顾客的细节，这正是其成功的奥秘之一。沃尔玛安装了近4000台卫星接收器，当消费者和连锁店进行交易时，消费者的年龄、住址、消费金额等一系列数据都会通过卫星接收器被送进企业先进行信息动态分析。山姆·沃尔顿是沃尔玛的创始人，他说："只有看到每一件商品的进出财务记录和分析数据，才能够证明我们是在做零售。"

福特汽车公司最早的创始人是亨利·福特，他被称为"把美国带进流水线的人"，因为他是世界上第一位提倡用流水线来大批量生产汽车的人。虽然是流水线生产，但亨利·福特在细节方面的要求十分苛刻。

1913年，福特向德国一家汽车零部件制造商购买了一批汽车零部件，总价值在2000万美元左右。在和对方签订协议的时候，福特提出要求：这批零部件要全部用木箱装载，对于木箱的大小、木板的厚度结合等细节问题都提出了严格要求，他甚至要求每个木箱上都不能允许有不一样的铁钉。这让他的部下十分不解，大家都认为不就是包装箱吗，为什么要这么严格？过了几天，汽车零件送到了，福特带领着工人卸货。在卸货的过程中，他对大家一再叮嘱，于是大家又再一次感觉到了他的严格，但工人们对他的这种行为还是不理解。这时候，福特到自己的办公室拿出办公室设计图，大家才恍然大悟，也对福特更加崇拜了。

原来福特的私人办公室刚刚建造完成，但还剩下地板没有铺。福特之所以对这批木板严格要求，原来是想要利用这批木板来铺设地板，不出所料，木板的大小、螺丝钉的位置都和他的设计图完全吻合。由此可见，不仅仅是技术工人需要注重细节，大老板也会对企业运转中的各个细节更加关注。福特的这种精神难能可贵，这也是帮助他们在激烈的市场竞争中脱颖而出的重要原因之一。人们都羡慕他们拥有十分庞大的财富，但不得不提的是，任何财富和成功都是要靠细节慢慢积累的。

很多人都不明白的一个问题是，为什么原本不喜欢日本的人，到了东京后，就会突然爱上东京？2014年，上海交通大学出版社出版的《我还是喜欢东京》用800多幅照片和简明的文字展现出东京在生活层面的丰富细节，包括垃圾分类、残疾人和母婴关怀、超市购物、洗手间、城市生活等13个主题，全面地展示了东京这座城市让人感觉温暖和便利的各种细节。

在东京，仅垃圾分类和处理方式就多达518种，正是这些细节决定了这个城市的文明高度和人居适宜度。

除此之外，日本人在教育方面，也很注重从小事抓起。在小学阶段，他们会提问学生，长大后的理想是什么。有的男孩想做驾驶员，有的女孩想做保洁员。这并不是说他们的孩子没有远大的理想，而是他们就是觉得保洁员很好，是城市的美容师。日本的教育鼓励孩子们大胆地去做自己喜欢的事情。

所以，在日本，一个人一辈子做一件事的情况有很多。比如有一家咖啡店，老板101岁了，他做了63年的咖啡。还有一个80多岁的老人30多岁开始学习煮饭，50多年他就认真把一件事做好，那就是把白米饭煮好。后来，他自己开了一家饭店，每天去他们家买饭的人，要排很长的队。这个人就是村屿孟老人，他是日本家喻户晓的"煮饭仙人"，他煮出的米饭被尊称为"银饭"。村嶋孟表示，自己年轻时历经战火，曾经沦落至捡面包配杂草充饥的地步，"能吃到一碗热腾腾的白饭，就是人生一大幸事"。为此他对米饭的感情尤为笃深，他至今仍沿用古法蒸米饭，清晨取水、选米、泡米40分钟、用力淘米搓去外层影响口感的单粒淀粉，生米下锅，先小火，后转大火……他烧米饭不用电饭锅。"煮饭仙人"每天凌晨四点钟就要开始准备当天的厨房工作，如此坚持了几十年之久。

有人说，他能做出那么好吃的米饭，是因为日本的水好、米好。老爷子一句话也没说。2016年，他背着他那口老锅来到了北京。为了煮出中国最好的米饭，村嶋孟花费心思反复尝试，根据中国大米作物的特点改良技艺。他在北京的家中用炉灶进行了反复尝试，当他将大米的浸泡时间从日本时的40分钟延长为1个半小时后，终于在2017年3月，第一次煮出了让自己满意的白米饭。在村坞孟公开演示的体验现场，揭开锅盖的瞬间，一锅白米饭喷香四溢、米粒光泽饱满。凝神驻守在灶台前的村坞孟，须鬓皆白，安静地专注于每一个动作，雾气缭绕中确有"仙人"之感。在现场吃过白米饭的人，无不啧啧称赞。

像村嶋孟这样的"工匠"，在日本社会广受推崇。有日本媒体形容，每当他在蒸气腾腾的厨房中，赤裸上身坚守在白米饭锅旁控制状况时，就犹如一尊捍卫日本稻米文化与料理传统的雕塑般巍然矗立。

日本的神奇工匠还有很多。现如今快节奏的生活更容易让人们浮躁，甚至心急，于是衍生了各种快文化。而真正要把事情做好，还是需要慢工夫，需要把每个细节做到极致。

六、勇于承担责任：从利益到至善

在我们的潜意识中，一想到责任，就会把它理所当然地划分到道德的范畴，道德行为就属于责任。康德是德国哲学家，他指出："每一个在道德

第四章　工匠精神创新与文化厚植

上有价值的人，都是有所承担的人，只有物才不负任何责任。"人为什么要承担责任，从而实现自己的道德价值，甚至还要为此付出自己的宝贵生命？这是值得我们思考的问题。在康德的眼中，人和物之间的区别在于，人有属于自己的善良意志，而动物则没有。"仁义之心、善恶之心、恻隐之心、是非之心"是孟子在形容人时所倡导的，孟子的主张昭示了善良意志，因此，想要体现善良意志，就要敢于承担责任。"股东利益最大化"是传统企业固守的目标，这种观念认为，无论企业进行哪一种行为，前提都是要符合这一企业目标。近年来，很多数据表明，企业在寻求扩大规模、追求股东利益最大化的过程中屡屡出现问题，如污染环境、拖欠工资、服务低端等。这样一来，不仅对企业的长远发展造成了威胁，也损害企业相关方的共同利益。与此同时，因为这些问题而损失了大量的社会成本，这对于社会的和谐稳定发展也是十分不利的。针对这些情况，一些企业纷纷成立社会责任委员会，如百度、交通银行等，他们不再只是寻求利润，还对社会责任给予了高度重视。

其实，企业生存的市场环境和制度环境都还需要进一步完善，企业要想获得更高利润，需要和利益相关方进行一定的交易和合作。换句话说，企业在发展的过程中，不能只是片面追求股东利益的最大化，这样做的后果是，既造成了社会责任的忽视，也对其他利益相关方的利益造成了损害。

"股东利益最大化"的企业目标对企业承担社会责任造成了一定的束缚，这种企业目标会让企业陷入一种被动的环境，也无法形成一套有效的社会责任承担机制。我们不妨举个例子，由于特殊的地理环境，中国是一个自然灾害频发的国家，当自然灾害发生的时候，一些企业只是选择对个别自然灾害进行捐助，而缺少一种固定的灾难救援机制。由此可见，企业的这种社会责任是对社会问题的被动回应，而不是企业本身做出的主动反应。在这种情况下，一些企业就会有选择地承担社会责任，社会压力大时就较多地承担社会责任，社会压力小时就逃避承担社会责任。不仅如此，有的企业还出现一面承担社会责任，一面违反社会责任的矛盾行为。

其实，企业承担社会责任，不仅是社会责任的一部分，也和自身的切身利益息息相关。

马化腾说过："真正的危机从来不会从外部袭来。只有当我们漠视用户体验时，才会遇到真正的危机。只有在腾讯丢掉了兢兢业业、勤勤恳恳为用户服务的文化的时候，才是真正的灾难。"一个始终将用户利益放在心中的企业才能真正赢得顾客的拥护和尊重。

企业社会责任存在着巨大的价值，它不仅对企业的利益相关方和社会创造了无穷的价值，也为企业自身的长远发展带来了发展价值。通过自觉承担社会责任，企业不仅能提高员工效率、改善部门关系、调节内部冲突，还会在社会上树立良好的口碑，产生良好的品牌效应，从而创造巨大的企业价值。由此可见，企业承墨社会责任不仅不妨碍追求利润的目标，还会对自身发展产生巨大的帮助，这种互惠共利的双赢机制对企业和社会都十分有意义。因此，自觉承担社会责任是企业应该具有的使命。

除了强调核心技术，格力非常关注可持续发展。从"好空调，格力造"到"格力掌握核心科技……'让天空更蓝，大地更绿'"，到现在的"让世界爱上中国造"，格力的每一步成长，都对自己提出了更高的要求，并视社会的可持续发展为企业的责任。

在产品研发上，节能省电的"1赫兹低频控制技术"已应用于格力全部家用空调产品，"光伏直驱变频离心机和多联机系统"则把"不用电费的中央空调"由梦想变为现实。

同时，格力也一直在发展北方地区的"煤改电"制暖项目，并且不断推出净水机、空气净化器等健康生活电器。鲜为人知的是，格力还先后在长沙、郑州、石家庄、芜湖、天津投资建设了五家绿色拆解基地，倾心打造循环经济，为创建资源节约型和环境友好型社会不懈努力。

如今的格力，靠着"创新技术""严控质量""诚信为本"三条原则，正在走一条可持续发展的"让世界爱上中国造"之路。相信，在这样的原则下，格力能发展成为一家持续百年的品牌企业。

公益事业也是企业经营的重要组成部分，这不仅帮助企业自身树立良好的形象，也及时遏制了社会上的不良之风。正是因为有企业站出来做道德楷模，才让那些不道德的企业从大众的视野中慢慢消失，才不至于让社会的道德水平不断下滑。与此同时，创造良好的社会道德环境也为企业自身的发展带来了良好的生存氛围。阿切·卡罗尔认为，经济、法律、伦理和福利都是企业应该自觉承担的责任。值得一提的是，企业所拥有的财富是一种向社会借来的财富,这不仅不需要炫耀,企业还应该想办法对社会进行回报。

七、企业的知行合一法则

我们把企业在日常运营中形成的价值观念、经营作风、道德规范、经营准则、企业精神、发展目标等要素称为企业文化。一般而言,这些要素要富有独具一格的企业特色,并为全体员工所认同和遵守。

实践出真知,事物本质和道德意识都只有在实践中才能被充分展现。任何口头上的知都好似海市蜃楼,看似光鲜亮丽却徒有其表,终究会被时间击败。只有脚踏实地的行动才可能将道德意识转换为道德行为并带来成功。由此可见,知是行的前提,行是知的关键,要想成功就要及时将意识转换为行动,利用行动改变自己。知行合一的启示对企业文化建设大有裨益,中国企业在建设企业文化时往往陷入一个误区,他们把企业文化简单等同为口号、标志等宣传手段,除此之外无更多内在价值。更有甚者,多数企业的企业文化和企业管理脱轨,一味追求将华丽的词汇对外展示,而忽略了商业伦理。这样一来,企业文化便不由自主地变得很"虚",仅仅是为了构建给社会大众观看的空中楼阁,而无实质内涵。长而往之,"喊"文化取而代替"做"文化,这会慢慢损害企业,让企业逐渐丧失特色和人文情怀。

李嘉诚曾经说过:"我绝不同意为了成功而不择手段,如果这样,即使侥幸略有所得,也必不能长久。"每个人都渴望成功,但是绝不可能为了成功而不择手段,如果想通过欺骗、背叛来获得成功,这一切都是不现实的;即使你侥幸获得了成功也都是暂时的,是空中楼阁。所以,做人首先就要真诚,当你具有了真诚的品质,你才能获得真正的成功。

李嘉诚在刚刚创业不久,曾经就因为产品的质量问题给自己的公司带来了空前的危机,很多客户都纷纷要求退货,而且银行也开始向他催款,各方面的压力扑面而来。面对这种情况,李嘉诚做出了一个艰难的决定——裁员。可是没有想到,被裁掉的员工有的居然赖着不走,而有的则是和家属一起来闹事,即使留下来的员工也开始为公司的前途而担忧,整个公司人心惶惶。

在那些日子里，李嘉诚的心情郁闷到了极点，每次回家见到自己母亲的时候总是强颜欢笑，而细心的母亲知道自己的儿子遇到困难之后，就向李嘉诚了解情况。当母亲听完李嘉诚的叙述之后，说道："嘉诚，真诚是为人处世之根本。一个人做人首先要真诚，你作为领导者更不能不真诚，相信你的真诚一定会博得大家的原谅和理解。"

于是第二天，李嘉诚就召开了全体员工大会。在会上，李嘉诚做了非常深刻的自我批评，而且还真诚地告诉员工，正是由于自己的经营不善，才导致公司今天的困境。李嘉诚真诚地向每一位员工道歉，希望能够得到他们的原谅，而且还保证自己以后会与大家同舟共济，绝不会以损害员工的利益来保全自己。

当时很多员工都被李嘉诚的真诚而深深打动了，纷纷主动站出来帮助李嘉诚出谋划策，最后也正是在大家的共同努力下，长江实业才走出了困境，蓬勃发展起来。

知行合一，是明朝思想家王阳明提出来的。知，指科学知识；行，指人的实践。知行合一是指，认识事物的道理与实行其事是密不可分的一回事，客体应当顺应主体。中国古代哲学中有关认识论和实践论的命题，主要是关于道德修养、道德实践这两个方面的。因而，中国古代哲学家便认为，一个人不仅要拥有认识，而且应当去实践，只有把"知"和"行"统一起来，才能称得上"真"，即所谓的知行合一。要想建设好企业文化，首要问题就是解决形式主义，杜绝"喊"文化的现象盛行。企业要想获得成功，要将企业文化和管理实践有机结合，将商业伦理践行到行动中来，真正做到知行合一。中国企业在建设企业文化时，要注重将企业文化发展为一种空气和氛围，只有这样才能在潜移默化中发挥企业文化的强大作用，才能让文化在企业建设中展现深刻的影响。

当下，我们将公司改造客观世界和自身主观想法的实践活动称为企业形象塑造，不论是公司的形象战略、调查、设计、塑造，还是传播、评估，都需要将理论和实践有效结合，只有将二者相互融合、相互推动，才能将脑海中的理想蓝图变为客观现实。值得一提的是，知行合一不仅帮助企业塑造形象，而且有利于企业形象的完善，从而产生优秀"品牌"效应。

中国现代企业文化的重塑和发展，首先来说，可谓是中西结合，其根本土壤仍然是中国优秀传统文化。除此之外，也在不断吸收外来先进文化，在立足自身的基础上解放思想、寻求突破；其次，中国企业文化的重塑需要重新构建信息网络，让管理模式更加科学化和合理化；最后，信息技术的飞速发展导致社会信息化程度不断加深，在市场上流通的产品不再只是物化的劳动，更承载了一种深刻的企业文化。

"知行始终不相离"在王阳明的思想中占据了重要位置，这句话简明扼要地讲述了知行之间的因果关系，恶念有恶果，良知生善行。它启示我们在日常生活中要讲究实事求是，致良知，行善事。当下，企业的社会效益不断提高是有目共睹的，但与此同时，完善对企业社会责任的多层次理解也是必不可少的，如物质层次、社会层次。

八、常怀敬畏之心，遵循客观规律

一个企业要想基业常青，就得遵循企业发展的客观规律，并对它怀有敬畏之心。老子在《道德经》中说："天长地久，天地所以能长久者，以其不自生，故能长生（久）。——非以其无私邪？故能成其私。"其意思就是说，天地之所以能长久存在，是因为天地顺应自然而生存，而不是单纯为自己而生，所以能长久。一个聪明人因为无私，所以反而能成就自身的伟大。其实一个聪明的企业也是如此。

在商业模式策划实战专家史石头的眼里，无论是企业经营，还是市场营销，都要遵循一定的发展规律，只有牢牢把握市场需求，时刻保持对市场、消费者、对手和合作伙伴的敬重，才能帮助企业生存和发展。

(一) 对竞争对手敬畏，才能赢得对手的尊重

在营销竞争中，任何行业都会面临激烈竞争，这种竞争可能是给对手的打击，也可能是"竞合"，这就涉及对企业家人品的考验，也是对带有企业家性格的企业是否能够长久发展的考验。在企业的营销活动中，不仅要讲究竞争，更多的应是寻求合作，共同维护市场的健康繁荣和消费者的信赖。在企业竞争中，不落井下石不仅是为了尊重对手，也是给自身企业的发展提供更加广阔的空间。

(二)对消费者敬畏,才能使企业快速成长

消费者是企业谋求发展时需要考虑的重要问题,换句话说,企业想要快速成长,就一定不能忽视消费者的巨大作用,只有领先消费者半步,才能赢得先机。那么如何才能做到领先半步呢?在这个过程中,企业家对政治、经济、市场、消费者的敏锐观察力至关重要。纵观那些成功的企业家,无论是海尔还是娃哈哈,都是在牢牢把握住消费市场的基础上获得成功的。无数的事件说明,忽视消费者的企业最终都会走向失败。过去,太阳神、巨人都是家喻户晓的明星企业,但他们总是仅仅从企业发展的角度去进行产品营销,既不注重产品开发,也不对消费者的需求予以重视,这样一来,这些企业走下坡路似乎也是意料之中的事。

腾讯在市场上占据着领头羊的行业地位,拥有广阔的用户,这些成绩得益于腾讯始终把用户体验放在第一位。很多用户表示,腾讯产品能给自己带来生活便利和快乐,"以用户为中心"是腾讯一直以来的初心,只有拥有这份初心,才能让做出的成绩经得住时间的考验。有网友表示,之所以选择腾讯,是因为QQ陪伴着自己成长,在QQ里面,不仅能得到QQ农场的快乐,还能和很多同学畅聊。其实,随着时间的流逝,QQ并不仅仅是一种简单的沟通软件,而是维持人与人之间感情的桥梁。

"消费者是上帝",如果每个企业都始终秉承这种观念,就不会有企业因为质量原因而屡次向消费者道歉,更不会有企业因为质量问题而倒闭。换句话说,消费者是支撑企业发展的最重要力量,忽视消费者的企业,最终也会被消费者抛弃。

(三)对法律、环境等敬畏,才能赢得世界

随着时代的发展,中国的经济也在高速发展,这时候,有很多人都会选择冒险游走在灰色地带,特殊的时代环境造就了他们的短暂成功,但随着中国法律越来越完备,那些妄想打擦边球的人必然会慢慢走下坡路。

由此可见,企业想要在激烈的竞争中谋求生存和发展并没有错,但如果违背了相应的行业政策和相关的法律法规,就必然受到法律的制裁。

企业要想在竞争激烈的现代社会中拔得头筹,最基本的还是尊重行业

第四章 工匠精神创新与文化厚植

法律法规，维持企业的良性发展。

养生十分讲究敬畏自然，敬畏宇宙中的一切生灵，尤其劝人把心回归到自然中去。其实，这个道理放在企业中也一样适用，企业应该对生存的环境、公众等怀有一颗感激之心，因为这些外在氛围是帮助企业生长的重要条件。

这是一个互联网时代，如果能利用好这个大的时代环境，就可能创造不可估量的商机。但需要指出的是，想要成功，需要的是实干精神，需要的是能够脚踏实地做事的企业。那些妄想利用非法手段夺取用户、打击对手的公司，最终都不会获得长久发展。

第五章　工匠精神融入职业教育的研究

"工匠精神"是"职业精神"的重要内容,也是"技能型人才"培养的重要内容。从"制造大国"迈向"制造强国",呼唤"工匠精神"的传承与创新。教育的根本目的在于"立德树人、育人铸魂"。弘扬"工匠精神",是教育发展贯彻新理念的内在要求,也是实现人的全面发展的根本动力,更是坚持立德树人的实践路径。职业院校作为技能型人才培养的主要阵地和重要渠道,回应时代要求和政策导向,将"工匠精神"融入职业教育的始终,贯穿于教育教学和人才培养的全过程,强化对技能型人才"工匠精神"的培育,是其应有的历史使命和社会责任。

第一节　工匠精神融入职业教育的理论分析

一、"工匠精神"融入职业教育的必要性

将"工匠精神"融入职业教育体系之中,是顺应国际制造业发展趋势、提高技能型人才培养质量的现实需要,也是充分彰显职业院校价值、实现职业院校可持续发展的必然选择,更是深化技能型人才供给侧改革,支撑我国产业结构转型升级的重要保障。

(一)"工匠精神"融入职业教育,是培养高素质技能型人才的现实需要

"职业技能"是从事某种职业所必须具备的专业技术和能力,"职业精神"是个人对待职业、工作和社会的态度,两者的共同基础是"职业"。对于技能型人才而言,具备良好的职业精神,与具备较强的专业技能同等重要,都是求职者走向市场、立足社会的重要条件。作为"职业精神"的重要

内容,"工匠精神"是高素质技能型人才的优秀基因,在很大程度上影响着从业者的职业生涯。具备良好职业精神的从业者,具有更强的就业竞争力,更容易在未来职业生涯中脱颖而出。事实证明,一些企业在人才招聘过程中,不仅对求职者操作技能有较高要求,更强调"工作认真细致、能吃苦耐劳,有较高的责任意识和道德情操",这些都属于"职业精神"层面的要求。作为以培养高素质技能型人才为己任的高职院校,在塑造学生职业精神的过程中,如果能强化对学生"工匠精神"的培养,就能有效提高其人力资本的"附加值",从而有利于提高学生的就业竞争力,促进学生顺利就业。

(二)"工匠精神"融入职业教育,是职业院校可持续发展的必然选择

从用人单位的角度来讲,绝大多数企业在招聘人才时,不仅对求职者有岗位技能方面的要求,还有职业精神方面的要求。众所周知,知识、经验等岗位技能可以在工作实践中培养和形成,而职业精神的培养和形成,则更多地依赖于学校教育、家庭教育及社会环境。其中,职业院校在职业精神培养和形成过程中,发挥着不可替代的重要作用。职业院校以市场需求为导向,以促进学生就业为人才培养目标。只有以市场需求为导向,主动面向社会、面向企事业单位,在加强对学生专业技能培养的同时,重视对学生职业精神(尤其是工匠精神)的培养和塑造,才能树立自身良好的品牌,最终以毕业生良好的社会声誉,实现学校自身可持续发展的目标。因此,将"工匠精神"融入职业教育,不仅是提高技能型人才培养质量的现实需要,更是职业院校实现可持续发展的必然选择。

(三)"工匠精神"融入职业教育,是提高企业核心竞争力的重要保障

一切经济活动都是人的活动。劳动力要素是企业生产、经营活动所不可或缺的重要条件,是一种对经济、社会发展起决定性作用的要素。中国是一个"制造大国",但不是"制造强国",更不是"智造强国"。要想实现从"制造大国"向"制造强国""智造强国"的转换,"人才"是根本。"工匠精神"的思想精髓,在于对"一丝不苟""精益求精"的追求。目前,世界上延续时间超过200年的"老企业"接近6000家,绝大部分存在于发达国家,这些企业"长寿"的秘诀,在于对"人"的重视,以及对"工匠精神"的传

承。我们很多企业，在市场竞争过程中，偏重于追求短期利益，忽视产品的质量内涵，这是缺乏工匠精神最直接的表现。唯有高标准、严要求，坚持质量信念，持续改进创新，提高产品质量，才能最终赢得消费者的认可，取得持续的经济效益。因此，"工匠精神"融入职业教育，是企业成长的基石，更是企业提高核心竞争力、实现可持续发展的重要法宝。

(四)"工匠精神"融入职业教育，是推动经济转型、升级的重要基础

制约产业转型升级的主要因素，是"人才"短缺。人才资源在满足产业转型升级现实需要的同时，还将引领、主导未来产业发展方向，催生新兴产业的崛起。在当前知识经济时代，"创新"成为时代发展的主题，产业转型升级可谓日新月异。经济发展方式的转变，产业结构的调整升级，对劳动者的综合素质提出了更高的要求。过去，我们的经济发展更多地依赖于人口红利，选择了粗放式的发展模式。在劳动力成本优势不断下降的同时，我们想要继续保持国际竞争优势，就必须重视职业人才的培养，特别要重视"工匠精神"的培养，变巨大的"人力"优势为"人才"优势，才能为我国经济社会转型、产业结构升级积蓄足够的人才力量，提供必要的人才保障。

二、"工匠精神"融入职业教育的制约因素

"工匠精神"要真正地、完全地融入到职业教育体系之中，必须具备相应的条件。但在我国职业教育发展过程中，无论是内部因素还是外部环境，都存在诸多制约"工匠精神"融入职业教育的因素，突出表现在以下几个方面。

(一)教育体制和办学模式对"工匠精神"融入职业教育的制约

"工匠精神"在中国自古就存在，外在地表现为"严谨细致、勤劳敬业、精益求精、一丝不苟"等特征。但职业院校传统的教育体制和办学模式，却深刻地影响着"工匠精神"的融入：一是现行教育体制的结构性缺陷，形成了对学生及家长的误导。我国职业教育主要包括中职、高职两个层次，尽管已有对本科层次职业教育的实践探索，但并没有普及化，职业教育被

戏称为"断头教育"。为满足学生提高学历层次的"升学"需要，一些职业院校过于强调理论知识传授，而忽视了对学生职业精神、工匠精神的培养。二是从职业院校办学机制来看，我国多数职业院校隶属于地方政府，办学层次不高，受地方政府重视程度和财政能力的限制，职业院校发展受到诸多制约。为此，一些职业院校热衷于提升办学层次，少数有特色、有影响力的职业院校甚至追求"升本"，造成对学生"工匠精神"培养的疏忽。三是为缓解巨大的就业压力，一些职业院校在就业指导中，积极倡导"先就业、后择业"，这种"优先保障就业"的办学导向，容易造成毕业生实际工作与主修专业的脱节，也是"工匠精神"难以融入职业教育的重要原因。

此外，在"宽基础"的办学导向下，职业教育人才培养目标定位于大众化、普遍意义的"职业人"，也影响了以"工匠精神"为引领的"职业精神"的培养。

(二) 课程建设和办学条件对"工匠精神"融入职业教育的制约

从职业院校课程建设和办学条件来看，一是为追求短期经济利益，一些职业院校不顾自身办学条件的限制，盲目设置专业，盲目扩大招生规模。在教育教学过程中，为节约办学成本，也为方便对学生的日常管理，一些职业院校倾向于以更多的课堂教学取代实习实训；在对学生的考核中，倾向于以卷面考核取代技能考核。由于缺乏对实践型、技能型课程的开发，缺乏对学生考核机制的创新，也就难以形成完整的职业教育教学体系，容易造成对"工匠精神"培养的忽视。二是在职业教育实践中，一方面，由于缺乏对人才市场需求趋势的科学评估和准确预测，也就会影响专业课程的设置和人才培养方案的制订，造成"工匠精神"的培育脱离市场需求，进而影响人才培养质量的提升；另一方面，一些职业院校教师本身就缺乏对"工匠精神"的充分认识，也就难以将"工匠精神"融入日常教学和人才培养的实践，难以形成各具特色、卓有成效的"工匠精神"培育机制。三是从职业院校办学的实际条件来看，制约"工匠精神"融入的主要因素，是办学经费不足和师资力量的缺失。在办学经费方面，近年来，从中央到地方都加大了对职业教育的投入力度，但随着职业教育招生规模的快速增大，生均教育经费不足问题仍然普遍存在，必然影响职业院校学生的实习实训，影响"工匠精神"的融入；

在师资力量方面,"工匠精神"的培育,需要构建"工匠型"师资团队,多数职业院校教师的教学、科研任务繁重,校企合作能力不强、实践不足,难以达到"工匠型"教师的要求,形成了对"工匠精神"融入职业教育的制约。

(三) 社会文化和育人环境对"工匠精神"融入职业教育的制约

从社会文化和育人环境来看,一是传统观念制约了"工匠精神"的融入:受"万般皆下品,唯有读书高""劳心者治人,劳力者治于人""读书入仕"等传统观念影响,我国社会普遍存在重人文教育、轻技能培养的倾向。在人们的传统观念和社会认知中,"体力劳动者"和"工匠"的社会地位比较低,直接影响了人们"钻研技术、提高技艺"的积极性,影响了工匠精神的培育。二是特殊的社会变迁历程制约了"工匠精神"的融入。历史上的中华民族,并不缺"工匠精神",但自中华人民共和国成立后,直到改革开放以前,受特殊政治因素影响,传统手工业受到巨大打击,人们无暇思考"工匠精神"。改革开放之后,制假售假、急功近利、偷工减料等投机取巧现象,影响了人们对"勤劳敬业、精益求精"的追求,影响了"工匠精神"的弘扬。正是社会文化的缺失,形成了对"工匠精神"融入职业教育的制约。三是"工匠精神"融入职业教育,有赖于企业、行业协会的积极参与和密切配合,缺乏企业参与,没有劳动光荣的价值认同,也就难以建立起支撑"工匠精神"培育的文化体系,"工匠精神"培育就会缺乏社会基础。更为遗憾的是,一些企业对短期利益趋之若鹜,缺乏对"工匠精神"的追求,不可避免地对职业院校学生人生观、价值观产生负面影响,并制约着"工匠精神"的融入。此外,我国尚未形成"技有其价、技有所值"的价值激励机制,具备"工匠精神"的技能型人才没有得到充分的社会尊重,没有获得相应的经济激励,也是影响"工匠精神"融入职业教育的重要因素。

三、"工匠精神"融入职业教育的具体路径

强化对职业院校学生"工匠精神"的培育,必须将"工匠精神"融入职业教育体系,这就要求我们在全面推进职业教育体制机制、教学改革的同时,加强社会文化的育人环境建设,引导学生正确认识和自觉接受"工匠精神"的培育,最终实现自身素质的全面提升。

第五章 工匠精神融入职业教育的研究

(一) 在健全教育体制和办学模式中融入"工匠精神"

一是要建立现代职业教育体系。关键要做好三方面的工作:首先,要建立健全职业教育与普通教育、职业教育与职业资格体系之间的互通机制,重点是在基础教育阶段加强职业启蒙教育;建立职业教育与普通教育的互通机制,并建立职业教育学历证书与职业资格证书之间的互换机制,为"工匠精神"融入职业教育提供机制保障。其次,要建立健全职业教育内部衔接机制,要在进一步发展五年制高职教育的基础上,持续扩大职业学生对口升入高职的比例,并加快发展本科层次的职业教育,打通职业教育的上升通道,以此增强职业教育的吸引力。最后,要健全现代职业教育体系的保障机制,要在厘清政府与职业院校之间关系的基础上,加强职业教育法律法规建设,并建立多元、刚性的职业教育经费供给机制,为职业院校加强"工匠精神"培育提供制度基础、法律依据和经费保障。

二是要改革现行的办学模式。首先,要结合现实国情,积极发展农村职业教育,增强职业教育与区域经济联系的紧密度,并探索建立职业教育集团、职业教育园区等办学模式,通过构建富有"工匠精神"的区域文化氛围,提升职业院校的文化软实力;其次,要加强校企合作,积极探索"双元制模式""订单制模式""证书制模式"等多种互赢的人才培养模式,通过产教融合,将"工匠精神"与技术活动、技能培育结合起来,并内化于学生的精神生活之中,最终达到强化"工匠精神"实践教育、体验教育和养成教育的目的;最后,要在职业院校导入现代学徒制,建立由企业师傅与学校教师共同承担教学任务、共同传授职业技能的联合培养机制,强化对学生"工匠精神"和"职业素养"的培育。

(二) 在加强课程建设、改善办学条件中融入"工匠精神"

一是在课程建设中融入"工匠精神",主要通过修订人才培养方案,实现课程普及化、专业化和实践化,将工匠卓越的职业精神贯穿于职业院校的课程设计,贯穿于技能型人才培养的始终。具体来讲,首先是课程普及化,要在综合考虑知识与技能、情感与态度、过程与方法的基础上,将以"工匠精神"为核心的职业精神养成教育整合到各类课程之中,增加公共选修课程，在满足学生多元化、个性化需求的同时，奠定学生职业生涯发展基础；其次是课程专业化，要在综合考虑学校办学特色、师资队伍、办学条件，以及学生知识结构、职业爱好、个性特色的基础上，将课程设计与学生需求结合起来，强化对学生一技之长的锻炼，使之在某项技术（技艺）方面成为"能手"，并据此强化对学生"工匠精神"的培养；最后是课程实践化，要在科学设计实践教学模块的基础上，通过实践模拟、实践体验，引导学生将对"工匠精神"的认知和实习实训、工作实践相结合，使学生深刻理解"工匠精神"的内涵，以及"工匠精神"在职业生涯中的突出表现。

二是在改善办学条件中融入"工匠精神"，主要通过加强师资队伍建设，将"工匠精神"融入职业教育之中。"工匠精神"属于"职业精神"范畴，"职业精神"的养成需要外力的示范和引导，教师是引导学生形成"职业精神"的主导力量。因此，首先要加大对"工匠型"教师的资金、政策支持，把"立德树人"思想贯穿于师资队伍建设的全过程；其次教师要在理论教学、实习实训中以身作则，引导学生形成以"精益求精、爱岗敬业"为使命的价值取向。

三是要强化"工匠型"师资队伍建设，首先是加强对教师的教学理念、教学改革、实践技能方面的培训，其次要加大对教师参与创新创业实践的政策扶持。最后要建立"工匠型"师资库，并鼓励"双师型"教师、企业界行家、技能型人才加入师资库，以更好地满足职业院校"工匠精神"养成的师资需求。

（三）在优化社会文化和育人环境中融入"工匠精神"

一是加强以"工匠精神"为核心的社会文化建设。主要是打破"学而优则仕"等传统观念，营造"尊重职业、尊重劳动、尊重技术"的社会文化氛围。要通过媒体的宣传报道，树立当代"大国工匠"的典范，对做出重大贡献的"大国工匠"，给予优厚的经济待遇和较高的社会地位，使之安于工作、乐于奉献、潜心钻研。

二是加强以"工匠精神"为核心的企业文化建设。"工匠精神"的精髓，是"严谨细致、勤劳敬业、精益求精、一丝不苟"，这是企业生存和发展的有力保障。实践证明，凡是重视"工匠精神"建设者，其事业就会兴旺发达,其企业就会越来越强大;而疏忽"工匠精神"建设者,特别是造假售假者,结果只能是自毁前程。作为教育工作者,我们要结合现实案例,将以"工匠精神"为核心的企业文化传授给学生,使之在潜移默化中强化"工匠精神"的养成。

三是加强以"工匠精神"为核心的校园文化建设。首先,要结合工匠精神"精益求精"的思想内涵,强化对学生职业生涯规划,加强创新创业的模拟实训,特别要深化校企合作,营造多层次的实践平台;其次,要强化对校园文化的"职业化"改造,主要是根据专业特色,将产业、行业、企业发展对从业者的素质要求,融入职业院校教育教学之中,促进"工匠精神"与"主修专业"的融合,形成独具特色的专业文化、校园文化;最后,要创新对学生的评价机制,关键要建立一套科学、实用的人才评价指标体系,从社会、学校、企业三个层面,对不同阶段学生"工匠精神"的培养进行全面、客观评价,引导学生强化对"工匠精神"的认知,为学生就业奠定良好的基础。

总之,职业院校以培养"高素质、技能型人才"为目标,培养更多的精益求精的"大国工匠",是职业院校必须坚持的"初心"。只有将"工匠精神"融入整个职业教育体系,融入职业教育全过程,才能实现人才培养质量的提升,最终实现职业教育可持续发展的目标。

(四) 职业教学中实施路径

纵观职业教育教学实施,其演变过程可以归纳为四种基本的学习范式:①企业岗位主导范式——经验/累积系统的学习;②学校课堂主导的范式——知识/步进系统的学习;③学校情境主导的范式——整合/循环系统的学习;④校企合作主导的范式——协同/跨界系统的学习。

1. 企业岗位主导的范式——经验/累积系统的路径

职业教育企业岗位主导的范式,表现为经验/累积系统的路径形式。这一教学实施范式,是适应传统的家族企业劳动组织形式而出现的,亦即是建立在完成地区或区域市场的顾客合同所应采取的个人或小组的劳动方式之上的。

学习地点主要是早期的企业,如作坊、工场、家庭及农户的工作岗位,相应的学习采取原生态的、模仿的、直接的、实践的方式。学习是在具有长期职业经验而兼职从事教学的人员，如父母、师傅、伙计、邻居、同事的指导甚至悉心照料下"手把手"进行的。

企业岗位主导的范式，其实质为经验／累积的学习，而其所对应的社会形态，是与家族式的社会结构紧密相关的，涉及在这一社会结构的传统主导下的标准、风俗、消费和习惯。因此，学习目标主要是使学习者具备技能性的专业能力，以便生产高质量的产品并适应其基本的社会形态的生活，其学习活动则是在作坊、工场、农村、矿山等现场进行的；学习内容是对企业不同岗位的职业工作的复制照搬，强调岗位实践形成的经验累积，强调职业成长的经历。

2. 学校课堂主导的范式——知识／步进系统的路径

职业教育学校课堂主导的范式，表现为知识／步进系统的路径形式。这一教学实施范式，是适应泰勒分工的企业劳动组织形式而出现的，即是建立在大机器生产、提高劳动生产效率并同时降低成本所应采取的劳动方式之上的。

学习地点主要是从企业分离且与市场隔离的职业学校的教室、教学车间、实验室，相应的学习采取结果导向的、顺序的、封闭的、步进的且通过教学人员和教学媒体等他人指导的学习方式。学习是在全职从事教学的人员，如教师、专业教师指导下进行的。

学校课堂主导的范式，其实质为知识／步进的学习形式，而其所对应的社会形态，是与模拟的、封闭的、他人规范的社会结构紧密相关的，涉及具有与工业或职业相关的即从属于工业或职业的伦理道德。因此，学习目标主要是使学习者具备知识性的专业能力，以便在工业生产或职业活动中遵循劳动纪律，激励其晋升的愿景；学习活动是以教学科目、课程（教程）和学习班的形式在课堂里进行的；学习内容是对职业工作的理论知识的抽象，强调系统理论知识形成的再现，强调学习知识的步进规律。

3. 学校情境主导的范式——整合／循环系统的路径

职业教育情境实践主导的范式，表现为整合／循环系统的路径形式。这一教学实施范式，是适应最大限度地发掘人类个体行动可能性的企业劳动组织形式而出现的，即是建立在通过提升工作动机、工作兴趣和扩展工

第五章 工匠精神融入职业教育的研究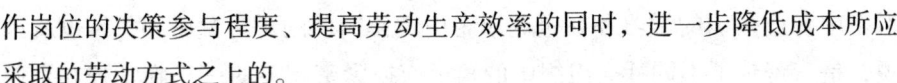

作岗位的决策参与程度、提高劳动生产效率的同时,进一步降低成本所应采取的劳动方式之上的。

学习地点主要是经过功能改进和扩充的职业学校的教室、教学车间、实验室。相应地,采取问题解决导向的、开放的、参与的且在装备有实际生产设备的学校教学环境下的学习方式。学习是在全职从事教学且其通过在企业实践中的进修得以提高自身能力的人员,如教师、专业教师指导下进行的。

学校情境主导的范式,其实质为整合/循环的学习形式,而其所对应的社会形态,是与模拟的、参与的社会结构紧密相关的,即环环相扣的。因此,学习目标是"一体化"的,使学习者不仅具备技能与知识整合的专业能力,而且具备与专业能力集成的方法能力和社会能力,通过源于职业的有实践意义的工作合同的方式,提高其在工业生产或职业活动中的积极性和创造性,形成自组织与自我承担责任的行动方式;学习活动是以项目教学、计划教学及角色扮演等形式进行的;学习内容是对职业工作的情境再现,强调技能与知识的整合学习,强调认知过程形成的环形结构的循环构建。

4. 校企合作主导的范式——协同/跨界系统的路径

职业教育校企合作主导的范式,表现为协同/跨界系统的路径形式。这一教学实施范式,是适应更进一步地最大限度发掘人类个体行动可能性的企业劳动组织形式而出现的,即是建立在团队工作、工作岗位的自组织和参与企业的发展塑造来强化企业竞争力所应采取的劳动方式之上的。

学习地点主要是经过功能被进一步扩展的、具有贴近市场需求的、按照顾客订单的、机构型的集中式的职业学校的教室、教学车间、实验室,以及具备非集中式的企业里的学习位置,如学习站、学习岛、学习角等,相应地采取问题解决导向的、开放的、参与的且在装备有实际生产设备的企业教学环境下的学习方式。学习是在全职从事教学且自身在企业实践中通过进修而具备相应职业能力的人员,如专业教师、企业兼职教师指导下进行的。

校企合作主导的范式,其实质为协同/跨界的学习形式,而其所对应的社会形态,不仅与真实的企业价值创造链紧密相关,而且与个体在学校形态中专业知识的学习和在企业形态中工作岗位的学习紧密相关。也就是说，是与跨越了不同社会组织中的角色交换紧密相关的——在学校和企业之间跨界进行的。这就必然要求学习以协同形式进行。由此，学习目标更是"一体化"的，也就是说，应使学习者不仅具备专业能力，而且具备方法能力和社会能力，并通过顾客导向的方式，提高其职业创新能力和社会创新能力，使其能运用灵活的职业行动，来应对企业里伴随科学、技术知识的日益增加，所导致劳动组织和生产方式的加速转变而引发的相应技能的复合性的强化，以求不断提高员工的能力，促使其形成改变自身价值取向的自觉性，进而增强企业竞争力。学习活动是以"生产型"职业学校，或教学型的企业或生产车间，以及学习工厂、模拟公司等形式进行的；学习内容是对职业工作过程的有机集成，强调职业能力形成过程中的校企协同作用，强调学习过程与工作过程的跨界对接。

综上所述，在职业教育教学实施范式演变的过程中，其各自所对应的学习形式也就包括：企业岗位主导的范式——经验／累积的学习形式，学校课堂主导的范式——知识／步进的学习形式，学校情境主导的范式——整合／循环的学习形式，校企合作主导的范式——协同／跨界的学习形式。

(五) 学习过程实施途径

伴随职业教育教学实施的范式演变，其学习过程也发生着有利于学生自主学习的演变，相应地出现了四种形式的学习系统，即教程形式的学习系统、产品形式的学习系统、项目形式的学习系统、市场形式的学习系统。

1. 教程形式的学习系统

教程形式的学习系统，适用于方案、程序和原理方面的新知识的获取。它通过对具有同种结构的系统的行动顺序的"刻板"重复，以构成随时可复制的行动图式。凡企图在较短的时间内使较大的群体获取同类的成绩，就可在降低新知识复合性的情况下采取这种教程形式的学习系统。所以，学习的规律性与同形性是教程形式的学习系统构成的教学论公理。教程形式学习系统的教学论的基本结构包括：

一是学习目标的描述。采取精确结果界定的方式，旨在掌握符号、数据、标准和术语以及相应的社会行为、工作质量与职业道德。

二是学习阶段的建构。采取封闭结构框定的方式,旨在通过限定与分解的事实和行动来提高优化实现学习目标的可能性。

三是学习过程的组织。采取他人控制即教师指导以及教学媒体,如教科书、工具书和电子媒体支持的教学形式。

四是学习成绩的评价。采取线形优化方式,通过按顺序安排的考核达到实现结构化的学习结果。

2. 产品形式的学习系统

产品形式的学习系统,学习的重点是学习载体及学习工件的经济"实用性"。这一核心思想是对"动机性"原则的强化。在这一学习系统中,教程形式的学习顺序依然存在,学习工件选择的标准是基于学习结果即产品的实用性。所以,学习的实践性与实用性是产品形式的学习系统构成的教学论公理。产品形式学习系统的教学论的基本考虑包括:

一是对作为学习结果的可使用产品的选择,不仅具有激发学生学习动机的意义,而且能使学生将学习与经济问题和劳动市场联系起来。

二是对作为学习结果的可使用产品的制作,不仅使学生了解成本与劳动经济问题,而且使其明确学习成果即产品的价值。

三是对作为学习结果的可使用产品的验收,不仅使学生了解并满足顾客需求,而且学会对产品质量和功能进行评价。

需要指出的是,这里的"产品",包括实体性的人工物产品,也包括规范性的文本类产品。

3. 项目形式的学习系统

项目形式的学习系统,是一种基于多学科关联以及群体间互动与跨职业组合的主题学习体系,与职业实践紧密结合,与问题解决紧密相关。这既是一种传统的学习形式,又是一种其价值在现代被重新认可的学习形式。所以,学习的主题性与集成性是项目形式的学习系统构成的教学论公理。项目形式学习系统的教学论的基本结构包括:

一是项目设想。每个项目都吸收参加者对项目设计的目的、愿望、预期、建议、主意和设想的意见,其结果形式为项目梗概。

二是项目目标。每个项目都是通过专家确定的,由文本、表格、图形形式表述的项目目标,其结果形式为目标描述。

三是项目计划。每个项目都根据目标预期、目标要求、目标背景以及项目参加者的条件来制订相应的计划,其结果形式为行动计划。

四是项目实施。每个项目都根据行动计划,通过控制与反馈调节,以独立或团队的工作方式完成,在实施过程中关注解决问题的工作步骤,其结果形式为解决问题的方案及其过程。

4.市场形式的学习系统

市场形式的学习系统,挣脱了只对职业实践进行替代与简化做法的桎梏,而是按照"市场"运行的全过程链,即与产品、服务、顾客以及生产、成本、核算、仓储、供货、合同、包装、运输、索赔、维护、保养等全过程打交道。所以,学习的过程性与整体性是市场形式的学习系统构成的教学论公理。市场形式学习系统的教学论的基本类型包括:

一是一种在学习车间里的系统组织的集中学习,是与在生产中的非组织的经验学习紧密结合的类型。这是学习地点分离的体系。

二是一种在学习车间里的系统组织的集中学习,是与在生产中的有组织的、非集中学习紧密结合的类型。这是学习地点关联的体系。

三是一种在企业内外的顾客合同基础上,将实训和生产一体化的系统组织的集中学习,是与有组织的经验学习紧密结合的类型。这是学习地点整合的体系。

第二节 工匠精神和职业学校德育的相互关系

目前,职业学校普遍存在重视智育、轻视德育的现象。仅重视学生的理论知识和专业能力,而忽视精神层面和道德层次的培育。或者在"重视德育"的外衣下实际却是徒有表面功夫。李克强总理所作政府工作报告使得工匠精神这一忽视很久的传统精神重回大众视野,也对职业学校人才培养方式敲响了警钟。

第五章　工匠精神融入职业教育的研究

一、工匠精神是德育内容的一部分，也应成为职业德育的重要内容之一

《职业学校德育大纲（2014修订）》中对于职业学校德育内容做出了明确的界定，主要涵盖理想信念教育、中国精神教育等六大部分。其中理想信念教育层面、中国精神教育层面、道德品行教育层面以及职业生涯教育层面的内容均与工匠精神有着千丝万缕的联系。

（一）理想信念教育层面

"理想信念教育"内容当中提到了职业理想教育，要求"立足岗位、奉献社会"。爱岗敬业的奉献精神是工匠精神的内涵之一，就是对自己的职业常怀敬畏之心，不能玩忽职守，把自己的工作当作毕生的事业，珍爱自己的行业如爱惜自己的生命；踏踏实实、兢兢业业，不断追求知识和技能的进步。

（二）中国精神教育层面

绪论部分对"工匠精神"给予了明确的定义："工匠精神"是指工匠们对自己的产品精雕细琢，从而使自己的产品一步步接近完美的精神理念，是中华民族的传统美德，更是新时期应该大力弘扬的时代精神。早在我国古代，就已经出现了具有工匠精神的手工艺者。我国最早的诗歌总集《诗经》中用"如切如磋、如琢如磨"来形容工匠具备的精益求精、严谨细致的精神。此外，《庄子》当中的"庖丁解牛"，伟大的木匠师祖鲁班，建筑大师喻浩，都足以证明"工匠精神"是早已有之的中华民族的传统美德。

而在社会经济飞速发展的今天，我们更应该以产品的质量为本立足世界之林，赋予工匠精神更多的时代意义。

（三）道德品行教育层面

道德品行教育中涵盖了职业道德的内容，也提到了个人品德教育，还要利用开设专题教育规范学生的日常行为，如文明礼貌、环境保护等。具备工匠精神的技术技能人才都具有严谨细致的工作态度。严谨细致，就

是不投机取巧，态度上严肃认真，行动上细致细心，不放过任何微小的部分，追求产品的高质量，并坚持以严苛的标准做检验，未达到要求绝不交货。这不仅是工匠精神的内涵之一，更是作为技术技能工作者最基本的职业道德。

(四) 职业生涯教育层面

职业生涯教育部分中包括职业精神教育。职业精神，是人们在职业活动中所表现出的态度和作风，是职业层面对于道德情感的坚守。包括职业理想、职业作风等因素，从实践层次要求从业者具有敬业、勤奋、创新等特质。虽不能说工匠精神等同于职业精神，但是两者有太多的交叉点。工匠精神的核心内涵之一是对精益求精的不懈追求，一丝不苟，精益求精，注重细节，追求完美和极致，这是一种职业态度，也可以说是一种职业良心，总之这是职业精神。

综上所述，工匠精神与《职业学校德育大纲（2014修订）》要求的德育内容可以说是同根同族，一脉相连，工匠精神本就是职业德育的重要内容，也应成为职业德育的重要内容。

二、职业德育是培养职业学生工匠精神的主要手段

职业教育的主要目标是促进就业，想要在就业市场上占有一席之位，就必须成为合格的技术技能型人才。职业学校通过充分了解行业要求和企业需求，确定了专业理论、技术知识等主要教学内容，从而使职业学生能够依靠自身的手艺、完备的理论知识以及高尚的品格实现就业。工匠精神就是"高尚的品格"。想要成为合格的技术技能人才，必须具备工匠精神。而职业学校要想实现促进就业的目标，就必须培育学生的工匠精神。

但是，要想把工匠精神的培育落到实处，不能只是单纯地从宏观领域"响口号"，而应该从微观出发，找寻合适的方式与途径成为工匠精神培育的落脚点。"立德树人"是我国一直强调的教育大方针。那么，职业学校完全可以把德育作为一条出路，甚至是命定的选择，把德育的特点和优势最大程度地发挥出来，将工匠精神融入职业学校德育当中去，以德育课堂教学为主阵地，辅之以社会实践教学，并且充分挖掘和提炼各门学科中的德

育因素,建构良好的校园文化氛围等,通过把工匠精神融入职业学校德育,来更好地为学生个人精神层面的成长服务。

三、工匠精神的培养是职业学校德育的重要目标

2014年新修订的《职业学校德育大纲》对职业学校的德育目标做出了明确指示。最基本的目标是要使学生成为一名合格的公民,要坚持中国共产党的领导。

《职业学校德育大纲(2014修订)》中对于职业学校德育内容做出了明确的界定,主要涵盖理想信念教育、中国精神教育等六大部分。其中理想信念教育层面、精神教育层面、道德品行教育层面以及职业生涯教育层面的内容均与工匠精神有着千丝万缕的联系。

道德品行教育中涵盖了职业道德的内容,也提到了个人品德教育;还要利用开设专题教育规范学生的日常行为,文明礼貌、环境保护等。具备工匠精神的技术技能人才都具有严谨细致的工作态度。严谨细致,就是不投机取巧,态度上严肃认真,行动上细致热爱祖国,不仅要遵纪守法,更要有高尚的道德品质;而作为生产一线的未来人才,要祖国,不仅要遵纪守法,更要有高尚的道德品质;而作为生产一线的未来人才,要培养学生的敬业奉献精神、责任心、诚实守信的优良品质,总之就是要让每一个学生成为高素质劳动者,为中国特色社会主义事业贡献一份力量,成为实现"中国梦"的先锋和骨干;更重要的是培育和践行社会主义核心价值观,使他们明白劳动伟大、劳动光荣,树立正确的职业理想,奉献社会。工匠精神的内涵包括爱岗敬业的奉献精神、赶超时代的创新精神等,与大纲要求的德育目标不谋而合。

此外,"工匠精神"关乎着每一个学生就业和职业生涯发展。一个具备工匠精神的技术人才,会使自己成为会发光的金子,在未来竞争激烈的就业大军中拔得头筹。职业学校在面对就业市场的巨大竞争压力下,更应提升学生的综合素质,把工匠精神作为德育的重要目标。

四、加强对学生工匠精神的教育,是新时期职业德育工作的着力点

近年国家对于教育改革与发展日益重视,职业学校的办学规模不断扩大,办学模式逐步改革完善。但受外部大环境的影响,职业学校片面重视学生理论知识、专业技术水平的培养,重视专业课,缩减德育课的课时,忽略德育课教师的培训,工匠精神难以培养。我国经济转型升级以及由"中国制造"向"中国质造"发展的趋势对技术技能人才提出了更高的要求,在"中国制造"向"中国质造"根本转变的过程中,要大力培育与弘扬工匠精神,从而不断创造出更具优良品质和丰富内涵的产品。

如今,工匠精神已经成为每个人走向工作岗位的敲门砖,是企业生存、发展的保证,更是学生就业和个人发展的需要。但是实际情况是找的工作往往与专业不对口,所用非所学,甚至根本找不到理想的工作。很多时候,这与他们的理论知识、技术水平并没有太大的关系,而是因为没有具备良好的工匠精神,对待工作没有精益求精的追求和严谨细致的态度。所以,不具备工匠精神定会阻碍职业学生的求职之路。因此,我们必须要将职业德育教育工作的着力点转到加强对学生工匠精神的教育上来。

五、工匠精神与德育的结合是德育改革的推动力

(一)德育教师与工匠精神

工匠精神融入职业学校德育,教师的作用不容小觑。教师在德育中发挥着主导性的作用。教师在德育课堂中要充分发扬工匠精神,培养更加优秀的学生。在德育过程中,教师要发自内心地认同工匠精神,认同工匠精神的内涵和重要性,如果教师自己都不认同,又何谈培育学生。除此之外,教师还要以身作则,为人师表,一个具有工匠精神的教师,对于学生工匠精神的培育是大有裨益的。教师在教学过程中要像工匠一样耐心、细心地去教导、关心自己的每一位学生。学生在这种教师的带领下,在教师人格魅力的熏陶下,更容易理解工匠精神的内涵,把握工匠精神的精髓。反过来说,工匠精神融入职业德育,也可以使德育课堂更有新鲜感,对于教师

自身素质的提高也会有所助益。

(二) 工匠精神推动德育走向"知行合一"

技术的发展是建立在人对于知识的探索之上，而工匠精神正是支撑人类进行探索的内在动力。如今职业学生对于教科书的使用方式往往是死记硬背，知道有哪些成果，了解有哪些标准，产生了什么样的结论，但多数是一知半解，缺乏对其由来的深入探究，未能领略前人在对其革新历程中所赋予的批判性与创造性，"谁知盘中餐，粒粒皆辛苦"。

因此，学生在对知识与技能的认知与应用上缺少了自主意识。

当前职业学生存在一系列价值观和心理方面的问题的原因，简言之，就是对德育的重视程度不够，或者是高喊着"德育为本"，但是却徒有其表。职业学校的办学目标中最重要的一条就是促进就业。德育可以使职业学生拥有高尚的职业道德和敬业的职业态度，对于促进就业必不可少。因此我们必须将工匠精神融入职业学校德育中来，扩展德育的角度，丰富培育的方式，以促进就业为重心，充分发挥德育自带的"长板"，建构学生的工匠精神。工匠精神融入职业德育，促使职业学校德育改革更加重视实践和行动层面，标志着德育走出自身的孤立与封闭，达到"知行合一"的良好状态。

第三节　工匠精神融入职业学校德育的对策

一、政策层面的对策

(一) 科学制定培养规划

职业学校应做到一切从实际出发，具体调查本校情况，成立专门的研究小组，科学制定培养规划，指引工匠精神的培育。工匠精神应进入职业学校的人才培养方案当中，建立固定的关于"工匠精神"的思想专题教育内容。此外，职业学校应编制具体的《工匠精神专题教案》[①]，制作多媒体教学课件，包括 PPT 课件、案例库、视频库等。比如我们熟知的美国西点军校的老师和专家前赴后继不断更新和完善职业精神训练的内涵，最终形成了享誉职教界的"十六条职业准则"。那么对于工匠精神的培育，必须加强调查研究，不同的专业有不同的特点，不同的岗位有不同的要求，要结合这些特点和要求，进行全面的分析，从而因地制宜地制订出科学有效的培养规划。但是，我们不能仅限于暂时的和短期的计划，要做好工匠精神培育工作的长期规划，把总目标和分期小目标结合起来，辅之以适宜的教育内容、多样的教学方法以及完善的考核评价体系，并且要做到有始有终，不能限于纸上谈兵，要用于实践并且接受实践的考验。

（二）营造良好的制度环境

工匠精神的培育，需要完善的制度网络来保障。有好的制度，才会培养出好的人才。

1. 完善德育管理制度

要想将工匠精神有效地融入职业德育当中，各职业院校应当于细节处，将德育管理制度的编撰与完善工作提上日程。一切从实际出发，建立完善的德育管理制度，充分发挥各层管理人员的主观能动性，调动起各专业教师的工作积极性，突显出职业学校德育管理的特殊性，使德育管理更全面、更符合职业德育工作的实际。

2. 加强相关保障制度

培育工匠精神，必须营造良好的社会氛围，以《商标法》《知识产权法》为主，遵循工匠实际，制定针对工匠的专利保障制度，从而增加工匠对于其产品的责任心和荣誉感。工匠制作出来的每一件产品也可以像超市卖出的食品一样，打上条形码和二维码，运用这些新兴手段建立产品的个人负责制。当然还可以仿照文艺界的茅盾文学奖、影视界的奥斯卡，对精美产品实行奖励制，树立标杆、鼓励赶超。

[①] 曹顺妮. 工匠精神：开启中国精造时代 [M]. 北京：机械工业出版社，2016.

3. 德育师资相关制度

首先，要建立"双师型"人才的引进制度，完善"双师型"教师培养制度，制定相应的引进办法和培养方案。其次，要运用强化理论、激励理论等激励德育教师的工作积极性；健全保障制度，优化德育师资建设质量，使德育教师个人价值最大化，有经验的老教师激情不减，有活力的青年教师青出于蓝而胜于蓝。例如，制定薪酬激励制度，定期组织教师参加培训，和学生一起实习。此外，德育的内容和方式要体现时代精神，这就需要成立专门的德育科研小组，把德育教师吸纳进来，不仅可以加强德育教师的科研能力，还能提升德育课质量，从而使工匠精神的培育效果更好。

4. 德育评价制度

考核与评价可以检验学生的学习效果，也能够提高学生的学习积极性。要想在学生素养上有所拔高，激励职业学生向具有"工匠精神"的合格的技术技能人才靠拢，推进工匠精神融入职业德育，职业学校应加强德育考核评价机制的革新，建立更适合的评价体系。要做到发展性评价和结论性评价相结合，定性评价和定量评价相结合，评价主体也要多元化。职业学校还可以建立专门的信息平台和积分制度，充分考量学生在产品工艺上所体现的工匠精神，实现德育的知行合一，培育"德技双馨"的现代职业人[1]。

二、操作层面的对策

(一) 校园文化

校园文化是培育学生工匠精神的隐性课程，潜移默化地影响着每个学生的职业态度和品德，是职业德育的重要途径。学校应充分利用校园文化这一隐性课堂，培育学生的工匠精神。可以在校园公告栏上、教学楼走廊上张贴"大国工匠"的人物介绍和事迹，也可以在教室、实训室展览体现工匠精神的作品，从而营造良好的匠人文化氛围。我国一直在举办各类职业技能大赛，其中不乏学生获奖者，可以把他们的个人介绍和获奖事迹张贴在职业学校的校园内，为学生树立身边的榜样。

---

[1] 曹顺妮. 工匠精神：开启中国精造时代 [M]. 北京：机械工业出版社，2016.

（二）德育工作队伍

俗话说，亲其师，则信其道；信其道，则循其步。德育教师的为人师表与工匠精神的传授对于学生严谨细致的品质的培养至关重要。要想将工匠精神融入职业德育当中，加深其融入程度，教师这一主导性角色责无旁贷。因此，必须加强德育队伍建设。首先对于职业德育教师的选拔和任用要严格把关，把那些本就具有工匠精神的人充实到德育队伍中来；其次要加强对德育干部队伍的培训和继续教育，提升其关于工匠精神内容的知识储备，增强管理技能；当然，还要适当提升职业德育教师的福利待遇，给予其物质保障。家长和社会要成为职业德育教师的左膀右臂，理解他们，支持他们，避免教师产生职业倦怠感。

（三）课堂教学

职业学校德育的主要形式就是课堂教学，因此要积极探索课程与教学模式的改革，激起学生学习技艺和技能的动机。学生对课堂内容感兴趣，才会认真听，才会内化于心，工匠精神才会生根发芽。

1. 改变传统的德育课堂教学模式

传统的教学模式都是一味的"教师讲、学生听"，这种模式已经不能适应现在的教学和学生。我们应该改变传统的德育课堂教学模式，采取"问答法"提升课堂氛围，采取"发现学习法"鼓励学生自学，使用"案例教学法"分组讨论、还可以举行辩论会，充分调动学生的积极性，发挥学生在课堂的主人翁精神。学生作为活动的主人加入整个学习和研讨过程中，从而对于工匠精神有更加身临其境的理解。

2. 注重德育课堂的实践性

工匠精神是实践精神。要想提升工匠精神的培育效果，单纯依靠传统的"教师讲、学生听"的德育课堂模式是不能满足需求的，必须辅之以实践层面的方式方法。可以采取小组讨论的形式，采用"发现学习法"，鼓励学生自行讨论学习，提出问题、解决问题；还可以丰富课堂形式，举办辩论赛、观看工匠系列短片等，让学生以更直观的方式感受工匠精神，还能为德育课堂增添活力。

第五章 工匠精神融入职业教育的研究

3. 使用现代化教学手段

科学技术日新月异，但是职业学校多数教师仍习惯使用"黑板+粉笔"。并不是说这种手段不好，而是我们应该与时俱进，学习使用现代化的教学手段，例如PPT、声像资料、视频短片等，从而提升工匠精神的培育效果。

(四) 社会实践

工匠精神的培育不仅需要认识层面，更需要实践厚土，实践环节是德育课堂教学的扩充和深入。大力推进社会实践，让学生在实践中领悟工匠精神。坚持工学结合，在实践中教育学生，"从做中学"，都有助于学生工匠精神的形成。职业学校可以定期组织学生到企业参观，了解企业文化；也可以通过完善顶岗实习、校企合作等方面，增加学生参与社会实践的时间，加深对理论的理解，走出课堂，提高自己的技能水平和动手能力。这样不仅能够提升自身的工匠精神，还可以接受实践的检验。学旅游的学生可以到旅行社兼职，培养自身的亲和力和服务精神；可以去景点参观考察，扩充自己的专业知识。职业学校还可以根据自身实际情况组建职业实践型社团。由学生领导，组织相关的职业导向性强的活动。总之，工匠精神融入职业学校德育不能单靠课堂知识的传授，还要接受实践锻炼的深化，同时接受实践的检验。

(五) 学校、家庭、社会三位一体

培养职业学生精益求精、爱岗敬业的工匠精神不能只靠学校德育，家庭和社会也应该贡献一份力量。家庭是孩子成长最早、所处时间最长的环境，社会也无时无刻影响着孩子。所以，必须把学校、家庭、社会的力量拧成一股绳，构建"三位一体"的教育体系。审视职业学生工匠精神培育工作要看是否基于社会背景，是否充分考虑了社会的现实需求，而不能成为"无源水""无水木"，要紧跟社会潮流和时代发展，将社会背景作为行动基础，提升对工匠精神的重视程度，促进工匠精神融入职业学校德育，努力构建"三位一体"的职业学生工匠精神培育机制，从而使职业学生工匠精神培育工作长远发展。

通过构建与学生家长的沟通联络群，经常召开家长代表大会，虚心接受家长提出的关于职业德育工作的建议，了解家长对于德育教师的要求，加深工匠精神融入职业德育的程度和深度。

(六) 树立榜样和典型

榜样是一个人成长道路上的领路人和指引者。我们可以在职业学生当中树立优秀的榜样，传播他们的光辉事迹，指引学生走正确的道路。这些榜样就在学生们身边，而不是那种不可触及的遥远偶像，必然可以起到引领学生成长、前行的作用。学校还应该将胡双钱、周东红等"大国工匠"的事迹介绍给学生，更要宣传其精益求精的工作作风。利用活动课，共同欣赏《大国工匠》纪录片，学习"大国工匠"的事迹和他们的工匠精神；广泛召开座谈会，邀请身边的优秀工程师和技师来宣讲，使这些具有工匠精神的技术技能人才成为职业学生的榜样，推动他们进步。

(七) 运用新媒体手段

随着"互联网+"时代的到来，及手机数码产品的广泛使用，新媒体手段越来越受重视。在职业学校德育工作中，我们可以通过独立网页设计、建立群聊、借助朋友圈等方式，为德育培育学生的工匠精神添油加力。开设工匠精神主题网页、专栏、公众号等，可以开展以"工匠精神"为主题的网上直播，分享关于"工匠精神"的视频、电子书等，还可以进行网络实时讨论，布置网络积分得奖等活动，增强吸引力、感召力，从而影响学生的道德观和价值观，助力工匠精神的培育践行。德育教师可以利用新媒体手段与学生家长及时沟通，也可以利用博客或空间来传递工匠精神。职业学校要大胆接收这一新兴事物，跟上时代发展，不断学习，主动地从网络德育这一方面去培育职业学生的工匠精神，充分发挥网络新媒体的作用。

三、内容层面的对策

现如今，我国职业德育仍然固守着许多落后于时代的内容，没能落脚于实际生活，没能紧跟时代潮流，也缺乏历史感，使得职业学生没能把所学知识用于实际，解决现实问题的能力很低。工匠精神这一时代感精神要求职业院校德育建设必须要紧跟时代发展脚步,不断革新工作内容,结合社会现实,贴近真实生活。在具体实施中,不应过于保守、墨守成规于生硬的理论,而应该适时添加一些新的时代性内容,例如新的职业观念、高尚的职业理想、正确的职业态度等能够激发学生学习动机的内容。学生对所学习的内容有兴趣,工匠精神的培育工作才能够顺利展开。

(一) 宣扬新的职业观念

古代中国"劳心者治人,劳力者治于人""万般皆下品,惟有读书高"等社会价值观念深入人心,以至于至今仍对我国青年的职业观产生着巨大的影响。我国学生就业总是喜欢选择安逸稳定的工作,认为从事技术工作、动手的工作不体面。因此,工匠精神融入职业德育,职业学校应该在德育内容方面让学生了解,当前我国经济转型升级,工匠的价值较之前将会有更大的体现,工匠会重现舞台中心。"中国制造"要想转为"中国质造"需要工匠精神[1]。

(二) 树立正确的职业理想

职业规划与指导是职业学校德育的重要内容,树立正确的职业理想对职业学校的学生具有无可比拟的重要性。正确的职业理想,要求每一个毕业生对于未来要从事的工作有一个正确的认识,把工匠看作是高尚的职业;随后,要热爱自己的职业,对自己的工作要有责任心和忠诚度;当然还要有对新知识的渴望以及孜孜以求的上进心。我国,有数以亿计的工人,他们工作在生产第一线,创造着属于自己和国家的财富。但是不得不承认的是,这些工人大多都是把工作单纯当作是维持生计的手段,做不到像"大国工匠"那样。不乐观的现状,对我国职业学校提出了更高的要求,必须树立学生正确的职业理想,培育工匠精神。

(三) 德育教材校本化

我国现时期正处在改革的攻坚阶段和发展的关键时期,"中国制造"向

---

[1] 黄君录. 高职院校加强"工匠精神"培育的思考 [J]. 教育探索, 2016(08).

"中国质造"转变迫切需要一大批具有工匠精神的技术技能人才，德育作为培育工匠精神的主阵地，其教材更应体现时代潮流，追求创造性和前瞻性，充分遵循学生发展的需求。职业学校可以在响应国家课程和地方课程的基础上，从本校实际出发，进行内容的改编和删减，使之更符合学生的特点和需要；也可以具体问题具体分析，对本校师生的需求进行调研，使德育校本教材内容新颖，适应学生个体差异。当前我国职业学校德育教材中工匠精神的内容寥寥无几，迫切需要更新和改革。不同的地方都有属于自己的"大国工匠"榜样，不同的行业也有不同的要求和体现，因此职业学校迫切需要以校本教材的形式将工匠精神的培育凸显出来。德育校本化可以采取如下措施：首先需要在职业学校内部建立专门的、负责校本教材开发的了解工匠精神内涵的领导和专家小组，使之起到引领带头作用。其次要明确学生当前的发展需求、社会的发展需要，从而确定校本教材的设计目标，搜集相关素材，根据目标选择课程内容，进行课程设计。当然，最后还要经过实践的检验和评价，不断地反思，从而不断完善。

综上所述，职业学校应找准培育工匠精神在本校育人目标中的位置和切入点，将其纳入课程体系中，充分发挥德育课教师的作用，通过课堂系统的讲授辅之以实践历练和考验，使工匠精神的内涵及重要性内化于学生之心，从而使其养成自觉践行工匠精神的习惯，促进工匠精神融入职业学校德育当中去。然而，德育课仅仅是专业课程体系中的一小部分[①]。我们还要在专业课当中进行德育知识的渗透，充分发挥实习实训、校企合作等方面的光合作用，既要培养出理论界的"爱因斯坦"，也要培养出具有工匠精神的"鲁班"。李克强总理2016年的政府工作报告提到要"培育精益求精的工匠精神。"使"工匠精神"这一词汇重回大众视野。当前我国正处于"中国制造"向"中国质造"和"中国创造"的转变期，迫切需要一大批具有工匠精神的技术技能人才。"工匠精神"是指工匠们对自己的产品精雕细琢，从而使自己的产品一步步接近完美的精神理念，是中华民族的传统美德，更是新时期应该大力弘扬的时代精神。其内涵主要包括：

---

① 黄君录.高职院校加强"工匠精神"培育的思考[J].教育探索，2016(08)．

(1) 精益求精的执着精神；

(2) 严谨细致的工作态度；

(3) 爱岗敬业的奉献精神；

(4) 不断精进的专业技术水平；

(5) 赶超时代的创新精神。

培育具有工匠精神的技术技能人才，是我国经济转型升级的需要，是行业改革和发展的保障，有助于个人的就业和发展，是职业教育改革与发展的重要抓手。职业德育在培育工匠精神的过程中其主阵地地位应运而生。加强对学生工匠精神的培育，是新时期职业德育的着力点；工匠精神是德育的重要内容，职业德育是培养学生工匠精神的重要手段。然而当前，我国工匠精神融入职业德育的力度和深度还远远不达标，缺乏政策制度的引领与保障，工匠精神相关的德育内容严重缺失，德育途径单一，育人环境也没能很好地为工匠精神的培育服务。因此，我们需要科学地制定培养规划，将工匠精神写入职业人才培养方案当中；建立制度网络，保证工匠精神培育进度；充分发挥校园文化的隐形教育作用；加强德育工作队伍建设，培育"清楚工匠精神、具备工匠精神"的德育师资力量；课堂教学与社会实践相结合；学校、社会、家庭三位一体，共同培育；树立身边的"大国工匠"榜样；更要与时俱进地运用新媒体手段；当然还要紧跟时代步伐，加强德育科研，更新德育内容，将工匠精神的内涵、体现、重要性以及榜样典型作为重要内容写入职业德育的校本教材中。相信通过这些努力，"大国工匠"的数量会越来越多，"中国质造"和"中国创造"将不再是梦想。

第六章　职业教育技能型人才"工匠精神"培养研究

通过国家关于技能型人才的相关政策可以得知,技能型人才所从事的主要是生产一线的实际操作工作,可以将技能型人才定义为在生产、服务、管理等领域岗位一线,既拥有比较专业的理论素养和知识水平,又拥有一技之长、精湛的操作能力和灵活的动手能力的操作型人才。

第一节　技能型人才"工匠精神"的理论基础

职业教育担负着培养技能型人才的重任。通过对技能型人才、工匠精神这两个概念的界定,可以为论文研究厘清概念,梳理思路。再通过需求层次理论、人力资本理论、教育价值理论这三种理论的介绍,为论文研究提供理论支撑,从而更有利于论文写作的进行。

一、技能型人才"工匠精神"概念界定

(一)技能型人才

技能型人才的内涵随着产业结构转型升级和社会经济发展会有所提升和扩展[①],关于技能型人才的定义并不完全统一。姜大源认为[②],"技能"显现为"应用专门技术的能力"。技能作为"人化"的技术,是使"物化"的技术为社会创造实在价值的基础。也有定义认为,技能型人才是经过专门的培

---

① 姜大源. 职业教育研究新论 [M]. 北京:教育科学出版社,2007.
② 姜大源. 职业教育研究新论 [M]. 北京:教育科学出版社,2007.

养和训练,掌握当代较高水平的应用技术和理论知识,并具有创造性能力和独立解决关键性问题能力的高素质劳动者。

由此可见,技能型人才是相对于学术型、技术型人才分类而言的,其主要特征是就职于生产、运输、服务等领域的第一线,具有掌握专门知识和技术的实践操作能力、方法能力等等。技能型人才是在接受职业教育和技能培训的基础上,经过初级、中级,而最终成为高级技能型人才。

(二)"工匠精神"

中共中央印发《关于深化人才发展体制机制改革的意见》文件指出,大力培养支撑中国制造、中国创造的技能型人才队伍。"中国制造"亟需的大国工匠,人才培养的供给侧结构性改革,都需要蕴含"工匠精神"的教育。因此,构建现代职业教育体系,适应当前社会经济发展对技能型人才的需求,培养技能型人才的"工匠精神",是时代赋予职业教育的历史重任。

2016年5月27日,习近平总书记在主持召开的中央政治局会议上关于规划建设北京城市副中心、疏解北京非首都功能和进一步推动京津冀协同发展的有关工作中明确指出,要发扬"工匠精神",精心推进,不留历史遗憾。"工匠精神"越来越受到国人的重视。发展职业教育,培养高水平技能型人才,需要我们溯本求源,砥砺前行。言及"工",东汉许慎《说文解字》中曰:"'工',巧饰也。"从字面而言,可以理解为"工"凸显了追求技艺之"巧"。言及"匠",从汉字结构而言,可以解读为"在限制的空间内斤斤计较"。"工"与"匠"连在一起即工匠,通常指有专门技术或手工业才能的一类人。

那么,"工匠精神"指的是工匠们根据顾客或各行各业的需求进行产品创造,对自己所从事的事业执着地坚持,既不放弃也不改变自己的初心,充满敬畏感地对自己的手艺有超乎寻常的艺术追求。工匠们专心工作,一项工作一做就是一辈子。"严谨、一丝不苟"是"工匠精神"的态度。一次就把事情做对、做好,对于任何事情都尽心尽力,采取严格的检测标准,不容许一丝一毫的投机取巧,并且工作态度严肃、谨慎,这些都是"工匠精神"的体现。"精益求精、耐心坚持"是"工匠精神"永恒的追求。注重细节,一点儿都不能差,差一点儿都不行,反复改进产品十年如一日,反复磨练。

二、技能型人才"工匠精神"的理论基础

（一）需求层次理论

马斯洛（Abraham H. Maslow）需求层次理论认为在基本的生理需求没有得到满足以前，更高级的需求就不会发挥作用。高层次的需要得到满足后，低层次的需要仍然存在，只是对行为的影响的程度大大减小。马斯洛的需求层次理论具有非固定性，但大多数的基本需求是从基本的（衣食住行）到复杂的（自我实现）。总而言之，高层次的需要比低层次的需要有更大的激励价值。

随着社会经济的发展，消费者的消费结构也在转型升级。就消费者购买产品而言，"生理需要"是消费者最低层次的需求，消费者只要求产品具有一般功能就可以了，比如选择购买同类商品中最便宜的商品；"安全需要"是消费者关注购买的产品对身体的影响等，对"安全"有需求，消费者就会在产品价格相差不是很大的情况下，选择质量更好的产品；"归属与爱的需要"是消费者关注产品是否有助于提高自己的交际形象，比如，精美的包装、周到细致贴心的服务等附加功能以及产品的品牌形象都能让消费者愿意付出更好的价格；"尊重需要"是消费者关注产品的象征意义，比如把产品当作一种身份和地位的象征，希望通过对产品的使用而获得别人的认可；"自我实现的需要"是消费者对产品有自己评判的标准，比如某品牌产品的精神内涵对于他们选择的影响会很大。而正是这种消费者对市场更新换代的需求，使得对于"工匠精神"的需求就越迫切，因为"工匠精神"所具有的对产品制作工艺的精致等，都是人们在满足基本的生理需求之后，对达到更高层次需求的呼唤。

（二）人力资本理论

美国经济学家西奥多·舒尔茨（Theodore W. Schultz）在《人力资本的投资》一文中提出，人力资本是对生产者进行普通教育、职业培训等支出和其在接受教育的机会成本等价值在生产者身上的凝结。教育在人力资本形

成和积累中的价值依靠人才的质量和素质。

根据人力资本理论的主要观点,我们可以得知职业教育培养的技能型人才作为一种人力资本,其与国家经济的增长和技能型人才个人收益的增加有着紧密的联系。技能型人才拥有的某些行业普遍适用的技能,或者在特殊生产设备和特殊生产环境所需要的特殊技能,都对现代经济发展具有重要作用。将技能型人才的培养与国家的经济效益和企业的生产效益联系起来,培养适合时代发展需要的技能型人才,真正将重视物质资本投资和人力资本投资相结合,着力培育技能型人才的"工匠精神",有利于提高人力资本投资的收益水平,也是今后经济发展和国家政策转变的重点方向。

(三) 教育价值理论

教育价值有两种含义,分别是教育中的价值和教育的价值。在关于教育价值的分类方面,划分为教育对人的需要的满足的教育个体价值,以及教育对人和社会需要之间关系的协调的教育社会价值,教育的本体价值是指对在学校中学习的学生和接受各种成人教育的学生,在身心发展过程中所产生的需要的一定满足。

教育的本体价值和教育社会价值是"源"和"流"的关系,不同历史时期侧重不同。由于职业教育的职业性和教育性,职业教育具有促进人和社会发展的价值。职业教育培养的具有"工匠精神"的技能型人才在社会价值方面主要体现在职业教育可以提高技能型人才培养质量、工作能力和技术水平以及提高生产效率。

经济价值方面表现在可以将技能型人才的专业知识和技能水平相统一,从而促进经济增长等。个人价值方面主要体现在培养技能型人才具有"工匠精神"的良好综合素质[1],通过接受职业教育改变自己的身份,提高自己的社会地位等。职业教育培养的具有"工匠精神"的技能型人才真正地落实到人才培养的过程中,是教育价值理论很好的践行。

---

[1] 姜大源.职业教育研究新论[M].北京:教育科学出版社,2007.

三、培养技能型人才"工匠精神"现实召唤

当前,"工匠精神"被摆在促进社会发展重中之重的位置,引起社会大众的思考和探索。新时期的"工匠精神"也会面临一些现实困境,本节将从社会经济结构、制度供给、教育和择业理念、人才培养模式四个方面阐述当前技能型人才"工匠精神"培养面临的问题。

(一)社会经济结构失衡

1. 粗放型经济发展方式

短缺经济、卖方市场格局下,计划经济体制的长期运行,塑造出了漠视消费者的各种企业顽疾,它们是不是导致我们历史上"工匠精神"淡化甚至在某些领域消失的根本原因?短缺的市场环境以及计划经济体制消灭了竞争,消灭了消费者本位,甚至直接把消费者为上帝、精耕细作的"工匠精神"的土壤给铲除了。中国经济的快速发展,以及由此出现的能过剩的严峻形势,加上《中国制造 2025》的全面实施,中国制造在国际的舞台上被贴上"低质廉价"的标签。

这已经在警示我们"工匠精神"对于中国制造业发展的重要性。"工匠精神"是中华文化中重要的组成部分,而文化与经济的发展是相互影响、相互作用、相互交融的。对我国优秀传统文化"工匠精神"的继承和弘扬,可以彰显我国在综合国力竞争中的地位和作用。由于过去几十年,我国主要追求的是短期粗放型的经济发展方式,强调短、平、快,计划经济体制政策的倾向,制约了市场环境的竞争,这些都不利于高质量生产和经营产品,更不适宜于"工匠精神"培养的环境土壤。

2. 经济发展长期存在短期化倾向

随着社会经济的发展,大部分人所认为的成功就是"有钱"。在现实、势力、急功近利的复杂环境下,真正能够耐得住性子安心做一件手工艺品或产品的人并不多见。就比如我们日常生活中,每天都会吃的包子,一辈子做包子并把包子做成品牌的人,不论他的技艺有多高超,不管做的包子有多么美味,在人们看来就是一位卖食品的普普通通的人。而反观,最近在网上非常流行的网红,只需一次直播或者成千上万的点击量所获得的收

入就可以超过卖包子师傅一个月甚至一年的收入,这在大部分都渴望通过"捷径"获得成功的人看来,那些几十年如一日做一件事情,没名没利的工匠是不值得被推崇的。在各种利益的诱惑下,国人可能被一时的金钱或名利或地位冲昏了头脑,不愿意脚踏实地做事情,不想去传承"工匠精神"。

此外,当下经济发展环境下人们的消费心理也发生了变化,希望买到物美价廉的东西。消费者对低价格的追求,使生产者们在价格上存在竞争,为了降低生产成本,部分生产者会心中抱有一丝侥幸心理投机取巧,做出的产品的质量不高、创造力也不强。这些都不利于"工匠精神"的培养。

(二) 工匠制度供给短缺

1. 市场准入门槛低

市场上竞争的激烈,以及不正当的竞争,使得存在大量低劣产品,这对于工匠制造出来的精品本身就是一种冲击。例如如今,随着"互联网+"时代的发展,网络预约拼车渐渐成为人们出行的重要方式。网络预约拼车,是信息化社会发展的产物,满足了社会大众个性化和低成本的出行需要。

然而,由于市场准入规则的不完善,监管方式的不到位,以及从业者素质和职业道德的参差不齐,给消费者的出行带来了一些问题。比如,由于网络预约,客户的个人信息面临被泄露的风险,隐私安全得不到保障,这些都会对人们的出行和日常生活带来困扰。这些就涉及到从业人员的诚信观念,遵守市场秩序、法律法规的理念,而这正是"工匠精神"所推崇的敬业、诚信的态度。要弘扬我国的"工匠精神",对市场准入门槛的规范必不可少,从业人员需要自觉地践行社会主义核心价值观,需要遵循市场运行的规律,加强对从业者的规范和管理。

2. 技术创新制度保护不足

在一个充斥着创业创新机遇的时代,以创新驱动发展的中国,要制造出经得起检验的产品根本离不开"工匠精神",也就是说"工匠精神"是创新的温沃土壤。然而,我国对技术创新的制度保护相对不足。通常研发创新型高端产品的前期投入很高,但再生产成本却很低。因为对技术创新缺乏制度保障,巨资研发的优质产品尚未全面盈利,就可能因其他企业违规复制使其投资回报率大为降低,使企业技术创新的内生动力缺失。如此一来，技术创新助推制造业高端化也就面临着制度梗阻。

同时，由于现在在我们日常的生活中，"一次性"文化已经被灌输，东西坏了、旧了，人们首先想到的不是维修，而是再买一个新的。因为与其维修花费高额的成本不如买一个新的更经济实惠，也是这种心理，使产品制造者的创新能力有所退化。但我们应该意识到的是，制度创新是技术创新的活力来源。人们在追求"工匠精神"的同时，国家有关部门要在技术创新保护上加大力度，真正地颁发相关有效的法律法规确保工匠的技术创新得到制度保障。

(三) 教育理念和择业观念滞后

1. "工匠精神"没有渗透进教育教学中

国务院《关于加快发展现代职业教育的决定》进一步提出，要引导全社会形成"崇尚一技之长、不唯学历凭能力"的社会氛围。然而，具有专门知识和技能的技能型人才受到社会整体重视的程度还不够高。并且，作为技能型人才培养主体的职业院校，因条件和设备的限制没有办法为技能型人才的实训环节提供有效的工作场景和良好的成长环境，职业院校培养出合格的技能型人才有一定的难度。

此外，职业院校为了片面地追求所谓的高入学率和高就业率，过多地加强对技能型人才职业技能方面的培养训练，而对技能型人才职业精神和职业素养的养成有所忽视，致使"工匠精神"在职业院校的教学中并没有渗透，即使有所涉及，那也只是浅尝辄止。然而，无论技能型人才从事什么样的职业，都需要"工匠精神"。

因为"工匠精神"既为技能型人才今后的职业生涯指明了道德精神的方向，又为提升技能型人才的职业技能树立奋斗的目标。因此，需要职业院校教育教学中对"工匠精神"的忽视现象重视起来。

2. 历史文化传统的偏见

中国的历史上从来都不缺乏能工巧匠，亦不缺乏"工匠精神"。只是，在中国人的传统思想里面，对工匠还是心存偏见的。例如，孔子在《论语·为政》中提到了"君子不器"的思想。此外，中国古代还分等级制度，分别是士，农，工，商。此外，"万般皆下品，唯有读书高"的理念已经深

第六章 职业教育技能型人才"工匠精神"培养研究

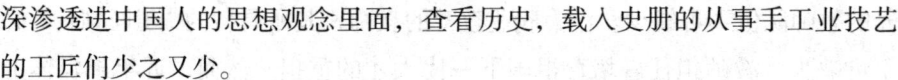

深渗透进中国人的思想观念里面,查看历史,载入史册的从事手工业技艺的工匠们少之又少。

举例来说,大家都学过《阿房宫赋》,我们熟知口口相传的项羽烧阿房宫的故事,却对建造阿房宫的工匠们并不知晓;对文明千古的《岳阳楼记》的作者范仲淹耳熟能详,但对修岳阳楼的技师却不闻不问。在古代传统社会中,人们对从事重复性而没有创造性的劳动的、制作产品需耗费大量时间和体力的工匠们心存偏见。在现代的社会中,由于中国传统观念根深蒂固,工匠们的社会地位并不高,没有得到极大的尊重,甚至有些看不起。事实上,工匠与科学家、工程师只是职业类型不同,并没有身份高低之分。对工匠们缺乏足够的尊重,是弘扬"工匠精神"面临的重要问题。

(四) 现行人才培养模式的短板

1. 人才培养与企业需求的结构性矛盾

职业教育的价值取向是以就业为导向,专业对口、技能教育是职业教育的评价标准和层次定位。职业教育培养技能型人才遵循企业用人需求规律、技能型人才学习发展需求规律和学校办学需求规律。此外,职业院校技能型人才的培养,体现职业院校教育的专业性、全员性和职业性特征。随着世界经济的全球化、劳动力市场变化的新趋势,人们一生只从事一个职业的情况越来越少,尤其是社会地位不高的职业其岗位变换也越快。然而,职业院校培养的技能型人才与企业所需要的人才还是有一定的差距的。比如,职业院校和企业存在精神文化、管理文化、制度文化、行为文化融合的鸿沟。此外,现在职业院校培养技能型人才大多在学校进行,真正到企业进行实践学习的很少。

这样一来,技能型人才在职业院校里面所感受到的成本意识、质量意识和安全意识不强,而企业在生产流程的每一线都时刻强调运营的成本、强调生产有质量的产品、强调具有危险预知和主动改善的意识。这样职业院校培养的技能型人才并没有真正达到企业行业所需要人才的标准,就会出现职业院校技能型人才培养和企业行业需求之间的结构性矛盾问题。

2. 高水平的师资队伍紧缺

想要培养出具有"工匠精神"的技能型人才,一支具有"工匠精神"素养的教师队伍不可缺少。作为职业教育的教师,其所具备的"工匠精神"必不可缺少。教师担任着培育祖国下一代人才的重担。然而,近年来媒体上报道的老师师德师风严重滑坡的事件越来越多。由于社会正处于经济的转型期,拜金主义等不良的社会现象对教师的职业道德带来负面影响,加之学校管理的松懈以及社会上对职业院校老师地位的不重视,部分职业院校老师职业道德素质出现严重的滑坡,其主要表现在:师表观念淡薄、奉献精神不够等。

面对这些问题,首先,职业院校的教师只有在敬业的前提下,才可以像工匠做出高质量和高水准的艺术品那样,培养出高质量的技能型人才。其次,由于职业教育职业性的特点,职业院校的老师也要像工匠一样拥有精湛技艺,拥有专业的学科知识和娴熟的教学技能、实践实训技能。还要有对职业院校学生精益求精的管理态度,因为职业院校的老师大多面临的是考试失利成绩不突出,或者来自农村等贫困家庭的学生。面对这些特殊的学生,老师需要在技能型人才的学习和生活上都要有细致和高要求的管理,帮助他们树立正确的价值观,真正做到精细化管理。尤为重要的就是要坚持,像工匠坚持将工艺品做到极致那样,去坚持对技能型人才严格要求,坚持用自身具备的"工匠精神"去感染学生。因此,高水平师资队伍的建设对技能型人才"工匠精神"的培育尤为重要。

(五) 战略需要:为中国制造转型升级奠定坚实的人才基础

李克强总理在作政府工作报告时提出,要实施"中国制造2025",加快从制造大国转向制造强国。这对技能型人才职业素质和能力素养的要求和期待越来越高,职业教育的地位也越来越重要。面对中国制造转型升级等国家战略发展的要求,技能型人才职业精神的培养至关重要。"工匠精神"作为职业精神的重要内容,德国、日本等制造业强国,在职业教育中采用多种教育途径和方法,塑造和培养学生的"工匠精神"。据报道,截至2012年,全球寿命超过200年的企业,日本有3146家,为全球最多,德国有837家。企业长寿的秘诀是他们都在传承高贵的"工匠精神"。在我国,虽然我们具有"庖丁解牛"、鲁班、卖油翁等历史悠久、脍炙人口的"工匠"式传奇,但如今却被"差不多"文化所取代。舆论诟病中国企业家缺乏对精

第六章 职业教育技能型人才"工匠精神"培养研究

品的坚持和追求,急功近利,没有严把质量关,让创新变得异常艰难。如今在制造业转型升级背景下,强调的技能型人才职业精神,是具备时代发展最急需的"工匠精神",强调的是技能型人才培养质量。强化技能型人才"工匠精神"的培养,将会使"中国制造"摆脱简单粗糙的命运,对于建设制造强国具有十分重要的现实意义。

(六) 精神标杆:体现职业院校办学的文化软实力

技能型人才职业精神培养是职业院校教育工作的核心的特定重要组成部分,职业院校在适应培养我国经济建设所急需的技能型人才的同时,需要重视在向学生传授技能知识的过程中,逐步将"工匠精神"的价值观念践行在技能型人才日常生活学习中。然而在当前职业院校的教育工作中,一般都较重视对学生职业技能的培养,学生职业精神的培养因未能予以足够重视而成为一种形式。而当代"工匠精神"的精神理念是我国职业院校需要把握和践行的。将职业院校办学理念、校园文化、师德氛围等精神环境的营造融入技能型人才"工匠精神"培养的过程中,以职业院校办学理念具有的向心力坚定技能型人才技能就业与技能成才的信念,促使技能型人才"工匠精神"的养成,让职业院校培养的学生成为具有完满人格的职业人。

此外,在协调创新理念的引领下,职业院校承担着技术技能和新工艺传播的中间和桥梁作用,需要在培养技能型人才"工匠精神"的过程中,强化对于技术技能的传承与创新,提高职业教育人才培养水平,实现教育现代化理念对技能型人才"工匠精神"培养的质量要求。因此,技能型人才"工匠精神"的培养,是职业院校育人工作的要求,也是职业院校办学文化软实力建设的精神标杆。

(七) 现实需要:推动技能型人才个人生涯发展

职业教育培养的技能型人才能获得职业知识、技能和职业道德的教育,从而顺利毕业成功就业,能很好地适应经济社会发展、生产方式变革、技术变革的需要,是职业教育的基本任务。大多数职业院校的学生来自农村和城市经济困难的家庭,他们通过接受职业教育,学习一技之长,在社会中找到工作,这对于职业院校学生个人就业和帮助家庭改变命运具有重要意义和不可替代的作用。正因为每一名职业院校毕业生都要面临从"准职业人"到步入社会劳动的"职业人"的角色转变,而且技能型人才的素质直接关系到产品和服务的质量,因此,良好的职业精神,即"工匠精神"将是技能型人才成功开启自己职业生涯需要具备的综合素质中必不可少的部分。根据国家统计局统计的数据可知,高新技术企业对高职毕业生的青睐度不断提升。当前中国正处在产业转型升级的关键时期,这势必带来新的就业岗位、就业机会,许多企业对技能型人才的需求不断增加。

而作为"工匠精神"最佳传承者的技能型人才,通过学校时期"工匠精神"的注入,能够实现技能型人才个人生涯发展与市场面向工作岗位需求的无缝对接。因此,技能型人才"工匠精神"的具备,职业技能水平的提高,就业能力和适应职业变化能力的增强,是提高其生存质量、就业质量和职业迁移能力的重要条件,是经济转型升级、产业结构调整背景下确保每一位技能型人才顺利进入劳动力市场竞争实现个人生涯发展的重要保障。

第二节 技能型人才"工匠精神"培养的价值向度

一、价值主张:坚持知行合一

知行合一,是中国哲学的一对范畴。孔子主张把理论的知识和实际的应用结合起来,知行统一。职业教育与普通教育相比具有特殊性,主要体现在职业教育强调理论知识与实际操作训练相结合;职业院校"双师"素质的老师不仅在理论知识上知道是什么,而且要具备相应专业实践经验,通晓如何做。为保持职业教育这份特别的活力,就要重视职业院校与市场关系的构建,既需要职业院校开设相关的理论课程培养训练技能型人才的"知",也需要企业行业在技能型人才培养的过程中搭建服务平台——校企合作、产教融合,从而在实践操作中强化技能型人才的"行"。也就是说,技能型人才在完成所需技能必备的文化基础课、专业课程学习以后,需要与生产实践、工作过程相结合,通过实践操作为自己"助攻"。

因此将"知行合一"的思想运用到当代技能型人才"工匠精神"的培

第六章 职业教育技能型人才"工匠精神"培养研究

养模式中,不仅要依靠职业院校自身的努力,也离不开企业行业发挥育人主体的作用,即体现在课程与教学离不开工学结合、知行合一的基本路径。企业的实践工作过程是知识和技能产生的摇篮,技能型人才所学知识和技能在职业院校和企业行业之间实现双向迁移,这样坚持知行合一的价值主张为技能型人才"工匠精神"培养提供动手操作的机会,也有利于提高技能型人才解决实际问题的能力。

二、价值传递:坚守敬业乐业

早在中国两千多年前的战国时代,工匠为了把自己铸造的剑追求到至臻化境,专注、敬业、执着,甚至付出自己的生命。中国五千年的文化中儒学是主流,而民族精神中严谨理性和敬业创新精神有所缺失。在德国、日本等制造业强国,匠人一直都享有极高的荣誉和地位。以德国为例,德国工匠对自己所从事的事业热爱且专注,术业有专攻,几十年如一日地坚持,兢兢业业地做好每一件产品,力尽完美。与中国品牌相比,"德国制造"成为质量和信誉的代名词。

就连由日本工匠生产的马桶盖都被中国赴日游客疯抢,可知德国和日本工匠有多么高超的制造工艺和多么令人尊敬的"工匠精神"。因此,要抢占制造业制高点,实现从"Made in China"到"China Manufacturing",打造中国经济的升级版。在当前劳动力成本优势逐渐消失以及人们越来越追捧高品质消费的情况下,需要一大批技能型人才敬业地完成每一件小事、每一个细节,只有这样以敬业乐业的"工匠精神"作为价值支撑,才能提高技能型人才"工匠精神"的培养质量与社会需求的匹配度。

三、价值实现:践行德艺并举

在儒家思想里,"德"为第一要义。"德"字在《论语》中的意思分别有恩德、作风、道德、君子德风、小人德草等。"艺"在《论语》中一般都认为是指六艺之说,即礼、乐、射、御、书、数。此外,《论语》中的"艺"既指技能,也指艺之道。也就是说,倡导的"艺"要熟练、精通而不在于追求数量多,等到人在所需要的基本技能达到一定境界以后,掌握的"艺"和人的"德"相结合,从而达到道。"以德为先""德艺并举"的人才观是中国"工匠精神"宝贵的财富。"德"是人的立身之本，是根本性的，"艺"是服务社会和成就人生的手段，是工具性的。无论是熟悉"德"还是熟谙"艺"，正确的观念应是把"德"摆在第一位。然而，对于大多数中国企业家而言，往往面临"慢工出细活"和利润最大化之间的矛盾。只图眼前利益，甚至偷工减料、以次充好。

在这点上，要学习德国企业"珍视'身后名'，不贪'眼前利'"的精神。形成具有中国特色的"工匠精神"，兼备良好的人文精神和高超的工艺精神，这正是经济结构转型背景下技能型人才需要具备的。衡量技能型人才"工匠精神"的重要标准包含职业操守、技能水平的高低以及生产工艺的功效与质量，而践行德艺并举便是弘扬技能型人才"工匠精神"的显性表现。

第三节　院校加强技能型人才"工匠精神"的有效果培养

职业教育以学习者为中心，既提供职业知识、职业技能的学习，又提供实践操作的场所和机会，促使职业精神的养成以及就业和创业能力的获得。而注重"工匠精神"的培育，将使职业教育再上新的台阶，当然更需要职业院校着力从课程模式、专业设置和产教融合等方面设计和加强，更需要企业和国家的共同努力。

一、职业院校加强技能型人才"工匠精神"的有效果培养

（一）强化课程模式与"互联网+"业态相适应

"互联网+"是促进制造业转型升级的重要方式。制造类专业在课程设置上也要满足"互联网+"行动计划对各专业的需要，既要有互联网技术、物联网技术、3D打印等技术，还要加强在创新驱动理念引领下对绿色制造技能型人才的培养。大数据时代的到来，以及从当前经济发展的大背景来看，课程建设要更加多元化和人性化，例如慕课和微课的多资源精品课程的学习等，从而助力职业教育信息化均衡发展。因此，在"互联网+"新业

态背景下,将职业教育培养的技能型人才"工匠精神"融入国家"互联网+"行动计划,依托互联网平台、顺应信息技术的发展,以国家产业结构调整和经济发展方式转变为导向,以增强职业院校课程吸引力为出发点,以调动技能型人才的学习主动性为切入点,以提高职业院校课程教学效果为落脚点,设置适应"互联网+"业态的课程模式,为技能型人才"工匠精神"的培养提供广阔的交互式教育学习平台。

(二)重视专业设置与市场紧密对接

2015年10月19日,教育部颁发的《高等职业教育创新发展行动计划(2015-2018年)》提出,加强专科高职院校的专业建设。社会、经济、行业的发展对用工的需求是以社会的贴合度为标准的,即企业需要的工程师或者工匠,必须紧密结合社会发展、科技进步和经济增长的需求。但现在面临的困境是企业能够挑选的对象只有"专业目录"框架下培养出来的"温室花朵",而培养高技能人才需要有包含"工匠精神"的专业设置。

世界质量管理大师克劳斯比(P.B.Crosby)抓住质量的本质,把质量定义为"满足需要"。也就是说,提高质量的过程就是持续改进、不断满足"顾客"需要的过程。要紧紧围绕职业教育中政府、企业行业、家长和学生这些"顾客"的需要,重视各专业设置与区域经济发展紧密衔接的程度,重视职业院校各专业结构布局与市场、产业需求的契合度,重视各专业设置与技能型人才"工匠精神"培养目标的关联程度,培养与产业转型升级相适应的高质量技能型人才。专业设置与市场紧密对接是职业教育与社会对技能型人才需求的桥梁和纽带,专业设置紧扣产业转型升级和经济社会发展需求,跟随市场需求的变化做出科学调整,是提高职业院校毕业生就业率的通行证,也是提升技能型人才"工匠精神"培养质量的保障,更是职业教育适应产业转型与升级的关键环节。

(三)加强师生成长实践与"工匠精神"培育密切互动

《国务院关于加快发展现代职业教育的决定》(国发[2014]19号)指出,完善企业工程技术人员、高技能人才到职业院校担任兼职教师的相关政策。然而与经济发达国家相比,我国高职院校兼职教师的比例较低,德国和加拿大的职业院校大部分教师为兼职教师。实践证明,兼职教师有利于密切职业教育与企业的关系,有利于促进校企合作。

因此,加大聘任具有企业背景的教师,招聘企业的工程技术人员、技师作为兼职教师,聘请那些熟悉企业生产和管理过程的技术人员到职业院校兼职,可以提高具有"双师"素质教师的比例,改变教师整体知识与能力结构,切实加强"双师型"教师队伍建设。此外,在师资队伍建设中要吸纳能够彰显企业文化的兼职教师,在教学实践中融入职业精神,促进学生职业精神的培养。教师是教育的第一资源,把加强师资队伍建设摆在更加突出的优先发展战略地位,创新"双师型"培养模式,培养一批"教练型""双师双能"素养的教学名师,提升职业院校教师教学能力和实践指导能力,秉持职业精神和职业技能培养兼顾的理念,是供给侧改革背景下职业院校的必然选择。

二、企业行业提高技能型人才"工匠精神"的有效益培养

(一)推行企业文化熏陶与"工匠精神"实践教育相辅相成

企业的办学主体地位在传统的职业教育教学过程中落实得并不到位。在明确职业院校和企业双主体的基础上,如何在技能型人才培养的过程中发挥各自的优势?企业要建设支撑"工匠精神"的管理文化,让技能型人才不仅在学校中进行理论学习,还要在企业实体环境中亲身感受。比如,企业的管理文化就是要有自己的做事标准和行为方式。企业秉承精益求精、消费者至上的"工匠精神"文化价值理念,才有可能最大限度地提高企业生存的生命力,实现企业的核心价值和目标。企业的核心因素是人,企业文化中"工匠精神"的融入,有利于凝聚形成员工和企业共同的价值观,促进企业长久发展,也有利于技能型人才"工匠精神"的养成和职业生涯的发展。同时,企业需要转变之前追求短、平、快的生产方式,变革因追逐高额利益而生产质次价高的产品的理念。对技能型人才"工匠精神"的培养不仅要在这种企业文化的氛围中熏陶,还要在现实情景中进行实践教育。

(二) 落实产教融合与"工匠精神"养成教育有机融合

《国家中长期教育改革和发展规划纲要 (2010-2020 年)》提出，调动行业企业参与职业教育建设的积极性，推进产教融合。而作为技能型人才培养主体的职业院校因缺乏真实的工作场景，需要通过校企合作和产教融合为学生提供技术技能训练的场所，由于职业院校和企业的成功合作能够实现互惠多赢，因此，产教融合是培养高素质技能型人才的重要举措。对于企业而言，"工匠精神"中蕴含的严谨、用心干、用心经营的职业精神，正是企业人才招聘的时候所看重的。在具体实施中要鼓励企业行业主动参与发展职业教育，与职业院校积极合作、有效对接、共用资源。产教融合是中国长期以来职业教育教学改革探索的具有职业教育特点的行之有效的人才培养模式，职业教育与企业行业全面合作，将技能型人才"工匠精神"的培养过程融入真实的生产和工作化环境中，不仅是培养学生技术技能、有效实现职业院校人才培养目标和企业需求对接的重要途径，也是通过实践育人培养技能型人才"工匠精神"的重要平台，同时更是实现教学过程与生产过程零距离从而提高技能型人才培养质量的突破点。产教深度融合，促进校企双方共赢，实现高质量技能型人才"工匠精神"的培养，是经济发展新业态下的要求。

(三) 打造现代学徒制与"工匠精神"传承培育有效对接

《国务院关于加快发展现代职业教育的决定》(国发 [2014]19 号) 将现代学徒制试点列为推进人才培养模式创新的重要举措。德国现代学徒制模式即"双元制"的实施是在企业和学校两个场所进行，其中企业是主方；瑞士"三元制"的现代学徒制培养模式是在企业、职业学校和产业培训中心三个场所完成。总结这些国家的成功经验，我们可以看出他们开展的学徒制模式是多样的，而且都与企业进行深度合作。然而目前我国职业教育机构与行业企业的合作在很大程度上仍然是行政主导，市场机制发挥的作用有限。为了使市场成为现代学徒制发展中资源配置的主要手段，有效的方式之一是通过市场手段实现职业培训供需双方的需求及资源配置。

学徒制的实现基础是资金支持。以德国为例，政府和企业共同出资进行人才的联合培养，而且经过长时间的发展，已经变成企业提供的资金以岗位工资的形式表现。这种模式对企业的支持意愿是很大的保证。反观国内，现在尚未有专项资金支持类似项目的开展，企业的招聘模式仍然停留在以人才市场为平台寻找可能的合适人选。因此解决此问题需要政府牵头成立专项资金，每年对试点院校拨款，给予试点院校政策倾斜的同时，要逐渐完善聘用体系，成立技工人才招聘市场，牵头企业进行尝试并且在此基础上将成功的范例进行改良与推广，逐步使其制度化、规范化。对于提供较多高质量实习岗位的企业，政府可以加强对其扶持力度，例如，对于具备一定实力、经过有关认证符合进入现代学徒制的企业，提升其企业形象和知名度；给予参与现代学徒制的企业相应的税费减免、财政补贴等经济回报。此外，从法律层面和操作层面保障参与现代学徒制学生的权益，逐渐使学生认可合作企业的发展前景，相信企业培训对提升学生职业能力具有关键性作用，当然参加企业职业培训的学徒应是符合企业人才资源需求、给企业带来生产性收益的高素质的技能型人才，在这种理想的情况下增加企业的人力资源回报。所以应以激励机制为导向，增强当地政府、企业、学生的意愿。

综上可知，应该以开放的态度鼓励多样化的现代学徒制探索尝试，形成具有中国特色的现代学徒制技能型人才培养模式。

三、国家重视技能型人才"工匠精神"的有效率培养

(一) 崇尚"工匠精神"的社会氛围与中国制造文化土壤的培育植入

"工匠精神"正是时代发展的产物。无论是农业文明、工业文明、商业文明，还是企业文明、产业文明、社会文明，亦或是现在提倡的生态文明，都离不开'工匠精神'。我们今天生活的稳定幸福的社会也是劳动创造的，而工匠就是劳动中勤勉不懈者。在中国人民流淌的血液中，"工匠精神"从未缺席。"工匠精神"深深地扎根于优秀的传统文化中，可以推进人的全面发展，推动我国经济转型升级。如果要形成崇尚"工匠精神"的社会氛围，将"工匠精神"融入社会的各行各业，需要及时转变教育理念，变革社会大众对职业教育的认知，需要整个社会大环境转变重学历轻技能的传统观

第六章 职业教育技能型人才"工匠精神"培养研究

念,需要全社会重视职业教育、重视技能型人才的培养,致力于提高职业教育技能型人才的培养质量,人们的传统观念才有可能逐渐得到转变。并且只有充分发挥和保持生产技术的创造积极性,才能推动中国制造业实现由"重量"迈向"重质"。这样,崇尚"工匠精神"社会氛围的形成,在中国制造文化土壤的扎根,两者相得益彰,相辅相成,从而大力弘扬和发展"工匠精神"。

(二) 转变传统文化观念与国家战略转型紧密结合

不可否认的是,许多职业学校深陷生源不足的窘境,最主要的原因就是社会公众对职业教育的歧视,表现在:社会上招聘单位"唯学历论"的风气还很盛行;一些地方存在学历歧视,职业高中毕业的学生不能升入本科等。而在瑞士,学生从小就被灌输职业教育的理念。习近平总书记在第三次全国职教大会批示提出"劳动光荣、技能宝贵、创造伟大"的崭新价值观念。随着中央电视台《大国工匠》的播出,中央电视台新闻中心经济新闻部副制片人、《大国工匠》节目制片人岳群说,工匠精神,在当下浮躁的社会中显得尤为珍贵。社会是人才培养的"后备力量",因此,这就需要全社会营造尊重技能型人才的社会氛围和倡导尊重技能型人才的价值观念,以转变人们认为职业教育相比于普通教育低人一等的传统观念。我们的中国工匠应该有作为中国工匠的荣誉感,社会需要给予技能型人才更多的尊重与重视。

此外,还应扩宽人才评价渠道,克服唯学历论的倾向,提高技能型人才的社会地位,让技能型人才获得尊严和活得体面。从而积极引导社会教育观念的转变,营造一种重视技能、重视技工的良好社会氛围。

(三) 完善政策措施与技能型人才"工匠精神"培优提质精准匹配

"工匠精神"的培育提质,要从制度的根源上进行突破。完善技能型人才的管理、激励和评价制度,在全社会形成一种给予职业教育的学生与普通教育的学生同样待遇的倾向。以法律形式明确企业行业参与职业教育和培训应遵循的规则,规定企业行业的职责,并通过相关措施提高其参与的积极性,注重对技能型人才实践能力的培养,真正培养出社会所需要的技能型人才。让职业院校根据社会需求、办学条件，通过自下而上的探索，探索出有自己特色的人才培养模式。同时，为中国劳动力市场引进国外高素质技能型人才，学习其先进的技术经验，提高我国技能型人才的质量和数量。从政府高效供给出发，创设有利于技能型人才培养的制度环境，充分发挥国家政策的导向作用，让职业教育得到健康发展。此外，对于职业教育资金的投入程度关系着职业教育的发展。虽然中国也实施了免费职业教育的政策，但我们与发达国家教育经费的投入还是有一定差距的。

因此，政府应进一步加大对职业教育经费的投入力度、合理划分各级政府对职业教育经费投入的比例、加大对职业院校学生的资助，从而建立稳定的财政保障机制，确保技能型人才培养所需要的基础和条件。

职业教育作为培养高素质劳动者和技能型人才的重要平台，对提升人力资源水平发挥着不可替代的作用。在中国制造转型升级的战略机遇期，在经济进入新常态的背景下，国家迫切需要有人才支撑。技能型人才尤其是具有"工匠精神"的高素质人才队伍作为一种重要的核心力量，是实现国家战略所急需的。以下是经过仔细研究得出的结论。

1. 关于技能型人才"工匠精神"内涵的历史源流方面

从提升社会大众"轴心""品行""静心"的职业价值追求，到满足国家战略的需要，弘扬"工匠精神"势在必行。"工匠精神"由来已久，在新的时代语境下，"工匠精神"已经成为这个时代的共识。我国古代匠师在高尚职业精神的引领下，铸就了精益求精、至臻完美、一丝不苟的技术精神。对创造古代技术文明的"工匠精神"的传承，是造就当代"大国工匠"的强大思想武器和精神动力。当前，中国制造在经济新常态下面临转型的压力和挑战，国内消费需求经历着升级换代，因此，培养具有知行合一、敬业乐业、德艺并举的"工匠精神"的技能型人才是先进制造业发展的必需要素。

2. 关于培养技能型人才"工匠精神"的必要性方面

职业教育是供给侧结构性改革等国家战略的重要支撑力量，职业教育培养的技能型人才在国家人才培养体系中占据重要地位，也是成功实现这些目标的重要保障。培育技能型人才的"工匠精神"，体现"大国工匠"知行合一、敬业乐业、德艺并举的价值取向，将带动我国从"制造大国"走向"制造强国"。此外，职业教育培养的具有"工匠精神"的技能型人才提高了

第六章 职业教育技能型人才"工匠精神"培养研究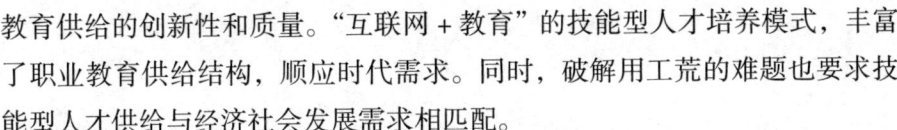

教育供给的创新性和质量。"互联网+教育"的技能型人才培养模式,丰富了职业教育供给结构,顺应时代需求。同时,破解用工荒的难题也要求技能型人才供给与经济社会发展需求相匹配。

3. 关于国内外技能型人才"工匠精神"的比较方面"工匠精神"培育很好的国家在以下四个方面存在优势。一是健全的法律制度保障,二是严格的市场准入和技术创新制度,三是高水平的专业师资队伍,四是完善的职前培养和职后培训机制。

4. 关于技能型人才"工匠精神"存在的问题和解决措施方面

技能型人才"工匠精神"存在的问题主要有技能型人才受传统观念影响,社会和个人都不重视,国家相关措施力度不到位等,因此,技能型人才的地位有待提高,技能型人才"工匠精神"培养有待加强。职业院校作为培养技能型人才的教育机构,应通过加强对技能型人才"工匠精神"的培养,以提高办学的文化软实力、增强院校竞争力和适应力。在中国经济新常态的背景下,企业在看重职业院校毕业生职业技能的同时,更青睐兼备良好职业精神和熟练操作水平的高素质技能型人才。在注重提升技能型人才"工匠精神"培养质量的过程中,尤其需要加强课程模式与"互联网+"业态相适应、专业设置与市场紧密对接和产教深度融合的程度。在国家经济发展对高素质技能型人才急切需求的今天,职业教育担负着技能型人才培养的重任,对其"工匠精神"的培养迫在眉睫。

参考文献

[1] 李进.工匠精神的当代价值及培育路径研究[J].中国职业技术教育，2016(27).

[2] 汤艳，季爱琴.高等职业教育中工匠精神的培育[J].南通大学学报，2017(01).

[3] 刘晴.高职培育"工匠精神"的现实困境与理性思考[J].高等职业教育探索，2017(01).

[4] 黄君录.高职院校加强"工匠精神"培育的思考[J].教育探索，2016(08).

[5] 于洪波，马立权.高职院校培育塑造学生工匠精神的路径探析[J].兰州教育学院学报，2016(08).

[6] 陈立平.高职学生工匠精神养成教育的路径研究[J].职业教育研究，2016(10).

[7] 姜大源.职业教育研究新论[M].北京：教育科学出版社，2007.

[8] 周丽琴，孙玮.当代职业教育需要工匠精神[J].中华少年，2015(11).

[9] 臧志军.两种"工匠精神"[J].职教通讯，2015(08).

[10] 吕鑫祥.新形势下对技术型人才的重新审视[J].职业技术教育，2014年第19期.

[11] 赵志群.职业教育与培训学习新概念[M].北京：科学出版社，2013.

[12] 任志新.打造"工匠精神"，圆"中国制造梦"[J].江苏教育，2015(44).

[13] 赵志群.职业教育工作者眼中的技术[J].工业技术与职业教育.2010(3).

[14] 管克江. 德国的工匠精神 [J]. 时事，2014(6).

[15] 程舒通. 职业教育"工匠精神"培养：背景、诉求与途径 [J]. 中国职业技术教育，2018(03).

[16] 青木，李珍等. 德国"工匠精神"怎么学"慢工细活"不浮躁 [J]. 决策探索，2016(3).

[17] 汪中求. 日本工匠精神：一生专注做一事 [J]. 决策探索，2016(3).

[18] [美] 亚力克·福奇著；陈劲译. 工匠精神：缔造伟大传奇的重要力量 [M]. 杭州：浙江人民出版社，2014.

[19] 吴跃升，张俊. 日本对工匠精神给我们的思考 [J]. 中小企业管理与科技，2016(3).

[20] [日] 秋山利辉著；陈晓丽译. 匠人精神 [J]. 北京：中信出版集团，2015.

[21] 严薇. 工匠精神的"冷思考" [J]. 第一财经日报，2014(B04).

[22] 赵晓玲. 中国制造 2025 与工匠精神 [J]. 军工文化，2015(10).

[23] 彭婵. 施耐德的工匠精神——坚持中国原创，筑造高清世界 [J]. 中国公共安全，2015(24).

[24] 曹顺妮. 工匠精神：开启中国精造时代 [M]. 北京：机械工业出版社，2016.

[25] 郑美珍，李兆友. 论我国古代技术创新主体 [M]. 哈尔滨：东北大学学报，2006.

[26] 华实. "两弹一星"的幕后故事 [J]. 农家之友，2013 年 (05).

[27] 彭丽华. 唐代工匠研究评述 [J]. 井冈山大学学报，2014 年第 3 期.

[28] 郑瑞侠. 出入于崇道制器之间的工匠角色比量 [J]. 社会科学家，2006 年 (01).

[29] 张蕾. 中国创新驱动发展路径探析 [J]. 重庆大学学报 2013 年第 4 期.

[30] 王梦. 由传统工匠向当代大师的转化 [J]. 科教文汇，2008 年 1 期.

[31] 陈劲. 要有"互联网精神"，更要有"工匠精神" [J]. 解放日报，2015 年 4 月 17 日.

[32] 黄健. 互联网时代更需要"工匠精神" [J]. 浙江日报，2016 年 1 月.

[33] 田宝川.古代伟大工匠鲁班的发明创造艺术[J].兰台世界,2012年第1期.

[34] 郑美珍.工匠是我国古代技术创新的核心主体简论[J].南通纺织职业技术学院学报,2014年第4期.

[35] 郭承绪.大国工匠精神——职业教育发展契机[J].教育教学论坛,2017(52).

[36] 徐宏伟.工匠精神的"理性"基础及其职业教育实现路径[J].教育发展研究,2018(01).

[37] 编辑部.建设制造强国需要"工匠精神"[J].决策探索,2016年(03).

[38] 华实."两弹一星"的幕后故事[J].农家之友,2013年(05).

[39] 苑梅香.用心培育大国工匠[J].黑龙江教育学院学报,2017(10).

[40] 付守永.工匠精神[M].北京:北京大学出版社,2018.

[41] 王雪萍,高彩芹.职业院校"工匠精神"的养成途径[J].职业,2018(02).